AF641725

L. D. LANDAU · E. M. LIFSCHITZ

LEHRBUCH DER THEORETISCHEN PHYSIK
BAND VII

LEHRBUCH DER THEORETISCHEN PHYSIK

von

L. D. LANDAU † · E. M. LIFSCHITZ

In deutscher Sprache herausgegeben
von
Prof. Dr. PAUL ZIESCHE
im Auftrag der Sektion Physik
der Technischen Universität Dresden

Band VII

ELASTIZITÄTSTHEORIE

AKADEMIE-VERLAG · BERLIN
1975

ELASTIZITÄTSTHEORIE

von

L. D. LANDAU † · E. M. LIFSCHITZ

In deutscher Sprache herausgegeben

von

Prof. Dr. HANS-GEORG SCHÖPF
Technische Universität Dresden

4. Auflage

Mit 28 Abbildungen

AKADEMIE-VERLAG · BERLIN
1975

Л. Д. Ландау и Е. М. Лифшиц Теория упругости

Erschienen im Verlag Nauka, Hauptredaktion Fismatlit
Moskau

Wissenschaftliche Redaktion:
Prof. Dr. HANS-GEORG SCHÖPF

Übersetzt aus dem Russischen von
Prof. Dr. BENJAMIN KOZIK, Karl-Marx-Stadt

Erschienen im Akademie-Verlag, 108 Berlin, Leipziger Straße 3 – 4
© Akademie-Verlag, Berlin, 1965
Lizenznummer: 202 · 100/438/75
Gesamtherstellung: VEB Druckerei „Thomas Müntzer", 582 Bad Langensalza
Bestellnummer: 760 233 2 (5436/VII) · LSV 1114
Printed in GDR
EVP 16, –

VORWORT ZUR DEUTSCHEN AUFLAGE

In der deutschen Ausgabe dieses Buches wurden Ergänzungen eingefügt, die für die zweite russische Auflage erarbeitet worden sind. Leider war durch die Krankheit nach einem tragischen Autounfall nicht die Möglichkeit gegeben, mit meinem Lehrer und Freund L. D. LANDAU gemeinsam diese Ausgabe vorzubereiten.

Außer einigen Berichtigungen und Zusätzen wurde das Buch durch ein neues Kapitel über die makroskopische Theorie der Versetzungen ergänzt. Dieses Kapitel wurde zusammen mit A. M. KOSEWITSCH verfaßt, dem ich an dieser Stelle für seine Hilfe herzlich danken möchte.

Beim Studium des Buches im Umfange eines „theoretischen Minimums" für theoretische Physiker kann man empfehlen, die Paragraphen 8, 9, 11—21, 25—31 auszulassen.

Ich möchte die Gelegenheit benutzen, auch im Namen meines Mitautors L. D. LANDAU, dem Übersetzer und den Herausgebern der deutschen Ausgabe für die Sorgfalt und Aufmerksamkeit zu danken, die sie bei der umfangreichen Arbeit an der Übersetzung unseres Lehrbuches der theoretischen Physik angewendet haben.

Wir danken weiter dem Akademie-Verlag, der bei der Herausgabe dieses Buches immer unseren Wünschen entgegengekommen ist.

Moskau, Mai 1965

E. M. LIFSCHITZ

AUS DEM VORWORT ZUR ERSTEN RUSSISCHEN AUFLAGE

... In dem Buch, das von Physikern und in erster Linie für Physiker geschrieben wurde, interessierten uns natürlich die Fragen, die gewöhnlich nicht in den Lehrbüchern der Elastizitätstheorie behandelt werden, so z. B. die Fragen der Wärmeleitung und Viskosität der Festkörper sowie eine Reihe von Fragen zur Theorie der elastischen Schwingungen und Wellen.

Andererseits wird eine Reihe spezieller Probleme (z. B. komplizierte mathematische Methoden der Elastizitätstheorie, der Schalentheorie und ähnliches), auf die die Autoren nicht bis ins einzelne spezialisiert sind, nur kurz berührt.

Moskau 1953

L. Landau
E. Lifschitz

INHALTSVERZEICHNIS

Kapitel I. Grundgleichungen 1

§ 1. Der Verzerrungstensor 1

§ 2. Der Spannungstensor 4

§ 3. Thermodynamik der Deformation 9

§ 4. Das HOOKEsche Gesetz 11

§ 5. Homogene Deformationen 15

§ 6. Deformation bei veränderlicher Temperatur 18

§ 7. Die Gleichgewichtsbedingungen für isotrope feste Körper . . 20

§ 8. Gleichgewicht eines elastischen, durch eine Ebene begrenzten Mediums 29

§ 9. Berührung fester Körper 34

§ 10. Elastizitätseigenschaften der Kristalle 40

Kapitel II. Gleichgewicht von Stäben und Platten 48

§ 11. Energie einer gebogenen Platte 48

§ 12. Die Gleichgewichtsbedingung für die Platte 50

§ 13. Longitudinal deformierte Platten 56

§ 14. Stark gebogene Platten 62

§ 15. Deformation von Schalen 66

§ 16. Torsion von Stäben 73

§ 17. Biegung von Stäben 80

§ 18. Die Energie eines deformierten Stabes 84

§ 19. Gleichgewichtsbedingungen für Stäbe 89

§ 20. Schwach gebogene Stäbe 97

§ 21. Stabilität elastischer Systeme 106

Kapitel III. Elastische Wellen 111

§ 22. Elastische Wellen im isotropen Medium 111

§ 23. Elastische Wellen in Kristallen 118

§ 24. Oberflächenwellen 120

§ 25. Schwingungen von Stäben und Platten 125

§ 26. Anharmonische Schwingungen 131

Kapitel IV. Versetzungen 136

§ 27. Elastische Deformationen bei Anwesenheit von Versetzungen 136

§ 28. Die Wirkung eines Spannungsfeldes auf Versetzungen . . . 145

§ 29. Stetige Verteilung von Versetzungen 148

§ 30. Verteilung von miteinander wechselwirkenden Versetzungen 153

§ 31. Gleichgewicht einer Spalte im elastischen Medium 157

Kapitel V. Wärmeleitung und Zähigkeit fester Körper . . 163
§ 32. Die Wärmeleitungsgleichung für feste Körper 163
§ 33. Wärmeleitung in Kristallen 165
§ 34. Die Zähigkeit fester Körper 166
§ 35. Schallabsorption in festen Körpern 169
§ 36. Sehr zähe Flüssigkeiten 176

Sachverzeichnis 181

KAPITEL I

GRUNDGLEICHUNGEN

§ 1. Der Verzerrungstensor

Die Mechanik der als Kontinua aufgefaßten festen Körper bildet den Inhalt der *Elastizitätstheorie.*[1])

Unter der Einwirkung äußerer Kräfte werden feste Körper bis zu einem gewissen Grade deformiert, d. h. sie ändern sowohl ihre Form als auch ihr Volumen. Die mathematische Beschreibung der Deformation wird in folgender Weise durchgeführt: Die Lage eines jeden Körperpunktes wird durch einen Radiusvektor $\boldsymbol{r}$ (mit den Komponenten $x_1 = x$, $x_2 = y$, $x_3 = z$) im vorgegebenen Koordinatensystem beschrieben. Bei einer Deformation des Körpers werden im allgemeinen seine sämtlichen Punkte ihre Lage ändern. Wir betrachten einen bestimmten Punkt, der vor der Deformation durch den Radiusvektor $\boldsymbol{r}$ beschrieben wurde. Nach der Deformation hat der Radiusvektor dieses Körperpunktes den neuen Wert $\boldsymbol{r}'$ (mit den Komponenten x_i'). Die Verschiebung des Körperpunktes durch die Deformation wird dann durch den Vektor $\boldsymbol{r}' - \boldsymbol{r}$ dargestellt. Wir bezeichnen ihn mit $\boldsymbol{u}$:

$$u_i = x_i' - x_i \,. \tag{1,1}$$

Gewöhnlich wird $\boldsymbol{u}$ *Verschiebungsvektor* genannt. Die Koordinaten x_i' des verschobenen Punktes sind natürlich Funktionen seiner Koordinaten x_i vor der Verschiebung. Daher ist der Verschiebungsvektor u_i ebenfalls eine Funktion der Koordinaten x_i. Die Vorgabe des Vektors $\boldsymbol{u}$ als Funktion der x_i bestimmt vollständig die Deformation des festen Körpers.

Während der Deformation ändern sich die Abstände zwischen den Punkten des Körpers. Wir betrachten zwei beliebige, infinitesimal benachbarte Punkte. Der Abstandsvektor zwischen ihnen war vor der Deformation dx_i, nach der Deformation hat er den Wert $dx_i' = dx_i + du_i$. Der Abstand zwischen den Punkten war vor der Deformation

$$dl = \sqrt{dx_1^2 + dx_2^2 + dx_3^2}\,,$$

und nach der Deformation ist er

$$dl' = \sqrt{dx_1'^2 + dx_2'^2 + dx_3'^2}\,.$$

Nach der allgemeinen Regel zur Abkürzung von Summen[2]) können wir schreiben

$$dl^2 = dx_i^2\,, \quad dl'^2 = dx_i'^2 = (dx_i + du_i)^2\,.$$

[1]) Die Grundlagen der Elastizitätstheorie wurden von Cauchy und Poisson in den 20er Jahren des neunzehnten Jahrhunderts aufgestellt.

[2]) Wie gewöhnlich, werden die Symbole für die Summation über Vektor- und Tensorindizes fortgelassen; die zweifach (im gegebenen Ausdruck) auftretenden Indizes bedeuten überall eine Summation über die Werte 1, 2, 3.

Mittels der Substitution $du_i = \frac{\partial u_i}{\partial x_k} dx_k$ erhalten wir für dl'^2 den Ausdruck

$$dl'^2 = dl^2 + 2 \frac{\partial u_i}{\partial x_k} dx_i\, dx_k + \frac{\partial u_i}{\partial x_k} \frac{\partial u_i}{\partial x_l} dx_k\, dx_l .$$

Da im zweiten Glied auf der rechten Seite über beide Indizes summiert wird, können wir auch schreiben

$$\frac{\partial u_i}{\partial x_k} dx_i\, dx_k = \frac{\partial u_k}{\partial x_i} dx_i\, dx_k .$$

Dagegen vertauschen wir im dritten Glied die Indizes i und l. Wir erhalten dann dl'^2 in der endgültigen Form

$$dl'^2 = dl^2 + 2\, u_{ik}\, dx_i\, dx_k , \tag{1,2}$$

wo der Tensor u_{ik} durch die Gleichung

$$u_{ik} = \frac{1}{2}\left(\frac{\partial u_i}{\partial x_k} + \frac{\partial u_k}{\partial x_i} + \frac{\partial u_l}{\partial x_i} \frac{\partial u_l}{\partial x_k}\right) \tag{1,3}$$

definiert ist. Der Ausdruck (1,2) liefert die Änderung des Längenelements bei der Deformation.

Der Tensor u_{ik} heißt *Verzerrungstensor*. Aus seiner Definition ist ersichtlich, daß er symmetrisch ist, d. h., es gilt die Beziehung

$$u_{ik} = u_{ki} . \tag{1,4}$$

Das ist auch verständlich, da wir das Glied $2 \frac{\partial u_i}{\partial x_k} dx_i\, dx_k$ in explizit symmetrischer Form hingeschrieben haben.

Wie jeden symmetrischen Tensor, kann man den Tensor u_{ik} in einem beliebig vorgegebenen Punkt auf *Diagonalform* bringen. Das heißt, zu jedem Punkt gibt es ein Koordinatensystem (Hauptachsen des Tensors), in welchem von den u_{ik} nur die „Diagonalkomponenten" u_{11}, u_{22}, u_{33} von Null verschieden sind. Wir bezeichnen diese Komponenten (Hauptwerte des Tensors) mit $u^{(1)}$, $u^{(2)}$, $u^{(3)}$. Man muß natürlich im Auge behalten, daß der in einem vorgegebenen Punkt diagonalisierte Tensor in allen übrigen Punkten des Körpers im allgemeinen nicht diagonal ist.

Wenn der Verzerrungstensor im gegebenen Punkt diagonalisiert ist, dann hat das Längenelement (1,2) in der Umgebung des Punktes folgende Form:

$$\begin{aligned} dl'^2 &= (\delta_{ik} + 2\, u_{ik})\, dx_i\, dx_k \\ &= (1 + 2\, u^{(1)})\, dx_1^2 + (1 + 2\, u^{(2)})\, dx_2^2 + (1 + 2\, u^{(3)})\, dx_3^2 . \end{aligned}$$

Man sieht, dieser Ausdruck zerfällt in drei voneinander unabhängige Terme. Das bedeutet, daß man die Deformation in jedem Volumenelement des Körpers als Überlagerung dreier voneinander unabhängiger Deformationen in drei zueinander orthogonalen Richtungen, den Hauptachsen des Verzerrungstensors, betrachten kann. Jede dieser Deformationen stellt eine einfache Dehnung oder Kompression in der entsprechenden Richtung dar: die Länge dx_1 in Richtung der ersten

Hauptachse geht über in die Länge $dx_1' = \sqrt{(1 + 2\,u^{(1)})}\,dx_1$. Entsprechendes gilt für die anderen beiden Hauptachsen. Die Ausdrücke $\sqrt{(1 + 2\,u^{(i)})} - 1$ stellen daher die relativen Längenänderungen entlang dieser Achsen dar: $\dfrac{dx_i' - dx_i}{dx_i}$.

Die Deformationen des Körpers sind praktisch fast in allen Fällen klein. Das heißt, die Änderung eines beliebigen Abstandes im Körper bleibt im Vergleich zum Abstand selbst stets klein. Oder anders ausgedrückt: Die relativen Längenänderungen sind, verglichen mit Eins, klein. Im folgenden werden wir alle Deformationen als klein betrachten.

Wenn ein fester Körper einer kleinen Deformation unterzogen wird, sind sämtliche Komponenten des Verzerrungstensors, der ja die relativen Längenänderungen im Körper charakterisiert, kleine Größen. Dagegen kann der Verschiebungsvektor u_i in einigen Fällen trotz kleiner Deformationen große Werte annehmen. Als Beispiel betrachten wir einen langen, dünnen Stab. Sogar bei einer starken Biegung, wenn die Stabenden eine wesentliche räumliche Verschiebung erfahren, bleiben die Dehnungen und Kompressionen im Innern des Stabes klein.

Wenn man von solchen Spezialfällen[1]) absieht, bleibt der Verschiebungsvektor bei kleinen Deformationen ebenfalls klein. Denn offensichtlich kann kein „dreidimensionaler" Körper (d. h. ein solcher Körper, dessen Maße in keiner Richtung besonders klein sind), so deformiert werden, daß Teile von ihm starke räumliche Verschiebungen erfahren, ohne daß im Körper starke Dehnungen und Kompressionen auftreten.

Dünne Stäbe betrachten wir gesondert in Kapitel II. In allen übrigen Fällen ist u_i bei kleinen Deformationen klein, und wir können das letzte Glied im allgemeinen Ausdruck (1,3) als kleine Größe zweiter Ordnung vernachlässigen. Somit ist der Verzerrungstensor bei kleinen Deformationen durch den Ausdruck

$$u_{ik} = \frac{1}{2}\left(\frac{\partial u_i}{\partial x_k} + \frac{\partial u_k}{\partial x_i}\right) \tag{1,5}$$

gegeben.

Die relativen Änderungen der Längenelemente in Richtung der Hauptachsen des Verzerrungstensors (im gegebenen Punkt) sind jetzt, bis auf Glieder höherer Ordnung,

$$\sqrt{1 + 2\,u^{(i)}} - 1 \approx u^{(i)},$$

d. h., sie sind gleich den Hauptwerten des Tensors u_{ik}.

Wir betrachten jetzt ein unendlich kleines Volumenelement dV und bestimmen seine Größe dV' nach der Deformation des Körpers. Dazu nehmen wir als Koordinatensystem die Hauptachsen des Verzerrungstensors im betrachteten Punkt. Die Längenelemente dx_1, dx_2, dx_3 entlang dieser Achsen gehen nach der Deformation über in $dx_1' = (1 + u^{(1)})\,dx_1$ usw. Das Volumenelement dV besteht aus dem Produkt $dx_1 dx_2 dx_3$, und dV' ist gleich $dx_1' dx_2' dx_3'$. Somit erhalten wir für dV':

$$dV' = dV\,(1 + u^{(1)})\,(1 + u^{(2)})\,(1 + u^{(3)})\,.$$

---

[1]) Neben den Deformationen dünner Stäbe gehören hierzu die Biegungen dünner Platten in zylindrische Flächen.

Bei Vernachlässigung der Glieder höherer Ordnung folgt hieraus

$$dV' = dV\,(1 + u^{(1)} + u^{(2)} + u^{(3)})\,.$$

Die Summe $u^{(1)} + u^{(2)} + u^{(3)}$ der Hauptwerte des Tensors ist aber seine Invariante und ist gleich der Summe der Diagonalelemente $u_{ii} = u_{11} + u_{22} + u_{33}$, unabhängig vom Koordinatensystem. Wir haben daher

$$dV' = dV\,(1 + u_{ii})\,. \tag{1,6}$$

Man sieht, die Summe der Diagonalelemente des Verzerrungstensors stellt die relative Volumenänderung $\frac{dV' - dV}{dV}$ dar. Es ist oft zweckmäßig, die Komponenten des Deformationstensors in Kugel- oder Zylinderkoordinaten zu benutzen. Zur Information geben wir Beziehungen zwischen diesen Komponenten und den Ableitungen der Komponenten des Verschiebungsvektors im gleichen Koordinatensystem an. In Kugelkoordinaten r, θ, φ haben wir:

$$\left.\begin{aligned}
&u_{rr} = \frac{\partial u_r}{\partial r}\,, \qquad u_{\theta\theta} = \frac{1}{r}\frac{\partial u_\theta}{\partial \theta} + \frac{u_r}{r}\,, \qquad u_{\varphi\varphi} = \frac{1}{r\sin\theta}\frac{\partial u_\varphi}{\partial \varphi} + \frac{u_\theta}{r}\operatorname{ctg}\theta + \frac{u_r}{r}\,,\\
&2\,u_{\theta\varphi} = \frac{1}{r}\left(\frac{\partial u_\varphi}{\partial \theta} - u_\varphi \operatorname{ctg}\theta\right) + \frac{1}{r\sin\theta}\frac{\partial u_\theta}{\partial \varphi}\,, \quad 2\,u_{r\theta} = \frac{\partial u_\theta}{\partial r} - \frac{u_\theta}{r} + \frac{1}{r}\frac{\partial u_r}{\partial \theta}\,,\\
&2\,u_{\varphi r} = \frac{1}{r\sin\theta}\frac{\partial u_r}{\partial \varphi} + \frac{\partial u_\varphi}{\partial r} - \frac{u_\varphi}{r}\,.
\end{aligned}\right\} \tag{1,7}$$

In Zylinderkoordinaten r, φ, z gilt

$$\left.\begin{aligned}
&u_{rr} = \frac{\partial u_r}{\partial r}\,, \qquad u_{\varphi\varphi} = \frac{1}{r}\frac{\partial u_\varphi}{\partial \varphi} + \frac{u_r}{r}\,, \qquad u_{zz} = \frac{\partial u_z}{\partial z}\,,\\
&2\,u_{r\varphi} = \frac{1}{r}\frac{\partial u_z}{\partial \varphi} + \frac{\partial u_\varphi}{\partial z}\,, \qquad 2\,u_{rz} = \frac{\partial u_r}{\partial z} + \frac{\partial u_z}{\partial r}\,,\\
&2\,u_{\varphi z} = \frac{\partial u_\varphi}{\partial r} - \frac{u_\varphi}{r} + \frac{1}{r}\frac{\partial u_r}{\partial \varphi}\,.
\end{aligned}\right\} \tag{1,8}$$

§ 2. Der Spannungstensor

Im nichtdeformierten Körper entspricht die Anordnung der Moleküle seinem thermischen Gleichgewichtszustand. Dabei befinden sich alle seine Teile untereinander auch im mechanischen Gleichgewicht. Wenn man daher irgendein Teilvolumen innerhalb des Körpers betrachtet, verschwindet die Resultierende der von den übrigen Teilen auf das Teilvolumen wirkenden Kräfte.

Während der Deformation ändert sich jedoch die Anordnung der Moleküle, und der Körper wird aus seinem ursprünglichen Gleichgewichtszustand gebracht. Im Ergebnis entstehen im Körper Kräfte, die ihn in den Gleichgewichtszustand zurückzuversetzen suchen. Diese bei der Deformation auftretenden inneren Kräfte nennt man *innere Spannungen*. Ein nichtdeformierter Körper besitzt keine nneren Spannungen.

Die inneren Spannungen werden durch Molekularkräfte hervorgerufen, d. h. durch die Wechselwirkung der Moleküle des Körpers untereinander. Es ist für die Elastizitätstheorie von großer Bedeutung, daß die Molekularkräfte einen kleinen „Wirkungsradius“ besitzen. Ihr Einfluß macht sich lediglich in Abständen zwischenmolekularer Größenordnung von den sie erzeugenden Teilchen bemerkbar. In der Elastizitätstheorie als einer makroskopischen Theorie betrachtet man jedoch nur solche Abstände, die im Vergleich zu zwischenmolekularen Abständen groß sind. In der Elastizitätstheorie wird daher ein verschwindender Wirkungsradius der Molekularkräfte angenommen. Man kann sagen, daß die Kräfte, die die inneren Spannungen bewirken, in der Elastizitätstheorie „Nahwirkungskräfte“ sind, d. h. Kräfte, die sich von einem bestimmten Punkt aus nur auf die nächstbenachbarten übertragen. Hieraus folgt, daß die auf einen Teil des Körpers von den benachbarten Teilen gerichteten Kräfte nur mittelbar über die Oberfläche dieses Teils wirken können.

Es ist hierbei notwendig, eine Einschränkung zu machen: Diese Bemerkung gilt nicht, wenn die Deformation des Körpers in Anwesenheit von makroskopischen elektrischen Feldern vor sich geht (Pyro- und Piezoelektrizität). In diesem Buch werden jedoch die Eigenschaften solcher Festkörper nicht untersucht.

Wir betrachten jetzt die auf einen bestimmten Teil des Körpers wirkende resultierende Kraft. Einerseits ist diese Resultierende gleich der Summe aller Kräfte, die auf jedes Element des betrachteten Teilvolumens wirken, d. h., sie kann durch ein Raumintegral dargestellt werden:

$$\int \boldsymbol{F}\, dV\,,$$

wo $\boldsymbol{F}$ die auf eine Volumeneinheit wirkende Kraft ist, so daß auf das Volumenelement dV die Kraft $\boldsymbol{F}\,dV$ einwirkt. Andererseits können die Kräfte, mit denen die verschiedenen Teile innerhalb des Teilvolumens aufeinander wirken, keine von Null verschiedene Resultierende bilden, da sie infolge der Gleichheit von Wirkung und Gegenwirkung sich gegenseitig kompensieren. Man kann daher die gesuchte Gesamtresultierende nur als Summe der Kräfte betrachten, die auf das gegebene Teilvolumen von seiner Umgebung aus einwirken. Wie wir aber gezeigt haben, wirken diese Kräfte auf das betrachtete Teilvolumen über seine Oberfläche; die resultierende Kraft kann daher als die Summe der auf jedes Oberflächenelement wirkenden Kräfte, d. h. als ein Integral über diese Oberfläche, dargestellt werden.

Damit kann jede der drei Komponenten $\int F_i\, dV$ der Resultierenden aller inneren Kräfte eines beliebigen Volumens in ein Integral über die Oberfläche dieses Volumens umgewandelt werden. Wie aus der Vektoranalysis bekannt ist, kann ein Volumenintegral einer skalaren Funktion dann in ein Oberflächenintegral umgeformt werden, wenn die skalare Funktion sich als Divergenz eines Vektors darstellen läßt. Im vorliegenden Falle haben wir ein Integral einer Vektorfunktion umzuformen. Der Vektor F_i muß daher als Divergenz eines Tensors zweiten Ranges darstellbar sein:

$$F_i = \frac{\partial \sigma_{ik}}{\partial x_k}\,. \tag{2,1}$$

Dann kann die auf ein Volumen wirkende Kraft als ein Integral über eine das Volumen umspannende geschlossene Fläche dargestellt werden[1]):

$$\int F_i\, dV = \int \frac{\partial \sigma_{ik}}{\partial x_k}\, dV = \oint \sigma_{ik}\, df_k\,, \tag{2,2}$$

wo df_i die Komponenten des Flächenelements sind, eines Vektors, der stets in Richtung der äußeren Normalen der Fläche liegt.[2])

Der Tensor σ_{ik} heißt Spannungstensor. Wie man aus (2,2) ersieht, ist $\sigma_{ik}\, df_k$ die i-Komponente der auf das Flächenelement df wirkenden Kraft. Wenn man die Flächenelemente in die Ebenen xy, yz, xz hineinlegt, wird die Komponente σ_{ik} des Spannungstensors zur i-Komponente derjenigen Kraft pro Flächeneinheit, die zur x_k-Achse orthogonal ist. So wirken pro Einheit der zur x-Achse orthogonalen Fläche die normal gerichtete Kraft σ_{xx} und die Tangentialkräfte (in Richtung der Achsen y und z) σ_{yx} und σ_{zx}.

Bezüglich des Vorzeichens der Kraft $\sigma_{ik}\, df_k$ ist es notwendig, folgendes zu bemerken: Das Oberflächenintegral in (2,2) stellt die Kraft dar, die auf das von dieser Oberfläche umschlossene Volumen von seiner Umgebung aus wirkt. Die Kraft, mit welcher dieses Volumen seinerseits auf seine Umgebung einwirkt, hat das umgekehrte Vorzeichen. Deshalb ist z. B. die von seiten der inneren Spannungen auf die Gesamtoberfläche des Körpers wirkende Kraft

$$-\oint \sigma_{ik}\, df_k\,,$$

wo über die Körperoberfläche integriert wird und df die Richtung der äußeren Normalen besitzt.

Wir bestimmen jetzt das auf ein bestimmtes Volumen des Körpers wirkende Drehmoment. Das Drehmoment der Kraft $\boldsymbol{F}$ kann bekanntlich in Form eines antisymmetrischen Tensors zweiten Ranges mit den Komponenten $F_i\, x_k - F_k\, x_i$ geschrieben werden, wo x_i die Koordinaten des Angriffspunktes der Kraft sind.[3]) Das Drehmoment der auf das Volumenelement dV wirkenden Kräfte ist daher $(F_i\, x_k - F_k\, x_i)\, dV$, und auf das Gesamtvolumen wirkt das Drehmoment

$$M_{ik} = \int (F_i\, x_k - F_k\, x_i)\, dV\,.$$

[1]) Nach dem Gaussschen Satz wird ein Integral über eine geschlossene Fläche in das entsprechende Volumenintegral überführt, indem man das Flächenelement df_i durch den Operator $dV \dfrac{\partial}{\partial x_i}$ ersetzt.

[2]) Bei der Bestimmung der Gesamtkraft, welche auf das deformierte Körpervolumen wirkt, muß strenggenommen über die Koordinaten x_i' der Punkte des deformierten Körpers integriert werden. Dementsprechend müßten auch die Ableitungen (2,1) nach x_i' genommen werden. Da aber die Deformation klein ist, unterscheiden sich die Ableitungen nach x_i und die nach x_i' durch Größen höherer Ordnung, und man kann überall nach x_i differenzieren.

[3]) Das Drehmoment der Kraft $\boldsymbol{F}$ wird als Vektorprodukt $[\boldsymbol{F}\,\boldsymbol{r}]$ definiert; die Komponenten eines Vektorprodukts zweier Vektoren stellen bekanntlich einen antiasymmetrischen Tensor zweiten Ranges dar, wie er im Text hingeschrieben wurde.

Wie die auf ein beliebiges Volumen wirkende Gesamtkraft, muß sich das Drehmoment dieser Kräfte als Integral über die Volumenoberfläche darstellen lassen. Mit F_i in (2,1) haben wir

$$M_{ik} = \int \left(\frac{\partial \sigma_{il}}{\partial x_l} x_k - \frac{\partial \sigma_{kl}}{\partial x_l} x_i \right) dV$$

$$= \int \frac{\partial (\sigma_{il} x_k - \sigma_{kl} x_i)}{\partial x_l} dV - \int \left(\sigma_{il} \frac{\partial x_k}{\partial x_l} - \sigma_{kl} \frac{\partial x_i}{\partial x_l} \right) dV .$$

Im zweiten Glied machen wir von der Tatsache Gebrauch, daß die Ableitungen einer Koordinate nach einer anderen gleich Eins sind, wenn beide Koordinaten gleich sind, und daß sie verschwinden, wenn beide Koordinaten verschieden sind (drei Koordinaten sind unabhängige Variable). Somit haben wir $\frac{\partial x_k}{\partial x_l} = \delta_{kl}$, wobei δ_{kl} der Einheitstensor ist; nach einer Multiplikation mit σ_{ik} liefert er $\delta_{kl} \sigma_{il} = \sigma_{ik}$, $\delta_{il} \sigma_{kl} = \sigma_{ki}$. Im ersten Glied steht die Divergenz eines Tensors; nach dem Gaussschen Satz kann dieses Integral in ein Oberflächenintegral überführt werden. Wir haben dann

$$M_{ik} = \oint (\sigma_{il} x_k - \sigma_{kl} x_i) \, df_l + \int (\sigma_{ki} - \sigma_{ik}) \, dV .$$

Um M_{ik} allein als Oberflächenintegral darzustellen, muß man fordern, daß das zweite Glied identisch verschwindet, d. h., es muß gelten

$$\sigma_{ik} = \sigma_{ki} . \tag{2,3}$$

Wir kommen damit zu einem wichtigen Schluß: Der Spannungstensor ist symmetrisch. Das Drehmoment der auf ein Volumen wirkenden Kräfte hat jetzt eine einfache Form:

$$M_{ik} = \int (F_i x_k - F_k x_i) \, dV = \oint (\sigma_{il} x_k - \sigma_{kl} x_i) \, df_l . \tag{2,4}$$

Im Falle einer allseitig gleichmäßigen Kompression des Körpers (hydrostatische Kompression) kann der Ausdruck für den Spannungstensor leicht hingeschrieben werden. Bei einer solchen Kompression wirkt auf jede Oberflächeneinheit des Festkörpers dem Betrage nach der gleiche Druck, der entlang der Normalen zur Oberfläche in das Innere des Körpervolumens gerichtet ist. Wenn man diesen Druck mit p bezeichnet, wirkt auf das Oberflächenelement df_i die Kraft $-p \, df_i$. Andererseits muß diese Kraft, durch den Spannungstensor ausgedrückt, die Form $\sigma_{ik} \, df_k$ aufweisen. Wenn wir jetzt $-p \, df_i$ in der Form $-p \, \delta_{ik} \, df_k$ schreiben, hat der Spannungstensor bei einer hydrostatischen Kompression folgendes Aussehen:

$$\sigma_{ik} = -p \, \delta_{ik} . \tag{2,5}$$

Alle seine von Null verschiedenen Komponenten sind einfach dem Druck gleich.

Im allgemeinen Falle beliebiger Deformation sind auch die nichtdiagonalen Komponenten des Spannungstensors von Null verschieden. Das bedeutet, daß auf jedes Oberflächenelement im Innern des Körpers neben der Normalkraft noch Tangentialkräfte wirken, die parallele Oberflächenelemente relativ zueinander zu verschieben suchen.

Im Gleichgewichtszustand müssen sich die Kräfte der inneren Spannungen in jedem Volumenelement des Körpers kompensieren, d. h., es muß gelten $F_i = 0$. Die Gleichung für den Gleichgewichtszustand eines deformierten Körpers lautet somit

$$\frac{\partial \sigma_{ik}}{\partial x_k} = 0 . \tag{2,6}$$

Wenn sich der Körper im Schwerefeld befindet, muß die Summe aus den Kräften der inneren Spannungen und der Schwerkraft $\boldsymbol{F} + \varrho\, \boldsymbol{g}$, bezogen auf die Volumeneinheit, verschwinden; ϱ ist die Dichte[1]) und $\boldsymbol{g}$ der senkrecht nach unten gerichtete Beschleunigungsvektor der Schwerkraft. Die Gleichgewichtsbedingungen haben in diesem Falle die Form

$$\frac{\partial \sigma_{ik}}{\partial x_k} + \varrho\, g_i = 0 . \tag{2,7}$$

Was die unmittelbar an der Oberfläche angreifenden äußeren Kräfte anbetrifft (sie sind gewöhnlich die Ursache der Deformation), so gehen sie in die Randbedingungen der Gleichgewichtsbedingungen ein. Es sei $\boldsymbol{P}$ die auf die Oberflächeneinheit des Körpers wirkende äußere Kraft, so daß auf das Oberflächenelement df die Kraft $\boldsymbol{P}\, df$ wirkt. Im Gleichgewicht muß diese durch die Kraft $-\sigma_{ik}\, df_k$, welche auf das gleiche Oberflächenelement infolge der inneren Spannungen wirkt, kompensiert werden. Es muß daher gelten

$$P_i\, df - \sigma_{ik}\, df_k = 0 .$$

Hieraus folgt, wenn man für df_k den Ausdruck $df_k = n_k\, df$ einsetzt ($\boldsymbol{n}$ ist der Einheitsvektor der äußeren Normalen zur Oberfläche),

$$\sigma_{ik}\, n_k = P_i . \tag{2,8}$$

Das aber ist die Bedingung, die auf der gesamten Oberfläche des Körpers im Gleichgewichtszustand erfüllt sein muß.

Wir leiten hier noch einen Ausdruck für den Mittelwert des Spannungstensors im deformierten Körper ab. Dazu multiplizieren wir die Gleichung (2,6) mit x_k und integrieren sie über das gesamte Körpervolumen:

$$\int \frac{\partial \sigma_{il}}{\partial x_l}\, x_k\, dV = \int \frac{\partial (\sigma_{il}\, x_k)}{\partial x_l}\, dV - \int \sigma_{il} \frac{\partial x_k}{\partial x_l}\, dV = 0 .$$

Das erste Integral auf der rechten Seite wird in ein Oberflächenintegral überführt; im zweiten Integral setzen wir $\frac{\partial x_k}{\partial x_l} = \delta_{kl}$. Das Ergebnis ist

$$\oint \sigma_{il}\, x_k\, df_l - \int \sigma_{ik}\, dV = 0 .$$

In das erste Integral setzen wir (2,8) ein und erhalten

$$\oint P_i\, x_k\, df = \int \sigma_{ik}\, dV = V\, \bar{\sigma}_{ik} ,$$

---

[1]) Strenggenommen ändert sich die Dichte des Körpers während der Deformation. Die Berücksichtigung dieser Änderung führt jedoch auf Glieder höherer Ordnung und ist daher unwesentlich.

wo V das Volumen des Körpers und $\bar{\sigma}_{ik}$ der über das Gesamtvolumen gemittelte Spannungstensor ist. Diese Formel kann man in symmetrische Form bringen, wenn man die Gleichung $\sigma_{ik} = \sigma_{ki}$ berücksichtigt:

$$\bar{\sigma}_{ik} = \frac{1}{2V} \oint (P_i x_k + P_k x_i)\, df. \tag{2,9}$$

Somit kann der Mittelwert des Spannungstensors unmittelbar aus den auf den Körper wirkenden äußeren Kräften bestimmt werden, ohne daß die Grundgleichungen des Gleichgewichts vorher gelöst werden müssen.

§ 3. Thermodynamik der Deformation

Wir betrachten irgendeinen deformierten Körper und setzen eine solche Änderung der Deformation voraus, daß der Verschiebungsvektor u_i eine kleine Änderung δu_i erfährt. Wir bestimmen jetzt die Arbeit, die dabei von den Kräften der inneren Spannungen geleistet wird. Nach Multiplikation der Kraft $F_i = \frac{\partial \sigma_{ik}}{\partial x_k}$ mit δu_i und Integration über das Gesamtvolumen des Körpers erhalten wir

$$\int \delta R\, dV = \int \frac{\partial \sigma_{ik}}{\partial x_k} \delta u_i\, dV\,.$$

Mit δR ist die Arbeit der inneren Spannungen pro Volumeneinheit bezeichnet. Nach einer partiellen Integration erhalten wir unter Benutzung des Gaussschen Satzes

$$\int \delta R\, dV = \oint \sigma_{ik}\, \delta u_i\, df_k - \int \sigma_{ik} \frac{\partial \delta u_i}{\partial x_k}\, dV\,.$$

Wir betrachten einen unendlich ausgedehnten Körper, der im Unendlichen nicht deformiert ist. Dann kann die Integrationsfläche im ersten Integral ins Unendliche ausgedehnt werden; auf der Fläche ist dann $\sigma_{ik} = 0$, und das Integral verschwindet. Unter Benutzung der Symmetrie des Tensors σ_{ik} kann das zweite Integral in folgende Form gebracht werden:

$$\int \delta R\, dV = -\frac{1}{2} \int \sigma_{ik} \left(\frac{\partial \delta u_i}{\partial x_k} + \frac{\partial \delta u_k}{\partial x_i} \right) dV$$

$$= -\frac{1}{2} \int \sigma_{ik}\, \delta \left(\frac{\partial u_i}{\partial x_k} + \frac{\partial u_k}{\partial x_i} \right) dV = -\int \sigma_{ik}\, \delta u_{ik}\, dV\,.$$

Wir haben dann

$$\delta R = -\sigma_{ik}\, \delta u_{ik}\,. \tag{3,1}$$

Diese Gleichung drückt die Arbeit δR durch die Änderung des Verzerrungstensors aus.

Wenn die äußeren Kräfte, welche die Deformation des Körpers verursachten, aufhören zu wirken, nimmt der Körper bei genügend kleiner Deformation seinen ursprünglichen, nichtdeformierten Zustand wieder an. In solchen Fällen spricht man von *elastischen Deformationen*. Bei starken Deformationen verschwindet die Deformation nicht vollständig, wenn die äußeren Kräfte aufhören zu wirken. Es bleibt eine gewisse *Restdeformation*, so daß der Endzustand des Körpers sich von seinem nichtdeformierten Anfangszustand unterscheidet. Solche Deformationen nennt man *plastisch* oder *unelastisch*. Im folgenden betrachten wir nur elastische Deformationen (außer im Kapitel IV).

Weiter nehmen wir an, der Deformationsprozeß verlaufe genügend langsam, so daß sich zu jedem Zeitpunkt im Körper das thermodynamische Gleichgewicht einstellt, entsprechend den äußeren Bedingungen, in denen sich der Körper zum gegebenen Zeitpunkt befindet (praktisch wird diese Forderung immer erfüllt). Der Prozeß ist dann thermodynamisch umkehrbar (reversibler Prozeß).

Solche thermodynamischen Größen wie die Entropie S, die innere Energie $\mathcal{E}$ usw. wollen wir stets auf die Volumeneinheit des Körpers beziehen[1]) (und nicht auf die Masseneinheit, wie in der Hydrodynamik) und sie mit den entsprechenden großen Buchstaben bezeichnen.

Die unendlich kleine Änderung $d\mathcal{E}$ der inneren Energie ist gleich der Differenz aus der Wärmemenge, welche durch die gegebene Volumeneinheit des Körpers aufgenommen wird, und der durch die Kräfte der inneren Spannungen geleisteten Arbeit dR. Bei reversiblen Prozessen ist die Wärmemenge gleich $T\,dS$, wo T die Temperatur bezeichnet. Somit ist $d\mathcal{E} = T\,dS - dR$; mit dR aus (3,1) erhalten wir

$$d\mathcal{E} = T\,dS + \sigma_{ik}\,du_{ik}\,. \tag{3,2}$$

Das ist die thermodynamische Grundgleichung für deformierte Körper.

Bei hydrostatischer Kompression ist der Spannungstensor gleich $\sigma_{ik} = -p\,\delta_{ik}$ (2,5). In diesem Falle ist $\sigma_{ik}\,du_{ik} = -p\,\delta_{ik}\,du_{ik} = -p\,du_{ii}$. Nun stellt aber die Summe u_{ii} die relative Volumenänderung während der Deformation dar (siehe (1,6)). Wenn man eine Volumeneinheit betrachtet, dann ist u_{ii} einfach die Änderung dieses Volumens, und du_{ii} ist das Element dieser Änderung. Die thermodynamische Grundgleichung nimmt dann die übliche Form an:

$$d\mathcal{E} = T\,dS - p\,dV\,.$$

Wenn wir anstelle der Energie $\mathcal{E}$ die freie Energie des Körpers $F = \mathcal{E} - T\,S$ einführen, erhält das thermodynamische Grundgesetz (3,2) folgendes Aussehen:

$$dF = -S\,dT + \sigma_{ik}\,du_{ik}\,. \tag{3,3}$$

Schließlich definieren wir die freie Enthalpie des Körpers:

$$\Phi = \mathcal{E} - T\,S - \sigma_{ik}\,u_{ik} = F - \sigma_{ik}\,u_{ik}\,. \tag{3,4}$$

[1]) Strenggenommen muß zwischen Volumeneinheit vor und nach der Deformation unterschieden werden; diese Volumina enthalten im allgemeinen verschiedene Stoffmengen. Sämtliche thermodynamischen Größen werden im weiteren stets auf die Volumeneinheit des nichtdeformierten Körpers bezogen, d. h. auf die darin enthaltene Stoffmenge, welche nach der Deformation ein ein wenig verschiedenes Volumen einnehmen kann. Dementsprechend erhält man z. B. die Gesamtenergie durch Integration von $\mathcal{E}$ über das Volumen des nichtdeformierten Körpers.

Dieses ist eine Verallgemeinerung des gewöhnlichen Ausdrucks $\Phi = \mathcal{E} - TS + pV$.[1]) Setzt man (3,4) in (3,3) ein, so folgt

$$d\Phi = -S\,dT - u_{ik}\,d\sigma_{ik}. \tag{3,5}$$

S, u_{ik} bzw. T, u_{ik} sind in (3,2) und (3,3) unabhängige Variable. Die Komponenten des Spannungstensors erhält man durch partielle Differentiation von $\mathcal{E}$ oder F nach den Komponenten des Deformationstensors bei konstant gehaltener Entropie bzw. Temperatur:

$$\sigma_{ik} = \left(\frac{\partial \mathcal{E}}{\partial u_{ik}}\right)_S = \left(\frac{\partial F}{\partial u_{ik}}\right)_T. \tag{3,6}$$

Analog erhält man die Komponenten u_{ik} durch Differentiation von Φ nach den σ_{ik}:

$$u_{ik} = -\left(\frac{\partial \Phi}{\partial \sigma_{ik}}\right)_T. \tag{3,7}$$

§ 4. Das Hookesche Gesetz

Um die allgemeinen thermodynamischen Beziehungen auf konkrete Fälle anzuwenden, muß man einen Ausdruck für die freie Energie F des Körpers als Funktion des Verzerrungstensors besitzen. Wenn man die Kleinheit der Deformation berücksichtigt, erhält man leicht einen solchen Ausdruck durch Entwicklung der freien Energie nach Potenzen der u_{ik}. Wir betrachten dabei nur isotrope Körper; die entsprechenden Ausdrücke für Kristalle werden in § 10 abgeleitet.

Wenn der deformierte Körper eine bestimmte (in seiner gesamten Ausdehnung konstante) Temperatur besitzt, dann verstehen wir unter seinem nichtdeformierten Zustand einen solchen ohne Wirkung der äußeren Kräfte bei der gleichen Temperatur. Die Erwähnung dieser Bedingung ist wegen der Wärmeausdehnung notwendig (siehe § 6). Dann müssen bei $u_{ik} = 0$ auch die inneren Spannungen verschwinden, d. h., es muß gelten $\sigma_{ik} = 0$. In der Entwicklung von F nach Potenzen der u_{ik} müssen dann wegen $\sigma_{ik} = \frac{\partial F}{\partial u_{ik}}$ die linearen Glieder verschwinden.

Da die freie Energie eine skalare Größe ist, muß jedes Glied in der Entwicklung von F ebenfalls skalar sein. Aus den Komponenten des symmetrischen Tensors u_{ik} lassen sich zwei unabhängige Skalare zweiter Ordnung konstruieren, z. B. das Quadrat u_{ii}^2 der Summe der diagonalen Komponenten und die Summe u_{ik}^2 der Quadrate aller Komponenten des Tensors u_{ik}. Wir erhalten daher in der

[1]) Bei hydrostatischer Kompression geht der Ausdruck (3,4) in

$$\Phi = F + p\,u_{ii} = F + p\,(V - V_0)$$

über, wo $V - V_0$ die bei der Deformation auftretende Volumenänderung ist. Man sieht hieraus, daß die hier gebrauchte Definition von Φ sich von der in der Thermodynamik gebräuchlichen $\Phi = F + pV$ um das Glied $-pV_0$ unterscheidet.

Entwicklung von F nach Potenzen der u_{ik} bis auf Glieder höherer Ordnung den Ausdruck

$$F = F_0 + \frac{\lambda}{2} u_{ii}^2 + \mu u_{ik}^2 . \tag{4,1}$$

Das ist der allgemeine Ausdruck für die freie Energie eines deformierten isotropen Körpers. Die Größen λ und μ nennt man LAMÉ-*Koeffizienten.*

In § 1 wurde gezeigt, daß die Volumenänderung bei der Deformation durch die Summe u_{ii} bestimmt wird. Das Verschwinden dieser Summe bedeutet, daß sich während der Deformation des Körpers nur seine Form ändert, nicht aber sein Volumen. Deformationen ohne Volumenänderung nennt man *reine Scherungen.*

Der umgekehrte Fall ist eine mit einer Volumenänderung verbundene Deformation ohne Änderung der Form des Körpers. Jedes Volumenelement bleibt bei einer solchen Deformation sich selbst ähnlich. In § 1 wurde gezeigt, daß der Verzerrungstensor in diesem Falle die Form $u_{ik} = \text{const} \cdot \delta_{ik}$ besitzt. Solche Deformationen nennt man *homogene Dilatationen* oder auch *hydrostatische Kompressionen.*

Jede Deformation kann als Summe einer reinen Scherung und einer homogenen Dilatation dargestellt werden. Um das zu erkennen, genügt es, folgende Identität hinzuschreiben:

$$u_{ik} = \left(u_{ik} - \frac{1}{3}\delta_{ik} u_{ll}\right) + \frac{1}{3}\delta_{ik} u_{ll} . \tag{4,2}$$

Das erste Glied auf der rechten Seite stellt offensichtlich eine reine Scherung dar, da die Summe seiner Diagonalelemente verschwindet ($\delta_{ii} = 3$). Das zweite Glied hängt mit der homogenen Dilatation zusammen.

Es ist zweckmäßig, anstelle des allgemeinen Ausdrucks (4,1) für die freie Energie eines deformierten isotropen Körpers einen anderen zu benutzen, indem man von der erwähnten Zerlegung einer beliebigen Deformation in eine Scherung und eine homogene Dilatation Gebrauch macht. Dazu wählen wir als zwei unabhängige Skalare zweiter Ordnung die Quadratsummen der Komponenten des ersten bzw. zweiten Gliedes in (4,2), d. h. die Größen $\left(u_{ik} - \frac{1}{3}\delta_{ik} u_{ll}\right)^2$ und u_{ii}^2. F hat dann die Form[1])

$$F = \mu\left(u_{ik} - \frac{1}{3}\delta_{ik} u_{ll}\right)^2 + \frac{K}{2} u_{ll}^2 . \tag{4,3}$$

Die Größen K und μ nennt man *Kompressionsmodul* bzw. *Torsionsmodul* (*Schubmodul*). K hängt mit den LAMÉ-Koeffizienten über folgende Gleichung zusammen:

$$K = \lambda + \frac{2}{3}\mu . \tag{4,4}$$

---

[1]) Das konstante Glied F_0, die freie Energie des nichtdeformierten Körpers, wird uns im weiteren nicht interessieren. Es wird daher stets fortgelassen, und wir werden unter F nur die uns interessierende freie Energie der Deformation oder, wie man sagt, die elastische freie Energie verstehen.

Im thermodynamischen Gleichgewicht hat die freie Energie ein Minimum. In Abwesenheit von äußeren Kräften wird das Minimum von F als Funktion der u_{ik} bei $u_{ik} = 0$ realisiert. Das bedeutet, daß die quadratische Form (4,3) positiv ist. Wenn man den Tensor u_{ik} so wählt, daß u_{ll} verschwindet, verbleibt in (4,3) nur das erste Glied; wenn man dagegen den Tensor in der Form $u_{ik} = \text{const}\, \delta_{ik}$ benutzt, bleibt nur das zweite Glied erhalten. Hieraus folgt: Die notwendige (und offensichtlich auch ausreichende) Bedingung für die Positivität der Form (4,3) ist die Positivität der Koeffizienten K und μ einzeln.

Wir kommen damit zu dem Schluß, daß Kompressionsmodul und Torsionsmodul stets positive Größen sind:

$$K > 0\,, \qquad \mu > 0\,. \tag{4,5}$$

Nunmehr benutzen wir die allgemeine thermodynamische Beziehung (3,6), um den Spannungstensor zu bestimmen. Zur Berechnung der Ableitungen $\frac{\partial F}{\partial u_{ik}}$ schreiben wir das totale Differential dF (bei konstanter Temperatur) hin:

$$dF = K\, u_{ll}\, du_{ll} + 2\,\mu \left(u_{ik} - \frac{1}{3} u_{ll}\, \delta_{ik}\right) d \left(u_{ik} - \frac{1}{3} u_{ll}\, \delta_{ik}\right).$$

Die Multiplikation der ersten Klammer im zweiten Glied mit δ_{ik} liefert Null. Es bleibt daher der Ausdruck

$$dF = K\, u_{ll}\, du_{ll} + 2\,\mu \left(u_{ik} - \frac{1}{3} u_{ll}\, \delta_{ik}\right) du_{ik}$$

oder, wenn du_{ll} in der Form $\delta_{ik}\, du_{ik}$ geschrieben wird,

$$dF = \left[K\, u_{ll}\, \delta_{ik} + 2\,\mu \left(u_{ik} - \frac{1}{3} u_{ll}\, \delta_{ik}\right)\right] du_{ik}\,.$$

Hieraus folgt für den Spannungstensor

$$\sigma_{ik} = K\, u_{ll}\, \delta_{ik} + 2\,\mu \left(u_{ik} - \frac{1}{3} \delta_{ik}\, u_{ll}\right). \tag{4,6}$$

Dieser Ausdruck erlaubt die Bestimmung des Spannungstensors aus dem Verzerrungstensor im Falle isotroper fester Körper. Man sieht u. a., daß bei einer reinen Scherung oder einer reinen homogenen Dilatation die Beziehung zwischen den σ_{ik} und u_{ik} allein durch den Torsions- bzw. Kompressionsmodul bestimmt wird.

Es ist auch umgekehrt nicht schwer, die u_{ik} durch die σ_{ik} auszudrücken. Dazu müssen wir die Summe der Diagonalelemente σ_{ii} bestimmen. Das zweite Glied in (4,6) verschwindet bei der Summation, und wir haben $\sigma_{ii} = 3\,K\, u_{ii}$ oder

$$u_{ii} = \frac{1}{3K} \sigma_{ii}\,. \tag{4,7}$$

Diesen Ausdruck setzen wir in (4,6) ein und bestimmen hieraus die u_{ik}:

$$u_{ik} = \frac{1}{9K} \delta_{ik}\, \sigma_{ll} + \frac{1}{2\mu} \left(\sigma_{ik} - \frac{1}{3}\, \delta_{ik}\, \sigma_{ll}\right). \tag{4,8}$$

Hiermit ist aber der Verzerrungstensor durch den Spannungstensor ausgedrückt.

Aus der Gleichung (4,7) ist ersichtlich, daß die relative Volumenänderung u_{ii} bei beliebiger Deformation eines isotropen Körpers nur von der Summe σ_{ii} der Diagonalkomponenten des Spannungstensors abhängt, wobei die Beziehung zwischen u_{ii} und σ_{ii} allein durch den Kompressionsmodul bestimmt wird. Bei hydrostatischer Kompression des Körpers hat der Spannungstensor die Form $\sigma_{ik} = -p\,\delta_{ik}$. In diesem Falle folgt aus (4,7)

$$u_{ii} = -\frac{p}{K}. \tag{4,9}$$

Wegen der Kleinheit der Deformation sind u_{ii} und p ebenfalls kleine Größen, und wir können das Verhältnis von relativer Volumenänderung zum Druck $\frac{u_{ii}}{p}$ in der Differentialform $\frac{1}{V}\left(\frac{\partial V}{\partial p}\right)_T$ schreiben. Somit haben wir

$$\frac{1}{K} = -\frac{1}{V}\left(\frac{\partial V}{\partial p}\right)_T.$$

Die Größe $1/K$ heißt *Kompressibilität.*

Nach (4,8) ist der Verzerrungstensor u_{ik} eine lineare Funktion des Spannungstensors σ_{ik}. Oder anders ausgedrückt, die Deformation ist den angreifenden Kräften proportional. Dieses bei kleinen Deformationen geltende Gesetz heißt HOOKE*sches Gesetz.*[1])

Wir geben noch eine nützliche Form für die freie Energie eines deformierten Körpers an, die man direkt aus ihrer quadratischen Abhängigkeit vom Verzerrungstensor erhält. Nach dem EULERschen Satz ist

$$u_{ik}\frac{\partial F}{\partial u_{ik}} = 2F.$$

Wegen $\frac{\partial F}{\partial u_{ik}} = \sigma_{ik}$ folgt hieraus

$$F = \frac{\sigma_{ik}\,u_{ik}}{2}. \tag{4,10}$$

Wenn man in diesen Ausdruck die u_{ik} in Form linearer Kombinationen der Komponenten σ_{ik} einsetzt, dann erhält man die elastische Energie als quadratische Funktion der σ_{ik}. Wiederum mit Hilfe des EULERschen Satzes folgt hieraus

$$\sigma_{ik}\frac{\partial F}{\partial \sigma_{ik}} = 2F,$$

und der Vergleich mit (4,10) liefert

$$u_{ik} = \frac{\partial F}{\partial \sigma_{ik}}. \tag{4,11}$$

[1]) Das HOOKEsche Gesetz ist praktisch auf alle elastischen Deformationen anwendbar. Denn die Deformationen werden bereits inelastisch, wenn sie noch so klein sind, daß das HOOKEsche Gesetz eine gute Näherung darstellt (eine Ausnahme bilden Gummikörper und ähnliche).

Es muß jedoch unterstrichen werden, daß $\sigma_{ik} = \frac{\partial F}{\partial u_{ik}}$ eine allgemeine thermodynamische Beziehung darstellt, während der umgekehrte Ausdruck (4,11) nur im Zusammenhang mit dem HOOKEschen Gesetz gültig ist.

§ 5. Homogene Deformationen

Wir wollen einige der einfachsten Fälle der sogenannten *homogenen Deformationen* betrachten, d. h. solcher Deformationen, bei denen der Verzerrungstensor im gesamten Volumen des Körpers konstant ist. Eine homogene Deformation ist z. B. die bereits untersuchte hydrostatische Kompression.

Wir betrachten jetzt die *einfache Streckung* (oder Kompression) eines Stabes. Der Stab liege parallel der z-Achse, an seinen beiden Enden mögen Kräfte angreifen, die ihn in beiden Richtungen zu strecken versuchen. Diese Kräfte wirken gleichmäßig auf die gesamte Oberfläche der Stabenden; die auf die Flächeneinheit wirkende Kraft sei p.

Da die Deformation homogen ist, d. h. die u_{ik} überall im Körper konstant sind, ist auch der Spannungstensor σ_{ik} eine konstante Größe und kann daher unmittelbar aus den Randbedingungen (2,8) bestimmt werden. An den Seitenflächen des Stabes greifen keine Kräfte an, woraus die Gleichung $\sigma_{ik} n_k = 0$ folgt. Der Einheitsvektor $\boldsymbol{n}$ zur Seitenfläche steht senkrecht auf der z-Achse, d. h., er besitzt nur die Komponenten n_x und n_y. Hieraus folgt, daß außer σ_{zz} sämtliche Komponenten σ_{ik} verschwinden. An der Oberfläche der Stabenden gilt $\sigma_{zi} n_i = p$, und wir erhalten

$$\sigma_{zz} = p\,.$$

Aus der allgemeinen Beziehung (4,8) zwischen den Komponenten des Verzerrungstensors und des Spannungstensors ist ersichtlich, daß alle Komponenten u_{ik} für $i \neq k$ verschwinden. Für die übrigen Komponenten finden wir

$$u_{xx} = u_{yy} = -\frac{1}{3}\left(\frac{1}{2\mu} - \frac{1}{3K}\right) p\,, \qquad u_{zz} = \frac{1}{3}\left(\frac{1}{3K} + \frac{1}{\mu}\right) p\,. \tag{5,1}$$

Die Komponente u_{zz} bestimmt die relative Verlängerung des Stabes. Den Koeffizienten bei p nennt man *Elastizitätskoeffizient* und seinen reziproken Wert *Elastizitätsmodul* (YOUNG*sche Zahl*) E:

$$u_{zz} = \frac{p}{E} \tag{5,2}$$

mit

$$E = \frac{9K\mu}{3K + \mu}\,. \tag{5,3}$$

Die Komponenten u_{xx} und u_{yy} bestimmen die relative Querkontraktion des Stabes. Das Verhältnis der Querkontraktion zur longitudinalen Dehnung heißt *Querkontraktionskoeffizient* (POISSON*sche Zahl*)[1]:

$$u_{xx} = -\sigma\, u_{zz} \tag{5,4}$$

---

[1]) Die Bezeichnung der POISSONschen Zahl mittels σ und der Komponenten des Spannungstensors mittels σ_{ik} kann zu keinen Mißverständnissen führen, da letztere stets mit Indizes behaftet sind.

mit

$$\sigma = \frac{1}{2} \frac{3K - 2\mu}{3K + \mu}. \tag{5,5}$$

Da K und μ stets positiv sind, kann sich die POISSONsche Zahl für die verschiedenen Stoffe nur in den Grenzen von -1 (bei $K = 0$) bis $1/2$ (bei $\mu = 0$) ändern[1]):

$$-1 \leqq \sigma \leqq \frac{1}{2}. \tag{5,6}$$

Schließlich ist die relative Volumenvergrößerung des Stabes nach seiner Streckung

$$u_{ii} = p \frac{1}{3K}. \tag{5,7}$$

Die freie Energie des gestreckten Stabes kann unmittelbar mit Hilfe von (4,10) hingeschrieben werden. Da nur die Komponente σ_{zz} nicht verschwindet, ist $F = 1/2\, \sigma_{zz} u_{zz}$, und wir erhalten

$$F = \frac{p^2}{2E}. \tag{5,8}$$

Im folgenden werden wir anstelle von K und μ, wie üblich, die Koeffizienten E und σ benutzen. Die Umkehrung der Ausdrücke (5,3) und (5,5) liefert[2])

$$\mu = \frac{E}{2(1+\sigma)}, \qquad K = \frac{E}{3(1-2\sigma)}. \tag{5,9}$$

Die allgemeinen Ausdrücke des vorangegangenen Paragraphen drücken wir jetzt über E und σ aus. Für die freie Energie erhalten wir

$$F = \frac{E}{2(1+\sigma)} \left(u_{ik}^2 + \frac{\sigma}{1-2\sigma} u_{ll}^2 \right). \tag{5,10}$$

Der Spannungstensor, durch den Verzerrungstensor ausgedrückt, ist

$$\sigma_{ik} = \frac{E}{1+\sigma} \left(u_{ik} + \frac{\sigma}{1-2\sigma} u_{ll} \delta_{ik} \right) \tag{5,11}$$

und umgekehrt

$$u_{ik} = \frac{1}{E} [(1+\sigma)\sigma_{ik} - \sigma \sigma_{ll} \delta_{ik}]. \tag{5,12}$$

---

[1]) In Wirklichkeit ändert sich die POISSONsche Zahl in den Grenzen von 0 bis 1/2. Körper mit $\sigma < 0$, d. h. solche, die bei einer longitudinalen Dehnung ihre Querdimensionen vergrößern, sind nicht bekannt. Der Ungleichung $\sigma > 0$ entspricht $\lambda > 0$, wo λ der LAMÉ-Koeffizient in (4,1) ist; mit anderen Worten, in Wirklichkeit sind stets beide Glieder nicht nur in (4,3), sondern auch in (4,1) positiv, wenn das auch thermodynamisch nicht notwendig ist. Die σ, deren Werte in der Nähe von 1/2 liegen (z. B. bei Gummi), entsprechen einem Scherungsmodul, der klein ist im Vergleich zum Kompressionsmodul.

[2]) Der zweite LAMÉ-Koeffizient ist

$$\lambda = \frac{E\sigma}{(1-2\sigma)(1+\sigma)}.$$

Da wir die Ausdrücke (5,11) und (5,12) laufend gebrauchen werden, schreiben wir sie für die einzelnen Komponenten hin:

$$\left.\begin{aligned}
\sigma_{xx} &= \frac{E}{(1+\sigma)(1-2\sigma)}[(1-\sigma)u_{xx}+\sigma(u_{yy}+u_{zz})],\\
\sigma_{yy} &= \frac{E}{(1+\sigma)(1-2\sigma)}[(1-\sigma)u_{yy}+\sigma(u_{xx}+u_{zz})],\\
\sigma_{zz} &= \frac{E}{(1+\sigma)(1-2\sigma)}[(1-\sigma)u_{zz}+\sigma(u_{xx}+u_{yy})],\\
\sigma_{xy} &= \frac{E}{1+\sigma}u_{xy}, \qquad \sigma_{xz}=\frac{E}{1+\sigma}u_{xz}, \qquad \sigma_{yz}=\frac{E}{1+\sigma}u_{yz}
\end{aligned}\right\} \tag{5,13}$$

und umgekehrt

$$\left.\begin{aligned}
u_{xx} &= \frac{1}{E}[\sigma_{xx}-\sigma(\sigma_{yy}+\sigma_{zz})],\\
u_{yy} &= \frac{1}{E}[\sigma_{yy}-\sigma(\sigma_{xx}+\sigma_{zz})],\\
u_{zz} &= \frac{1}{E}[\sigma_{zz}-\sigma(\sigma_{xx}+\sigma_{yy})],\\
u_{xy} &= \frac{1+\sigma}{E}\sigma_{xy}, \qquad u_{xz}=\frac{1+\sigma}{E}\sigma_{xz}, \qquad u_{yz}=\frac{1+\sigma}{E}\sigma_{yz}.
\end{aligned}\right\} \tag{5,14}$$

Wir betrachten jetzt die Kompression eines Stabes, dessen Seiten derart befestigt sind, daß seine Querdimension unverändert bleibt. Die Kräfte greifen an den Grundflächen des Stabes an und wirken in Richtung seiner komprimierten Länge, die wir als z-Achse definieren. Eine solche Deformation heißt *einseitige Kompression.* Da der Stab nur in z-Richtung deformiert wird, ist von allen Komponenten u_{ik} nur u_{zz} von Null verschieden. Aus (5,11) folgt jetzt

$$\sigma_{xx}=\sigma_{yy}=\frac{\sigma E}{(1+\sigma)(1-2\sigma)}u_{zz}, \qquad \sigma_{zz}=\frac{E(1-\sigma)}{(1+\sigma)(1-2\sigma)}u_{zz}.$$

Die komprimierende Kraft bezeichnen wir wiederum mit p ($\sigma_{zz}=p$; p ist bei einer Kompression negativ). Es ist dann

$$u_{zz}=\frac{(1+\sigma)(1-2\sigma)}{E(1-\sigma)}p. \tag{5,15}$$

Den Koeffizienten bei p nennt man den *Koeffizienten der einseitigen Kompression.* Die Spannungen in der Querrichtung des Stabes sind

$$\sigma_{xx}=\sigma_{yy}=p\frac{\sigma}{1-\sigma}. \tag{5,16}$$

Schließlich erhalten wir für die freie Energie den Ausdruck

$$F=p^2\frac{(1+\sigma)(1-2\sigma)}{2E(1-\sigma)}. \tag{5,17}$$

§ 6. Deformation bei veränderlicher Temperatur

Wir betrachten jetzt Deformationen, die mit einer Temperaturveränderung verbunden sind. Die Temperaturänderung kann sowohl eine Folge der Deformation als auch äußerer Ursachen sein.

Unter dem nichtdeformierten Körper verstehen wir seinen Zustand in Abwesenheit äußerer Kräfte bei gegebener Temperatur T_0. Wenn der Körper eine Temperatur $T \neq T_0$ annimmt, so wird er sich wegen der Wärmeausdehnung auch bei Abwesenheit äußerer Kräfte im deformierten Zustand befinden. Die Entwicklung der freien Energie $F(T)$ wird daher neben quadratischen Gliedern im Verzerrungstensor auch lineare Glieder enthalten. Aus den Komponenten des Tensors zweiten Ranges u_{ik} kann nur eine einzige skalare Größe gebildet werden, nämlich die Summe u_{ii} seiner diagonalen Komponenten. Im folgenden werden wir voraussetzen, daß die im Zusammenhang mit der Deformation auftretenden Temperaturänderungen $T - T_0$ klein sind. Man kann dann annehmen, der Koeffizient bei u_{ii} in der Entwicklung von F (der bei $T = T_0$ verschwinden muß) sei einfach der Temperaturdifferenz proportional. Somit erhalten wir für die freie Energie anstelle von (4,3) den folgenden Ausdruck:

$$F(T) = F_0(T) - K\alpha\,(T - T_0)\,u_{ll} + \mu\left(u_{ik} - \frac{1}{3}\delta_{ik}\,u_{ll}\right)^2 + \frac{K}{2}u_{ll}^2\,, \qquad (6,1)$$

wo der Koeffizient bei $T - T_0$ in der Form $-K\alpha$ geschrieben wurde. Die Koeffizienten μ, K und α sind hier konstant; die Berücksichtigung ihrer Temperaturabhängigkeit würde auf kleine Größen von höherer Ordnung führen.

Die Differentiation von F nach u_{ik} liefert den Spannungstensor

$$\sigma_{ik} = -K\alpha\,(T - T_0)\,\delta_{ik} + K\,u_{ll}\,\delta_{ik} + 2\mu\left(u_{ik} - \frac{1}{3}\delta_{ik}\,u_{ll}\right). \qquad (6,2)$$

Das erste Glied stellt hier eine mit der Temperaturänderung des Körpers verbundene zusätzliche Spannung dar. Bei einer einfachen Wärmeausdehnung (in Abwesenheit äußerer Kräfte) dürfen keine inneren Spannungen auftreten: $\sigma_{ik} = 0$. u_{ik} hat dann die Form const $\cdot\,\delta_{ik}$, wobei

$$u_{ll} = \alpha\,(T - T_0)\,. \qquad (6,3)$$

u_{ll} stellt aber die relative Volumenänderung bei der Deformation dar. α ist daher der *Wärmeausdehnungskoeffizient* des Körpers.

Unter den verschiedenen (im thermodynamischen Sinne) Deformationstypen sind die isotherme und die adiabatische Deformation besonders wichtig. Bei isothermen Deformationen bleibt die Körpertemperatur unverändert. Dementsprechend muß man in (6,1) $T = T_0$ setzen, und wir erhalten die gewöhnlichen Ausdrücke; die Koeffizienten K und μ kann man daher als *isotherme Moduln* bezeichnen.

Bei der adiabatischen Deformation findet zwischen den verschiedenen Körperabschnitten und natürlich auch zwischen dem Körper und seiner Umgebung kein Wärmeaustausch statt. Dabei bleibt die Entropie S des Körpers konstant.

Wegen $S(T) = -\frac{\partial F}{\partial T}$ liefert die Differentiation von (6,1) nach T

$$S(T) = S_0(T) + K\alpha\, u_{ll}\,. \tag{6,4}$$

Man könnte jetzt S in (6,4) einer Konstanten gleichsetzen und erhielte so die durch die Deformation bedingte Temperaturänderung $T - T_0$, die sich als zu u_{ll} proportional ergäbe. Den so erhaltenen Ausdruck für $T - T_0$ könnten wir in (6,2) einsetzen und erhielten für σ_{ik} den gewöhnlichen Ausdruck

$$\sigma_{ik} = K_{\mathrm{ad}}\, u_{ll}\,\delta_{ik} + 2\mu\left(u_{ik} - \frac{1}{3}\delta_{ik}\,u_{ll}\right) \tag{6,5}$$

mit dem gleichen Torsionsmodul μ, aber einem anderen Kompressionsmodul K_{ad}. Man kann jedoch den Zusammenhang zwischen dem adiabatischen Modul K_{ad} und dem gewöhnlichen isothermen Modul K ohne diese Rechnung unmittelbar mit Hilfe der bekannten thermodynamischen Beziehung

$$\left(\frac{\partial V}{\partial p}\right)_S = \left(\frac{\partial V}{\partial p}\right)_T + \frac{T\left(\frac{\partial V}{\partial T}\right)_p^2}{C_p}$$

erhalten (C_p ist die auf eine Volumeneinheit bezogene spezifische Wärme bei konstantem Druck). Wenn das Volumen V von der Stoffmenge ausgefüllt wird, die sich vor der Deformation in einer Volumeneinheit befand, dann bedeuten die Ableitungen $\frac{\partial V}{\partial T}$ und $\frac{\partial V}{\partial p}$ die relative Volumenänderung bei Erwärmung bzw. Kompression. Es ist

$$\left(\frac{\partial V}{\partial T}\right)_p = \alpha\,, \qquad \left(\frac{\partial V}{\partial p}\right)_S = -\frac{1}{K_{\mathrm{ad}}}\,, \qquad \left(\frac{\partial V}{\partial p}\right)_T = -\frac{1}{K}\,.$$

Der Zusammenhang zwischen den adiabatischen und isothermen Moduln ist dann durch

$$\frac{1}{K_{\mathrm{ad}}} = \frac{1}{K} - \frac{T\alpha^2}{C_p}\,, \qquad \mu_{\mathrm{ad}} = \mu \tag{6,6}$$

gegeben. Für den „adiabatischen" Elastizitätsmodul und die „adiabatische" POISSONsche Zahl erhalten wir leicht folgende Beziehungen:

$$E_{\mathrm{ad}} = \frac{E}{1 - E\frac{T\alpha^2}{9C_p}}\,, \qquad \sigma_{\mathrm{ad}} = \frac{\sigma + E\frac{T\alpha^2}{9C_p}}{1 - E\frac{T\alpha^2}{9C_p}}\,. \tag{6,7}$$

Die Größe $\frac{E\,T\alpha^2}{C_p}$ ist praktisch fast immer klein, und wir können mit genügender Genauigkeit schreiben

$$E_{\mathrm{ad}} = E + E^2\frac{T\alpha^2}{9C_p}\,, \qquad \sigma_{\mathrm{ad}} = \sigma + (1+\sigma)\,E\frac{T\alpha^2}{9C_p}\,. \tag{6,8}$$

Bei isothermer Deformation erscheint der Spannungstensor als Ableitung der freien Energie:

$$\sigma_{ik} = \left(\frac{\partial F}{\partial u_{ik}}\right)_T .$$

Bei konstanter Entropie dagegen haben wir (siehe (3,6))

$$\sigma_{ik} = \left(\frac{\partial \mathscr{E}}{\partial u_{ik}}\right)_S ,$$

wo $\mathscr{E}$ die innere Energie ist. Dementsprechend liefert der zu (4,3) analoge Ausdruck bei adiabatischen Deformationen nicht die freie Energie, sondern einfach die auf eine Volumeneinheit bezogene innere Energie des Körpers:

$$\mathscr{E} = \frac{K_{\mathrm{ad}}}{2} u_{ll}^2 + \mu \left(u_{ik} - \frac{1}{3} u_{ll}\,\delta_{ik}\right)^2 . \tag{6,9}$$

§ 7. Die Gleichgewichtsbedingungen für isotrope feste Körper

Wir leiten jetzt die Gleichungen ab, denen isotrope Körper im Gleichgewicht genügen müssen. Dazu setzen wir in die allgemeinen Gleichungen (2,7)

$$\frac{\partial \sigma_{ik}}{\partial x_k} + \varrho\, g_i = 0$$

den Ausdruck (5,11) für den Spannungstensor ein. Wir erhalten dann

$$\frac{\partial \sigma_{ik}}{\partial x_k} = \frac{E\,\sigma}{(1+\sigma)(1-2\,\sigma)} \frac{\partial u_{ll}}{\partial x_i} + \frac{E}{1+\sigma} \frac{\partial u_{ik}}{\partial x_k} .$$

Mit

$$u_{ik} = \frac{1}{2}\left(\frac{\partial u_i}{\partial x_k} + \frac{\partial u_k}{\partial x_i}\right)$$

erhalten wir die Gleichgewichtsbedingungen in der Form

$$\frac{E}{2(1+\sigma)} \frac{\partial^2 u_i}{\partial x_k^2} + \frac{E}{2(1+\sigma)(1-2\,\sigma)} \frac{\partial^2 u_l}{\partial x_i\,\partial x_l} + \varrho\, g_i = 0 . \tag{7,1}$$

Es ist zweckmäßig, diese Gleichungen in vektorieller Form darzustellen. In einer solchen Schreibweise sind die Größen $\frac{\partial^2 u_i}{\partial x_k^2}$ Komponenten des Vektors $\Delta \boldsymbol{u}$; außerdem gilt $\frac{\partial u_l}{\partial x_l} \equiv \operatorname{div} \boldsymbol{u}$. Wir haben dann

$$\Delta \boldsymbol{u} + \frac{1}{1-2\,\sigma} \operatorname{grad} \operatorname{div} \boldsymbol{u} = -\varrho\, \boldsymbol{g} \frac{2(1+\sigma)}{E} . \tag{7,2}$$

Manchmal ist es günstig, diese Gleichung in etwas anderer Form darzustellen, indem man von der bekannten Identität

$$\operatorname{grad} \operatorname{div} \boldsymbol{u} = \Delta \boldsymbol{u} + \operatorname{rot} \operatorname{rot} \boldsymbol{u}$$

Gebrauch macht. (7,2) wird dann zu

$$\operatorname{grad} \operatorname{div} \boldsymbol{u} - \frac{1-2\,\sigma}{2(1-\sigma)} \operatorname{rot} \operatorname{rot} \boldsymbol{u} = -\varrho\, \boldsymbol{g} \frac{(1+\sigma)(1-2\,\sigma)}{E(1-\sigma)} . \tag{7,3}$$

Wir geben die Gleichgewichtsbedingungen für ein homogenes Schwerefeld an, da es sich hier um die in der Elastizitätstheorie am häufigsten auftretenden „Volumenkräfte" handelt. Wenn dagegen andere Volumenkräfte wirken, muß der Kraftvektor $\varrho \boldsymbol{g}$ auf der rechten Seite der Gleichung entsprechend durch einen anderen ersetzt werden.

Der wichtigste Fall ist der, in welchem die Deformation nicht durch Volumenkräfte, sondern durch Kräfte, die an der Oberfläche des Körpers angreifen, hervorgerufen wird. Die Gleichgewichtsbedingung ist dann

$$(1 - 2\sigma)\,\Delta \boldsymbol{u} + \operatorname{grad}\operatorname{div}\boldsymbol{u} = 0 \tag{7,4}$$

oder

$$2(1-\sigma)\operatorname{grad}\operatorname{div}\boldsymbol{u} - (1-2\sigma)\operatorname{rot}\operatorname{rot}\boldsymbol{u} = 0\,. \tag{7,5}$$

Die äußeren Kräfte gehen in die Lösung nur über die Randbedingungen ein.

Wenn wir jetzt die Divergenz auf beiden Seiten der Gleichung (7,4) bilden, erhalten wir unter Benutzung der Identität div grad $\equiv \Delta$:

$$\Delta \operatorname{div}\boldsymbol{u} = 0\,, \tag{7,6}$$

d. h., die Größe div $\boldsymbol{u}$ (welche die Volumenänderung bei der Deformation bestimmt) ist eine Potentialfunktion. Die Anwendung des LAPLACE-Operators Δ auf die Gleichung (7,4) liefert dagegen

$$\Delta\Delta\boldsymbol{u} = 0\,, \tag{7,7}$$

d. h., im Gleichgewicht genügt der Verschiebungsvektor der sogenannten *biharmonischen Gleichung*. Diese Ergebnisse behalten ihre Gültigkeit auch in Anwesenheit eines homogenen Schwerefeldes (beim Differenzieren verschwindet die rechte Seite der Gleichung (7,2)); dagegen gelten sie nicht im allgemeinen Falle äußerer, im Körpervolumen veränderlicher Kräfte.

Die Tatsache, daß der Verschiebungsvektor der biharmonischen Gleichung genügt, bedeutet natürlich nicht, daß das allgemeine Integral der Gleichgewichtsbedingungen (in Abwesenheit äußerer Kräfte) eine beliebige biharmonische Vektorfunktion ist; denn die Funktion $\boldsymbol{u}(x, y, z)$ muß noch zusätzlich der Gleichung niederer Ordnung (7,4) genügen. Es ist aber möglich, das allgemeine Integral der Gleichgewichtsbedingungen durch Ableitungen eines beliebigen biharmonischen Vektors auszudrücken (siehe Aufgabe 10).

Bei einer ungleichmäßigen Erwärmung des Körpers muß in der Gleichgewichtsbedingung noch ein zusätzliches Glied hinzugefügt werden. Im Spannungstensor muß man das Glied $-K\alpha(T-T_0)\,\delta_{ik}$ berücksichtigen (siehe (6,2)), und in $\frac{\partial \sigma_{ik}}{\partial x_k}$ taucht folgender Ausdruck auf:

$$-K\alpha\frac{\partial T}{\partial x_i} = -\frac{E\alpha}{3(1-2\sigma)}\frac{\partial T}{\partial x_i}\,.$$

Die Gleichgewichtsbedingung hat dann die Form

$$\frac{3(1-\sigma)}{1+\sigma}\operatorname{grad}\operatorname{div}\boldsymbol{u} - \frac{3(1-2\sigma)}{2(1+\sigma)}\operatorname{rot}\operatorname{rot}\boldsymbol{u} = \alpha\operatorname{grad}T\,. \tag{7,8}$$

Wir betrachten jetzt eine *ebene Deformation*, bei der im gesamten Körpervolumen eine Komponente des Verschiebungsvektors verschwindet, $u_z = 0$, und die anderen beiden u_x, u_y nur von x und y abhängen. Dabei sind die Komponenten u_{zz}, u_{xz}, u_{yz} des Verzerrungstensors identisch gleich Null, und damit verschwinden auch die Komponenten σ_{yz}, σ_{xz} des Spannungstensors (nicht aber die longitudinale Spannung σ_{zz}, deren Vorhandensein für die Konstanz der Körperausdehnung in Richtung der z-Achse notwendig ist.)[1])

Da nun sämtliche Größen von z nicht abhängen, reduzieren sich die Gleichgewichtsbedingungen $\frac{\partial \sigma_{ik}}{\partial x_k} = 0$ auf zwei Gleichungen:

$$\frac{\partial \sigma_{xx}}{\partial x} + \frac{\partial \sigma_{xy}}{\partial y} = 0\,, \qquad \frac{\partial \sigma_{yx}}{\partial x} + \frac{\partial \sigma_{yy}}{\partial y} = 0\,. \tag{7,9}$$

Die allgemeinste Form der Funktionen $\sigma_{xx}, \sigma_{xy}, \sigma_{yy}$ als Lösung dieser Gleichungen ist

$$\sigma_{xx} = \frac{\partial^2 \chi}{dy^2}\,, \qquad \sigma_{xy} = -\frac{\partial^2 \chi}{\partial x\, \partial y}\,, \qquad \sigma_{yy} = \frac{\partial^2 \chi}{\partial x^2}\,, \tag{7,10}$$

wo χ eine beliebige Funktion von x und y bezeichnet. Man kann leicht die Gleichung erhalten, der χ genügen muß. Eine solche Gleichung muß existieren, da sich die drei Größen $\sigma_{xx}, \sigma_{xy}, \sigma_{yy}$ durch nur zwei Komponenten u_x, u_y ausdrücken lassen und daher voneinander abhängig sind. Mit Hilfe von (5,13) erhalten wir für die ebene Deformation

$$\sigma_{xx} + \sigma_{yy} = \frac{E}{(1+\sigma)(1-2\sigma)}(u_{xx} + u_{yy})\,.$$

Nun ist aber

$$\sigma_{xx} + \sigma_{yy} = \Delta\chi\,, \qquad u_{xx} + u_{yy} = \frac{\partial u_x}{\partial x} + \frac{\partial u_y}{\partial y} \equiv \operatorname{div} \boldsymbol{u}\,,$$

und da div $\boldsymbol{u}$ nach (7,6) eine Potentialfunktion ist, folgt hieraus, daß χ der Gleichung

$$\Delta\,\Delta\chi = 0 \tag{7,11}$$

genügt, d. h., χ ist eine biharmonische Funktion. Man nennt χ *Spannungsfunktion*. Nachdem das ebene Problem gelöst und χ bekannt ist, kann die longitudinale Spannung σ_{zz} unmittelbar aus der Gleichung

$$\sigma_{zz} = \frac{\sigma E}{(1+\sigma)(1-2\sigma)}(u_{xx} + u_{yy}) = \sigma(\sigma_{xx} + \sigma_{yy})$$

oder

$$\sigma_{zz} = \sigma\,\Delta\chi \tag{7,12}$$

bestimmt werden.

Die Anwendung der Theorie der Funktionen komplexer Veränderlicher liefert effektive Methoden zur Lösung ebener Probleme der Elastizitätstheorie.

---

[1]) Sehr wirksame Methoden zur Behandlung von elastizitätstheoretischen Problemen lassen sich durch Anwendung der Funktionentheorie entwickeln (siehe N. I. Muschelischwili, Einige Grundaufgaben der Elastizitätstheorie. Verlag der Akad. d. Wiss. d. UdSSR, 1954).

Aufgaben

1. Man bestimme die Deformation eines langen Stabes (von der Länge l), der senkrecht im Schwerefeld steht.

Lösung: Wir legen die z-Achse parallel zur Stabachse und die $x\,y$-Ebene in die untere Grundfläche des Stabes. Die Gleichgewichtsbedingungen sind

$$\frac{\partial \sigma_{x i}}{\partial x_i} = \frac{\partial \sigma_{y i}}{\partial x_i} = 0\,, \qquad \frac{\partial \sigma_{z i}}{\partial x_i} = \varrho\, g\,.$$

Auf der Seitenfläche des Stabes müssen alle Komponenten σ_{ik} außer σ_{zz} verschwinden, und auf der oberen Grundfläche ($z = l$) muß gelten $\sigma_{xz} = \sigma_{yz} = \sigma_{zz} = 0$. Die Lösung, die diesen Randbedingungen genügt, ist

$$\sigma_{zz} = -\varrho\, g\,(l - z)$$

und alle übrigen σ_{ik} verschwinden. Durch σ_{ik} wird u_{ik} bestimmt:

$$u_{xx} = u_{yy} = \frac{\sigma}{E}\varrho\, g\,(l - z)\,, \qquad u_{zz} = -\frac{\varrho\, g\,(l - z)}{E}\,, \qquad u_{xy} = u_{xz} = u_{yz} = 0\,,$$

und hieraus erhält man durch Integration die Komponenten des Verschiebungsvektors:

$$u_x = \frac{\sigma}{E}\varrho\, g\,(l - z)\, x\,,$$

$$u_y = \frac{\sigma}{E}\varrho\, g\,(l - z)\, y\,,$$

$$u_z = -\frac{\varrho\, g}{2\,E}\{l^2 - (l - z)^2 - \sigma\,(x^2 + y^2)\}\,.$$

Der Ausdruck für u_z genügt der Bedingung $u_z = 0$ nur in einem einzigen Punkt der unteren Oberfläche des Stabes. Die erhaltene Lösung ist daher in der Nähe des unteren Stabendes nicht anwendbar.

2. Man bestimme die Deformation einer hohlen Kugel (Außen- und Innenradius sind R_2 bzw. R_1), in deren Innern ein Druck p_1 herrsche; der Außendruck sei p_2.

Lösung: Wir führen Kugelkoordinaten ein und legen den Koordinatenursprung in das Kugelzentrum. Die Verschiebung $\boldsymbol{u}$ zeigt überall in die Radialrichtung und hängt nur von r ab. Daher ist $\operatorname{rot} \boldsymbol{u} = 0$, und die Gleichung (7,5) hat die Form

$$\operatorname{grad} \operatorname{div} \boldsymbol{u} = 0\,.$$

Hieraus folgt

$$\operatorname{div} \boldsymbol{u} = \frac{1}{r^2}\frac{d(r^2\, u)}{dr} = \text{const} \equiv 3\,a$$

oder

$$u = a\, r + \frac{b}{r^2}\,.$$

Die Komponenten des Verzerrungstensors sind (siehe (1,7))

$$u_{rr} = a - \frac{2\,b}{r^3}\,, \qquad u_{\theta\theta} = u_{\varphi\varphi} = a + \frac{b}{r^3}\,.$$

Die Radialspannung ist

$$\sigma_{rr} = \frac{E}{(1+\sigma)(1-2\,\sigma)}[(1-\sigma)\,u_{rr} + 2\,\sigma\, u_{\theta\theta}] = \frac{E}{1-2\,\sigma}a - \frac{2\,E}{1+\sigma}\frac{b}{r^3}\,.$$

Die Konstanten a und b werden aus den Randbedingungen bestimmt: $\sigma_{rr} = -p_1$ bei $r = R_1$ und $\sigma_{rr} = -p_2$ bei $r = R_2$. Hieraus finden wir

$$a = \frac{p_1 R_1^3 - p_2 R_2^3}{R_2^3 - R_1^3} \frac{1 - 2\sigma}{E}, \qquad b = \frac{R_1^3 R_2^3 (p_1 - p_2)}{R_2^3 - R_1^3} \frac{1 + \sigma}{2E}.$$

So erhält man für die Spannungen in der Kugelschicht einer Kugel, in deren Innern der Druck $p_1 = p$ herrscht und der Außendruck verschwindet, den Ausdruck

$$\sigma_{rr} = \frac{p R_1^3}{R_2^3 - R_1^3}\left(1 - \frac{R_2^3}{r^3}\right), \qquad \sigma_{\theta\theta} = \sigma_{\varphi\varphi} = \frac{p R_1^3}{R_2^3 - R_1^3}\left(1 + \frac{R_2^3}{r^3}\right).$$

Für eine dünne Kugelschale von der Stärke $h = R_2 - R_1 \ll R$ gilt näherungsweise

$$u = \frac{p R^2 (1 - \sigma)}{2 E h}, \qquad \sigma_{\theta\theta} = \sigma_{\varphi\varphi} = \frac{p R}{2 h}, \qquad \bar{\sigma}_{rr} = \frac{p}{2}$$

($\bar{\sigma}_{rr}$ ist die über die Schalenstärke gemittelte Radialspannung). Die Spannungen in einem unbegrenzten Medium mit kugelförmigem Hohlraum (Radius R), welches einer hydrostatischen Kompression ausgesetzt ist, erhalten wir, wenn $R_1 = R$, $R_2 = \infty$, $p_1 = 0$ und $p_2 = p$ gesetzt wird:

$$\sigma_{rr} = -p\left(1 - \frac{R^3}{r^3}\right), \qquad \sigma_{\theta\theta} = \sigma_{\varphi\varphi} = -p\left(1 + \frac{R^3}{2 r^3}\right).$$

Am Rande des Hohlraums sind die Tangentialspannungen $\sigma_{\theta\theta} = \sigma_{\varphi\varphi} = -3p/2$ größer als der Druck im Unendlichen.

3. Man bestimme die Deformation einer Vollkugel (Radius R) unter der Wirkung des eigenen Gravitationsfeldes.

L ö s u n g: Die auf eine Masseneinheit der Kugel wirkende Gravitationskraft ist $-g\frac{r}{R}$. Wenn man diesen Ausdruck anstelle von g in (7,3) einsetzt, erhält man für die radiale Verschiebung folgende Gleichung:

$$\frac{E(1 - \sigma)}{(1 + \sigma)(1 - 2\sigma)} \frac{d}{dr}\left(\frac{1}{r^2}\frac{d(r^2 u)}{dr}\right) = \varrho g \frac{r}{R}.$$

Die Lösung, die bei $r = 0$ endlich ist und bei $r = R$ der Bedingung $\sigma_{rr} = 0$ genügt, ist

$$u = -\frac{g \varrho R (1 - 2\sigma)(1 + \sigma)}{10 E (1 - \sigma)} r \left[\frac{3 - \sigma}{1 + \sigma} - \frac{r^2}{R^2}\right].$$

Im Innern der Kugelfläche mit dem Radius $R\sqrt{\frac{3 - \sigma}{3(1 + \sigma)}}$ ist der Stoff komprimiert ($u_{rr} < 0$), während er außerhalb dieser Kugelfläche gedehnt ist ($u_{rr} > 0$). Der Druck im Kugelzentrum ist

$$\frac{3 - \sigma}{10(1 - \sigma)} g \varrho R.$$

4. Man bestimme die Deformation eines hohlen Zylinderrohrs (Außen- und Innenradius sind R_2 bzw. R_1), in dessen Innern der Druck p herrsche. Es sei kein Außendruck vorhanden.[1]

[1]) In den Aufgaben 4, 5, 7 wird vorausgesetzt, daß die Länge der Zylinder konstant gehalten wird, so daß keine longitudinale Deformation auftritt.

Lösung: Wir führen Zylinderkoordinaten ein und wählen die Rohrachse als z-Achse. Bei einem entlang des Rohrs homogenen Druck besteht die Deformation in einer reinen Radialverschiebung $u_r = u(r)$. Analog zu Aufgabe 2 haben wir

$$\operatorname{div} \boldsymbol{u} = \frac{1}{r} \frac{d(r\,u)}{dr} = \text{const} \equiv 2\,a\,.$$

Hieraus folgt

$$u = a\,r + \frac{b}{r}\,.$$

Die von Null verschiedenen Komponenten des Verzerrungstensors sind (siehe (1,8))

$$u_{rr} = \frac{du}{dr} = a - \frac{b}{r^2}\,, \quad u_{\varphi\varphi} = \frac{u}{r} = a + \frac{b}{r^2}\,.$$

Aus den Bedingungen $\sigma_{rr} = 0$ bei $r = R_2$ und $\sigma_{rr} = -p$ bei $r = R_1$ finden wir

$$a = \frac{p\,R_1^2}{R_2^2 - R_1^2} \frac{(1+\sigma)(1-2\sigma)}{E}\,, \qquad b = \frac{p\,R_1^2\,R_2^2}{R_2^2 - R_1^2} \frac{1+\sigma}{E}\,.$$

Die Verteilung der Spannungen im Rohr ist durch die Ausdrücke

$$\sigma_{rr} = \frac{p\,R_1^2}{R_2^2 - R_1^2}\left(1 - \frac{R_2^2}{r^2}\right), \qquad \sigma_{\varphi\varphi} = \frac{p\,R_1^2}{R_2^2 - R_1^2}\left(1 + \frac{R_2^2}{r^2}\right), \quad \sigma_{zz} = 2\,\sigma\,\frac{p\,R_1^2}{R_2^2 - R_1^2}$$

gegeben.

5. Man bestimme die Deformation eines gleichmäßig um seine Achse rotierenden Zylinders.

Lösung: Anstelle der Schwerkraft setzen wir in (7,3) die Zentrifugalkraft $\varrho\,\Omega^2\,r$ (Ω ist die Winkelgeschwindigkeit) ein. In Zylinderkoordinaten erhalten wir für die Verschiebung $u_r = u(r)$ die Gleichung

$$\frac{E\,(1-\sigma)}{(1+\sigma)(1-2\sigma)} \frac{d}{dr}\left(\frac{1}{r}\frac{d(r\,u)}{dr}\right) = -\,\varrho\,\Omega^2\,r\,.$$

Die bei $r = 0$ endliche Lösung, welche bei $r = R$ der Bedingung $\sigma_{rr} = 0$ genügt, ist

$$u = \frac{\varrho\,\Omega^2\,(1+\sigma)(1-2\sigma)}{8\,E\,(1-\sigma)}\, r\,[(3-2\sigma)\,R^2 - r^2]\,.$$

6. Man bestimme die Deformation einer ungleichmäßig erwärmten Kugel mit kugelsymmetrischer Temperaturverteilung.

Lösung: In Kugelkoordinaten hat die Gleichung (7,8) für eine rein radiale Deformation folgende Form:

$$\frac{d}{dr}\left(\frac{1}{r^2}\frac{d(r^2\,u)}{dr}\right) = \alpha\,\frac{1+\sigma}{3\,(1-\sigma)}\,\frac{dT}{dr}\,.$$

Die bei $r = 0$ endliche Lösung, welche bei $r = R$ der Bedingung $\sigma_{rr} = 0$ genügt, ist

$$u = \alpha\,\frac{1+\sigma}{3(1-\sigma)}\left\{\frac{1}{r^2}\int\limits_0^r T(r)\,r^2\,dr + \frac{2\,(1-2\sigma)}{1+\sigma}\,\frac{r}{R^3}\int\limits_0^R T(r)\,r^2\,dr\right\}.$$

Als Anfangspunkt der Temperaturskala $T(r)$ gilt derjenige Temperaturwert, bei dem die gleichmäßig erwärmte Kugel als nichtdeformiert angenommen wird. Hier wurde die Temperatur der Außenfläche der Kugel als Anfangspunkt festgesetzt, d. h., es gilt $T(R) = 0$.

7. Man bestimme die Deformation eines ungleichmäßig erwärmten Zylinders mit axialsymmetrischer Temperaturverteilung.

Lösung: Analog zu Aufgabe 6 erhalten wir in Zylinderkoordinaten

$$u = \alpha \frac{1+\sigma}{3(1-\sigma)} \left\{ \frac{1}{r} \int_0^r T(r)\, r\, dr + (1-2\sigma) \frac{r}{R^2} \int_0^R T(r)\, r\, dr \right\}.$$

8. Man bestimme die Deformation eines unbegrenzten elastischen Mediums mit gegebener Temperaturverteilung $T(x, y, z)$, die im Unendlichen konstant wird (T_0), während die Deformation dort verschwindet.

Lösung: Die Gleichung (7,8) hat eine offensichtliche Lösung mit

$$\operatorname{rot} \boldsymbol{u} = 0\,, \qquad \operatorname{div} \boldsymbol{u} = \alpha \frac{1+\sigma}{3(1-\sigma)} [T(x, y, z) - T_0]\,.$$

Ein Vektor $\boldsymbol{u}$, dessen Divergenz einer vorgegebenen Funktion gleich ist, die im gesamten Raum definiert ist und im Unendlichen verschwindet, und dessen Rotation identisch verschwindet, kann in folgender Form geschrieben werden:

$$\boldsymbol{u}(x, y, z) = -\frac{1}{4\pi} \operatorname{grad} \int \frac{\operatorname{div}' \boldsymbol{u}(x', y', z')}{r}\, dV'$$

mit $r = \sqrt{(x-x')^2 + (y-y')^2 + (z-z')^2}$. Die allgemeine Lösung der gestellten Aufgabe ist daher

$$\boldsymbol{u} = -\frac{\alpha(1+\sigma)}{12\pi(1-\sigma)} \operatorname{grad} \int \frac{T' - T_0}{r}\, dV' \tag{1}$$

mit $T' \equiv T(x', y', z')$.

Wenn in einem kleinen Volumenteil des Mediums um den Koordinatenursprung eine endliche Wärmemenge q ausgeschieden wird, kann die Temperaturverteilung in der Form

$$T - T_0 = \frac{q}{C} \delta(x)\, \delta(y)\, \delta(z)$$

ausgedrückt werden; C ist die Wärmekapazität, und δ bedeutet die Delta-Funktion. Das Integral in (1) ist dann gleich $q/C\,r$, und die Deformation ist durch den Ausdruck

$$\boldsymbol{u} = \frac{\alpha(1+\sigma)\, q}{12\pi(1-\sigma)\, C} \frac{\boldsymbol{r}}{r^3}$$

gegeben.

9. Man leite die Gleichgewichtsbedingungen für einen isotropen Körper (in Abwesenheit von Volumenkräften), ausgedrückt durch die Komponenten des Spannungstensors, ab.

Lösung: Das gesuchte Gleichungssystem enthält neben den drei Gleichungen

$$\frac{\partial \sigma_{ik}}{\partial x_k} = 0 \tag{1}$$

noch andere Gleichungen, welche aus der Abhängigkeit der sechs Komponenten u_{ik} voneinander folgen. Um diese Gleichungen abzuleiten, schreiben wir zunächst das System der differentiellen Beziehungen nieder, denen die u_{ik} genügen müssen. Man sieht leicht, daß die Größen

$$u_{ik} = \frac{1}{2}\left(\frac{\partial u_i}{\partial x_k} + \frac{\partial u_k}{\partial x_i}\right)$$

folgende Beziehungen identisch erfüllen:

$$\frac{\partial^2 u_{ik}}{\partial x_l\, \partial x_m} + \frac{\partial^2 u_{lm}}{\partial x_i\, \partial x_k} = \frac{\partial^2 u_{il}}{\partial x_k\, \partial x_m} + \frac{\partial^2 u_{km}}{\partial x_i\, \partial x_l}\,.$$

Wir haben hier lediglich sechs wesentlich verschiedene Beziehungen (mit den Werten für i, k, l, m: 1122, 1133, 2233, 1123, 2213, 3312). Diese bleiben erhalten, wenn wir die angeschriebenen Tensorgleichungen bezüglich der Indizes l und m verjüngen:

$$\Delta u_{ik} + \frac{\partial^2 u_{ll}}{\partial x_i \partial x_k} = \frac{\partial^2 u_{il}}{\partial x_k \partial x_l} + \frac{\partial^2 u_{kl}}{\partial x_i \partial x_l}. \tag{2}$$

Jetzt setzen wir die u_{ik} ein, die durch die σ_{ik} nach (5,12) ausgedrückt sind, und erhalten, unter Berücksichtigung von (1), die gesuchten Gleichungen:

$$(1+\sigma)\,\Delta\sigma_{ik} + \frac{\partial^2 \sigma_{ll}}{\partial x_i \partial x_k} = 0. \tag{3}$$

Diese Gleichungen behalten auch in Abwesenheit äußerer, im Körper konstanter Volumenkräfte ihre Gültigkeit.

Wenn wir die Gleichung (3) bezüglich der Indizes i und k verjüngen, finden wir

$$\Delta\sigma_{ll} = 0,$$

d. h., σ_{ll} ist eine Potentialfunktion. Die Anwendung des Laplace-Operators auf diese Gleichung liefert

$$\Delta\,\Delta\sigma_{ik} = 0,$$

d. h., die Komponenten σ_{ik} sind biharmonische Funktionen. Übrigens folgen diese Ergebnisse bereits unmittelbar aus (7,6) und (7,7) dank der linearen Beziehungen zwischen den σ_{ik} und u_{ik}.

10. Man drücke das allgemeine Integral der Gleichgewichtsbedingungen (in Abwesenheit von Volumenkräften) durch einen beliebigen biharmonischen Vektor aus (B. G. Galerkin, 1930).

Lösung: Es ist natürlich die Lösung der Gleichung (7,4) in folgender Form zu suchen:

$$\boldsymbol{u} = \Delta\boldsymbol{f} + A \operatorname{grad}\operatorname{div}\boldsymbol{f}.$$

Hieraus folgt: $\operatorname{div}\boldsymbol{u} = (1+A)\operatorname{div}\Delta\boldsymbol{f}$. Dieses in (7,4) eingesetzt, liefert

$$(1-2\sigma)\,\Delta\Delta\boldsymbol{f} + [2(1-\sigma)A+1]\operatorname{grad}\operatorname{div}\Delta\boldsymbol{f} = 0.$$

Wenn also $\boldsymbol{f}$ ein beliebiger biharmonischer Vektor ist,

$$\Delta\Delta\boldsymbol{f} = 0,$$

so gilt

$$\boldsymbol{u} = \Delta\boldsymbol{f} - \frac{1}{2(1-\sigma)}\operatorname{grad}\operatorname{div}\boldsymbol{f}.$$

11. Man drücke die Spannungen $\sigma_{rr}, \sigma_{\varphi\varphi}, \sigma_{r\varphi}$ bei ebener Deformation (in den Polarkoordinaten r, φ) durch Ableitungen der Spannungsfunktion aus.

Lösung: Da die gesuchten Ausdrücke von der Wahl des Anfangswertes des Polarwinkels φ nicht abhängen können, enthalten sie ihn auch nicht in expliziter Form. Wir gehen daher in folgender Weise vor: Die kartesischen Ableitungen (7,10) werden in Ableitungen nach r und φ überführt. Wir haben dann

$$\sigma_{rr} = (\sigma_{xx})_{\varphi=0}, \qquad \sigma_{\varphi\varphi} = (\sigma_{yy})_{\varphi=0}, \qquad \sigma_{r\varphi} = (\sigma_{xy})_{\varphi=0}$$

(der Winkel φ wird von der x-Achse ab gemessen). Somit gilt

$$\sigma_{rr} = \frac{1}{r}\frac{\partial\chi}{\partial r} + \frac{1}{r^2}\frac{\partial^2\chi}{\partial\varphi^2}, \qquad \sigma_{\varphi\varphi} = \frac{\partial^2\chi}{\partial r^2}, \qquad \sigma_{r\varphi} = -\frac{\partial}{\partial r}\left(\frac{1}{r}\frac{\partial\chi}{\partial\varphi}\right).$$

12. Man bestimme die Verteilung der Spannungen im unbegrenzten elastischen Medium mit kugelförmigem Hohlraum, welches einer (im Unendlichen) homogenen Deformation unterworfen wird.

Lösung: Eine allgemeine homogene Deformation kann als Überlagerung einer homogenen Dilatation und einer homogenen Scherung dargestellt werden. Erstere wurde in der Aufgabe 1 betrachtet, so daß wir lediglich die homogene Scherung untersuchen werden. $\sigma_{ik}^{(0)}$ möge das homogene Spannungsfeld sein, welches im gesamten Raum bei Abwesenheit des Hohlraums vorhanden wäre; bei reiner Scherung ist $\sigma_{ii}^{(0)} = 0$. Den dazugehörigen Verschiebungsvektor schreiben wir als $\boldsymbol{u}^{(0)}$ und suchen die Lösung in der Form $\boldsymbol{u} = \boldsymbol{u}^{(0)} + \boldsymbol{u}^{(1)}$, wo die durch den Hohlraum bedingte Funktion $\boldsymbol{u}^{(1)}$ im Unendlichen verschwindet. Jede Lösung der biharmonischen Gleichung kann als lineare Kombination zentralsymmetrischer Lösungen und ihrer Ableitungen verschiedener Ordnung nach den Koordinaten dargestellt werden. Unabhängige zentralsymmetrische Lösungen sind r^2, r, $1/r$, 1. Die allgemeinste Form des biharmonischen Vektors $\boldsymbol{u}^{(1)}$, der nur von den Komponenten des konstanten Tensors $\sigma_{ik}^{(0)}$ abhängt und im Unendlichen verschwindet, ist daher

$$u_i^{(1)} = A\,\sigma_{ik}^{(0)} \frac{\partial}{\partial x_k}\frac{1}{r} + B\,\sigma_{kl}^{(0)} \frac{\partial^3}{\partial x_i\,\partial x_k\,\partial x_l}\frac{1}{r} + C\,\sigma_{kl}^{(0)} \frac{\partial^3}{\partial x_i\,\partial x_k\,\partial x_l} r\,. \tag{1}$$

Dieser Ausdruck in (7,4) eingesetzt, liefert

$$(1 - 2\sigma)\frac{\partial^2 u_i}{\partial x_l^2} + \frac{\partial}{\partial x_i}\frac{\partial u_l}{\partial x_l} = [2(1-2\sigma)\,C + (A + 2\,C)]\,\sigma_{kl}^{(0)} \frac{\partial^3}{\partial x_i\,\partial x_k\,\partial x_l}\frac{1}{r} = 0\,,$$

woraus folgt:

$$A = -4\,C\,(1-\sigma)\,.$$

Noch zwei Beziehungen zwischen den Konstanten A, B, C ergeben sich aus den Randbedingungen $(\sigma_{ik}^{(0)} + \sigma_{ik}^{(1)})\,n_k = 0$ bei $r = R$ (R ist der Radius des kugelförmigen Hohlraums; der Koordinatenursprung befindet sich im Kugelzentrum; $\boldsymbol{n}$ ist ein Einheitsvektor mit der Richtung von $\boldsymbol{r}$). Eine lange Rechnung liefert mit Hilfe von (1) folgende Werte:

$$B = \frac{C R^2}{5}\,, \qquad C = \frac{5 R^3 (1+\sigma)}{2 E (7 - 5\sigma)}\,.$$

Der endgültige Ausdruck für die Spannungsverteilung lautet

$$\begin{aligned}\sigma_{ik} = \sigma_{ik}^{(0)}&\left[1 + \frac{5(1-2\sigma)}{7-5\sigma}\left(\frac{R}{r}\right)^3 + \frac{3}{7-5\sigma}\left(\frac{R}{r}\right)^5\right]\\ &+ \frac{15}{7-5\sigma}\left(\frac{R}{r}\right)^3\left[\sigma - \left(\frac{R}{r}\right)^2\right](\sigma_{il}^{(0)} n_k n_l + \sigma_{kl}^{(0)} n_l n_i)\\ &+ \frac{15}{2(7-5\sigma)}\left(\frac{R}{r}\right)^3\left[-5 + 7\left(\frac{R}{r}\right)^2\right]\sigma_{lm}^{(0)} n_l n_m n_i n_k\\ &+ \frac{15}{2(7-5\sigma)}\left(\frac{R}{r}\right)^3\left[1 - 2\sigma - \left(\frac{R}{r}\right)^2\right]\delta_{ik}\,\sigma_{lm}^{(0)} n_l n_m\,.\end{aligned}$$

Um die Spannungsverteilung bei beliebigen (nicht bei reinen Scherungen) $\sigma_{ik}^{(0)}$ zu erhalten, muß man $\sigma_{ik}^{(0)}$ in diesem Ausdruck durch $\sigma_{ik}^{(0)} - 1/3\,\delta_{ik}\,\sigma_{ll}^{(0)}$ ersetzen und das Glied

$$\frac{1}{3}\,\sigma_{ll}^{(0)}\left[\delta_{ik} + \frac{R^3}{2 r^3}(\delta_{ik} - 3\,n_i n_k)\right]$$

hinzufügen, welches einer homogenen Dilatation im Unendlichen entspricht (vgl. Aufgabe 2). Im allgemeinen Falle gilt für die Spannungen am Rande des Hohlraums

$$\sigma_{ik} = \frac{15}{7-5\sigma}\Big\{(1-\sigma)\,(\sigma_{ik}^{(0)} - \sigma_{il}^{(0)} n_l n_k - \sigma_{kl}^{(0)} n_l n_i) + \sigma_{lm}^{(0)} n_l n_m n_i n_k$$

$$- \sigma\,\sigma_{lm}^{(0)} n_l n_m \delta_{ik} + \frac{-1+5\sigma}{10}\,\sigma_{ll}^{(0)}\Big(\delta_{ik} - n_i n_k\Big)\Big\}.$$

In Hohlraumnähe sind die Spannungen wesentlich größer als im Unendlichen, wobei diese Vergrößerung einen stark ausgeprägten lokalen Charakter besitzt, indem sie mit wachsendem Abstand rasch abnimmt (sogenannte Spannungskonzentration in Hohlraumnähe). So befinden sich bei einfacher homogener Dilatation (nur $\sigma_{zz}^{(0)}$ ist von Null verschieden) die größten Spannungen am Äquator des Hohlraums, wobei dort gilt

$$\sigma_{zz} = \frac{27-15\sigma}{2(7-5\sigma)}\,\sigma_{zz}^{(0)}.$$

§ 8. Gleichgewicht eines elastischen, durch eine Ebene begrenzten Mediums

Wir betrachten ein elastisches Medium, welches einen unendlich großen Halbraum ausfüllt, d. h. welches von einer Seite durch eine unendlich ausgedehnte Ebene begrenzt wird. Wir bestimmen die Deformation des Mediums unter dem Einfluß von Kräften, die an der freien Oberfläche wirken.[1]) Die Kräfte brauchen nur einer Bedingung zu genügen: Sie müssen im Unendlichen zusammen mit der Deformation verschwinden. In einem solchen Falle können die Gleichgewichtsbedingungen in allgemeiner Form integriert werden.

Im gesamten Volumen, welches das Medium ausfüllt, gilt die Gleichung (7,4)

$$\operatorname{grad}\operatorname{div}\boldsymbol{u} + (1-2\sigma)\,\Delta\boldsymbol{u} = 0\,. \tag{8,1}$$

Wir suchen die Lösung dieser Gleichung in folgender Form:

$$\boldsymbol{u} = \boldsymbol{f} + \operatorname{grad}\varphi\,, \tag{8,2}$$

wo φ ein Skalar ist und der Vektor $\boldsymbol{f}$ der LAPLACE-Gleichung genügt:

$$\Delta\boldsymbol{f} = 0\,. \tag{8,3}$$

(8,2) in (8,1) eingesetzt führt zu folgender Gleichung für φ:

$$2(1-\sigma)\,\Delta\varphi = -\operatorname{div}\boldsymbol{f}\,. \tag{8,4}$$

Wir legen die xy-Ebene in die freie Oberfläche des Mediums; dem ausgefüllten Gebiet entsprechen positive z. Wir schreiben die Funktionen f_x und f_y als Ableitungen gewisser Funktionen g_x und g_y nach z:

$$f_x = \frac{\partial g_x}{\partial z}\,, \qquad f_y = \frac{\partial g_y}{\partial z}\,. \tag{8,5}$$

[1]) Die direkteste und gebräuchlichste Methode zur Lösung des gestellten Problems besteht in der Anwendung der FOURIER-Methode auf die Gleichung (8,1). Dabei muß man jedoch komplizierte Integrale auswerten. Die weiter unten dargelegte Methode basiert auf der Anwendung einiger Rechentricks und führt auf einfachere Rechnungen.

Da f_x und f_y Potentialfunktionen sind, kann man g_x und g_y stets so auswählen, daß auch sie der LAPLACE-Gleichung genügen:

$$\Delta g_x = 0\,, \qquad \Delta g_y = 0\,. \tag{8,6}$$

Gleichung (9,4) nimmt jetzt folgende Form an:

$$2(1-\sigma)\,\Delta\varphi = -\frac{\partial}{\partial z}\left(\frac{\partial g_x}{\partial x} + \frac{\partial g_y}{\partial y} + f_z\right).$$

Man kann sich leicht davon überzeugen, daß die dieser Gleichung genügende Funktion φ in der Form •

$$\varphi = -\frac{z}{4(1-\sigma)}\left(f_z + \frac{\partial g_x}{\partial x} + \frac{\partial g_y}{\partial y}\right) + \psi \tag{8,7}$$

geschrieben werden kann, da g_x, g_y und f_z Potentialfunktionen sind; ψ ist wiederum eine Potentialfunktion:

$$\Delta\psi = 0\,. \tag{8,8}$$

Somit ist die Bestimmung der Deformation $\boldsymbol{u}$ auf die Bestimmung der Potentialfunktionen g_x, g_y, f_z und ψ zurückgeführt.

Wir betrachten jetzt die Randbedingungen, die auf der freien Oberfläche (auf der Ebene $z = 0$) des Mediums erfüllt sein müssen.

Da der Einheitsvektor der Außennormalen $\boldsymbol{n}$ in negative z-Richtung zeigt, gilt nach der allgemeinen Formel (2,8): $\sigma_{iz} = -P_i$. Wenn wir für σ_{ik} den allgemeinen Ausdruck (5,11) benutzen und die Komponenten des Vektors $\boldsymbol{u}$ durch die Hilfsgrößen g_x, g_y, f_z, ψ ausdrücken, erhalten wir für die Randbedingungen nach einfacher Rechnung folgende Form:

$$\left.\begin{aligned}
\left.\frac{\partial^2 g_x}{\partial z^2}\right|_{z=0} + \frac{\partial}{\partial x}\left.\left\{\frac{1-2\sigma}{2(1-\sigma)}f_z - \frac{1}{2(1-\sigma)}\left(\frac{\partial g_x}{\partial x} + \frac{\partial g_y}{\partial y}\right) + 2\frac{\partial\psi}{\partial z}\right\}\right|_{z=0} &= -\frac{2(1+\sigma)}{E}P_x\,,\\
\left.\frac{\partial^2 g_y}{\partial z^2}\right|_{z=0} + \frac{\partial}{\partial y}\left.\left\{\frac{1-2\sigma}{2(1-\sigma)}f_z - \frac{1}{2(1-\sigma)}\left(\frac{\partial g_x}{\partial x} + \frac{\partial g_y}{\partial y}\right) + 2\frac{\partial\psi}{\partial z}\right\}\right|_{z=0} &= -\frac{2(1+\sigma)}{E}P_y\,,
\end{aligned}\right\} \tag{8,9}$$

$$\frac{\partial}{\partial z}\left.\left\{f_z - \left(\frac{\partial g_x}{\partial x} + \frac{\partial g_y}{\partial y}\right) + 2\frac{\partial\psi}{\partial z}\right\}\right|_{z=0} = -\frac{2(1+\sigma)}{E}P_z\,. \tag{8,10}$$

Die Komponenten P_x, P_y, P_z der äußeren Kräfte, die an der Oberfläche wirken, sind vorgegebene Funktionen der Koordinaten x, y und verschwinden im Unendlichen.

Die Hilfsgrößen g_x, g_y, f_z, ψ sind durch die entsprechenden Definitionsgleichungen nicht eindeutig bestimmt und können daher noch beliebigen zusätzlichen Bedingungen unterworfen werden. Es ist zweckmäßig, das Verschwinden der großen Klammer in (8,9) zu fordern[1]):

$$(1-2\sigma)f_z - \left(\frac{\partial g_x}{\partial x} + \frac{\partial g_y}{\partial y}\right) + 4(1-\sigma)\frac{\partial\psi}{\partial z} = 0\,. \tag{8,11}$$

---

[1]) Die Möglichkeit einer solchen Forderung wird hier nicht bewiesen. Sie ergibt sich aus der Tatsache, daß sich hieraus keine Widersprüche ergeben.

Die Bedingungen (8,9) vereinfachen sich dann zu

$$\left.\frac{\partial^2 g_x}{\partial z^2}\right|_{z=0} = -\frac{2(1+\sigma)}{E} P_z, \qquad \left.\frac{\partial^2 g_y}{\partial z^2}\right|_{z=0} = -\frac{2(1+\sigma)}{E} P_y. \tag{8,12}$$

Mit Hilfe der Gleichungen (8,10) bis (8,12) können die Potentialfunktionen g_x, g_y, f_z, ψ vollständig bestimmt werden.

Um die Schreibweise zu vereinfachen, betrachten wir den Fall, wo auf die freie Fläche, des elastischen Halbraumes eine „Punktkraft" $\boldsymbol{F}$ wirkt, d. h. eine Kraft, die auf einen sehr kleinen Teil der Oberfläche, den man als punktförmig betrachten kann, wirkt. Diese Kraft kann in der Form

$$\boldsymbol{P} = \boldsymbol{F}\,\delta(x)\,\delta(y)$$

geschrieben werden. Der Koordinatenursprung befindet sich im Angriffspunkt der Kraft. Wenn die Lösung für die Punktkraft bekannt ist, kann die Lösung für eine beliebig verteilte Kraft $\boldsymbol{P}(x, y)$ konstruiert werden. Wenn nämlich

$$u_i = G_{ik}(x, y, z)\, F_k \tag{8,13}$$

die von der Punktkraft $\boldsymbol{F}$ hervorgerufene Deformation darstellt, so ist die Deformation unter der Einwirkung der Kräfte $\boldsymbol{P}(x, y)$ durch das Integral[1])

$$u_i = \int\!\!\int G_{ik}(x - x', y - y', z)\, P_k(x', y')\, dx'\, dy' \tag{8,14}$$

gegeben.

Wie aus der Potentialtheorie bekannt ist, werden Potentialfunktionen f, die im Unendlichen verschwinden und deren Normalableitungen in der Ebene $z = 0$ vorgegeben sind, durch den Ausdruck

$$f(x, y, z) = -\frac{1}{2\pi}\int\!\!\int \left.\frac{\partial f(x', y', z)}{\partial z}\right|_{z=0} \frac{dx'\, dy'}{r},$$

$$r = \sqrt{(x - x')^2 + (y - y')^2 + z^2}$$

bestimmt. Da die Größen $\frac{\partial g_x}{\partial z}$, $\frac{\partial g_y}{\partial z}$ und der Ausdruck in der großen Klammer in (8,10) der Laplace-Gleichung genügen und die Gleichungen (8,10) und (8,12) ihre Normalableitungen in der Ebene $z = 0$ bestimmen, folgt hieraus

$$f_z - \left(\frac{\partial g_x}{\partial x} + \frac{\partial g_y}{\partial y}\right) + 2\frac{\partial \psi}{\partial z} = \frac{1+\sigma}{\pi E}\int\!\!\int \frac{P_z(x', y')}{r}\, dx'\, dy' = \frac{1+\sigma}{\pi E}\frac{F_z}{r}. \tag{8,15}$$

$$\frac{\partial g_x}{\partial z} = \frac{1+\sigma}{\pi E}\frac{F_x}{r}, \qquad \frac{\partial g_y}{\partial z} = \frac{1+\sigma}{\pi E}\frac{F_y}{r} \tag{8,16}$$

mit $r = \sqrt{x^2 + y^2 + z^2}$.

Die gesuchten Komponenten des Vektors $\boldsymbol{u}$ enthalten nicht die Größen g_x, g_y, sondern nur ihre Ableitungen nach x, y, z. Zur Berechnung von $\frac{\partial g_x}{\partial x}$, $\frac{\partial g_y}{\partial y}$ differenzieren wir die Gleichungen (8,16) nach x bzw. nach y:

$$\frac{\partial^2 g_x}{\partial x\, \partial z} = -\frac{1+\sigma}{\pi E}\frac{F_x\, x}{r^3}, \qquad \frac{\partial^2 g_y}{\partial y\, \partial z} = -\frac{1+\sigma}{\pi E}\frac{F_y\, y}{r^3}.$$

[1]) In der Terminologie der Mathematik ist G_{ik} der Greensche Tensor der Gleichgewichtsbedingung für das halbunendliche Medium.

Nunmehr integrieren wir über dz von ∞ bis z und erhalten

$$\frac{\partial g_x}{\partial x} = \frac{1+\sigma}{\pi E} \frac{F_x x}{r(r+z)}, \qquad \frac{\partial g_y}{\partial y} = \frac{1+\sigma}{\pi E} \frac{F_y y}{r(r+z)}. \tag{8,17}$$

Die weitere Rechnung ist einfach, aber umfangreich. Wir werden sie nicht darlegen. Aus den Gleichungen (8,11), (8,15) und (8,17) bestimmen wir f_z und $\frac{\partial \psi}{\partial z}$. Mit $\frac{\partial \psi}{\partial z}$ kann man leicht $\frac{\partial \psi}{\partial x}$, $\frac{\partial \psi}{\partial y}$ berechnen, indem man zuerst nach z integriert und danach nach x und y differenziert. So erhalten wir sämtliche Größen, die zur Berechnung des Verschiebungsvektors nach (8,2), (8,5) und (8,7) notwendig sind. Im Ergebnis erhalten wir die folgenden Ausdrücke:

$$\left.\begin{aligned}
u_x &= \frac{1+\sigma}{2\pi E}\left\{\left[\frac{xz}{r^3} - \frac{(1-2\sigma)x}{r(r+z)}\right] F_z + \frac{2(1-\sigma)r+z}{r(r+z)} F_x \right.\\
&\qquad \left. + \frac{[2r(\sigma r+z)+z^2]x}{r^3(r+z)^2}(x F_x + y F_y)\right\},\\
u_y &= \frac{1+\sigma}{2\pi E}\left\{\left[\frac{yz}{r^3} - \frac{(1-2\sigma)y}{r(r+z)}\right] F_z + \frac{2(1-\sigma)r+z}{r(r+z)} F_y \right.\\
&\qquad \left. + \frac{[2r(\sigma r+z)+z^2]y}{r^3(r+z)^2}(x F_x + y F_y)\right\},\\
u_z &= \frac{1+\sigma}{2\pi E}\left\{\left[\frac{2(1-\sigma)}{r} + \frac{z^2}{r^3}\right] F_z + \left[\frac{1-2\sigma}{r(r+z)} + \frac{z}{r^3}\right](x F_x + y F_y)\right\}.
\end{aligned}\right\} \tag{8,18}$$

Im besonderen erhält man hieraus die Verschiebung der freien Oberfläche des Mediums, indem man $z = 0$ setzt:

$$\left.\begin{aligned}
u_x &= \frac{1+\sigma}{2\pi E}\frac{1}{r}\left\{-\frac{(1-2\sigma)x}{r} F_z + 2(1-\sigma) F_x + \frac{2\sigma x}{r^2}(x F_x + y F_y)\right\},\\
u_y &= \frac{1+\sigma}{2\pi E}\frac{1}{r}\left\{-\frac{(1-2\sigma)y}{r} F_z + 2(1-\sigma) F_y + \frac{2\sigma y}{r^2}(x F_x + y F_y)\right\},\\
u_z &= \frac{1+\sigma}{2\pi E}\frac{1}{r}\left\{2(1-\sigma) F_z + (1-2\sigma)\frac{1}{r}(x F_x + y F_y)\right\}.
\end{aligned}\right\} \tag{8,19}$$

Aufgabe

Man bestimme die Deformation eines unbegrenzten elastischen Mediums, wenn auf einen kleinen Abschnitt davon die Kraft $\boldsymbol{F}$ wirkt.[1])

Lösung: Wenn wir die Deformation in Abständen r betrachten, die größer sind als die Ausmaße des Abschnitts, in dem die Kraft angreift, können wir diesen Abschnitt als punktförmig annehmen. Die Gleichgewichtsbedingung lautet (vgl. 7,2))

$$\Delta \boldsymbol{u} + \frac{1}{1-2\sigma} \operatorname{grad} \operatorname{div} \boldsymbol{u} = -\frac{2(1+\sigma)}{E} \boldsymbol{F}\,\delta(\boldsymbol{r}) \tag{1}$$

[1]) Das analoge Problem für ein beliebiges unbegrenztes anisotropes Medium wurde von I. M. Lifschitz und L. N. Rosenzweig gelöst (J. exper. theoret. Phys. **17** (1947) 783).

(hier ist $\delta(\boldsymbol{r}) \equiv \delta(x)\,\delta(y)\,\delta(z)$, und der Koordinatenursprung befindet sich im Angriffspunkt der Kraft). Wir suchen die Lösung in der Form $\boldsymbol{u} = \boldsymbol{u}_0 + \boldsymbol{u}_1$, wo $\boldsymbol{u}_0$ einer POISSON-Gleichung genügt:

$$\Delta\, \boldsymbol{u}_0 = -\,\frac{2\,(1+\sigma)}{E}\, \boldsymbol{F}\, \delta(\boldsymbol{r}). \tag{2}$$

Für $\boldsymbol{u}_1$ erhalten wir entsprechend die Gleichung

$$\operatorname{grad} \operatorname{div} \boldsymbol{u}_1 + (1 - 2\,\sigma)\, \Delta \boldsymbol{u}_1 = -\operatorname{grad} \operatorname{div} \boldsymbol{u}_0\,. \tag{3}$$

Die Lösung der Gleichung (2), die im Unendlichen verschwindet, ist

$$\boldsymbol{u}_0 = \frac{1+\sigma}{2\,\pi\, E}\, \frac{\boldsymbol{F}}{r}\,.$$

Die Rotation der beiden Seiten von (3) führt auf $\Delta \operatorname{rot} \boldsymbol{u}_1 = 0$. Im Unendlichen muß gelten: $\operatorname{rot} \boldsymbol{u}_1 = 0$. Eine Funktion jedoch, die im gesamten Raum die Potentialgleichung erfüllt und im Unendlichen verschwindet, ist identisch gleich Null. Es gilt also $\operatorname{rot} \boldsymbol{u}_1 = 0$, und $\boldsymbol{u}_1$ kann in der Form $\boldsymbol{u}_1 = \operatorname{grad} \varphi$ geschrieben werden. Aus (3) folgt

$$\operatorname{grad} \{ 2\,(1-\sigma)\, \Delta\varphi + \operatorname{div} \boldsymbol{u}_0 \} = 0\,.$$

Hieraus folgt die Konstanz des Ausdrucks in der großen Klammer, und da er im Unendlichen verschwinden muß, gilt im gesamten Raum

$$\Delta\varphi = -\,\frac{\operatorname{div} \boldsymbol{u}_0}{2\,(1-\sigma)} = -\,\frac{1+\sigma}{4\,\pi\, E\,(1-\sigma)}\, \boldsymbol{F} \operatorname{grad} \frac{1}{r}\,.$$

Wenn ψ eine Lösung der Gleichung $\Delta\psi = 1/r$ ist, so folgt für

$$\varphi = -\,\frac{1+\sigma}{4\,\pi\, E\,(1-\sigma)}\, \boldsymbol{F} \operatorname{grad} \psi\,.$$

Mit der singularitätsfreien Lösung $\psi = r/2$ erhalten wir

$$\boldsymbol{u}_1 = \operatorname{grad} \varphi = \frac{1+\sigma}{8\,\pi\, E\,(1-\sigma)}\, \frac{(\boldsymbol{F}\boldsymbol{n})\,\boldsymbol{n} - \boldsymbol{F}}{r}\,,$$

wo $\boldsymbol{n}$ ein in Richtung des Radiusvektors $\boldsymbol{r}$ zeigender Einheitsvektor ist. Im Ergebnis haben wir

$$\boldsymbol{u} = \frac{1+\sigma}{8\,\pi\, E\,(1-\sigma)}\, \frac{(3-4\,\sigma)\,\boldsymbol{F} + \boldsymbol{n}(\boldsymbol{n}\,\boldsymbol{F})}{r}\,.$$

Stellen wir diese Formel in der Form von (8,13) dar, so erhalten wir den GREENschen Tensor der Gleichgewichtsbedingung für ein unbegrenztes isotropes Medium[1]):

$$G_{ik} = \frac{1+\sigma}{8\,\pi\,(1-\sigma)}\, [(3-4\,\sigma)\,\delta_{ik} + n_i\, n_k]\, \frac{1}{r} = \frac{1}{4\,\pi\,\mu} \left[\frac{\delta_{ik}}{r} - \frac{1}{4\,(1-\sigma)}\, \frac{\partial^2 r}{\partial x_i\, \partial x_k} \right].$$

---

[1]) Die Tatsache, daß die Komponenten des Tensors G_{ik} homogene Funktionen erster Ordnung der Koordinaten x, y, z sind, folgt schon aus der Form von Gleichung (1). Auf der linken Seite dieser Gleichung steht die Linearkombination der 2. Ableitungen der Komponenten des Vektors $\boldsymbol{u}$ und auf der rechten eine homogene Funktion 3. Ordnung

$$\delta\,(a\,\boldsymbol{r}) = a^{-3}\, \delta(\boldsymbol{r})\,.$$

Diese Eigenschaft gilt auch im allgemeinen Falle eines beliebigen anisotropen Mediums.

§ 9. Berührung fester Körper

Zwei feste Körper mögen sich in einem nichtsingulären Punkt ihrer Oberflächen berühren (in Abb. 1a ist der Schnitt durch beide Oberflächen in der Nähe des Berührungspunktes O dargestellt). In diesem Punkt besitzen beide Oberflächen eine gemeinsame Tangentialebene, in welche wir die xy-Ebene hineinlegen. Die positive z-Achse richten wir in das Innere eines jeden Körpers und bezeichnen sie mit z bzw. z'.

In der Nähe eines gewöhnlichen Berührungspunktes mit der xy-Ebene kann die Gleichung der Oberfläche in der Form

$$z = \varkappa_{\alpha\beta}\, x_\alpha\, x_\beta \tag{9,1}$$

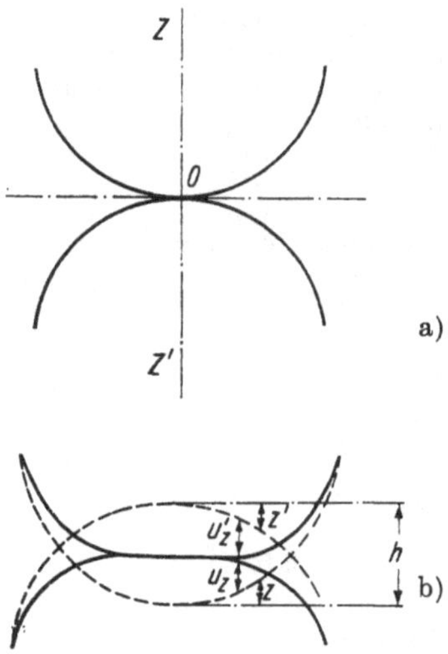

Abb. 1

geschrieben werden, wo über die Werte 1, 2 der doppelt auftretenden Indizes α, β zu summieren ist ($x_1 = x$, $x_2 = y$) und wo $\varkappa_{\alpha\beta}$ ein zweidimensionaler Tensor ist, der die Krümmung der Fläche charakterisiert (die Hauptwerte des Tensors sind $1/2\,R_1$ und $1/2\,R_2$; R_1, R_2 sind die beiden Hauptkrümmungsradien im Berührungspunkt). Die analoge Beziehung für die Oberfläche des zweiten Körpers ist

$$z' = \varkappa'_{\alpha\beta}\, x_\alpha\, x_\beta\,. \tag{9,2}$$

Wir nehmen jetzt an, die Körper werden durch äußere Kräfte aneinandergedrückt, so daß sie sich um einen Abstand h näher kommen.[1]) Dann werden ihre Oberflächen in der Nähe des ursprünglichen Berührungspunktes eingedrückt und berühren sich jetzt in einem kleinen, aber endlichen Abschnitt. u_z und u'_z seien die Komponenten (in Richtung der Achsen z und z') der Verschiebungsvektoren der Oberflächenpunkte beider Körper nach der Deformation. In Abb. 1b sind die gedachten, nicht deformierten Oberflächen gestrichelt und die eingedrückten Oberflächen mittels durchgezogener Linien dargestellt; z und z' bezeichnen die Abstände, die durch die Gleichungen (9,1) und (9,2) gegeben sind. Aus der Abbildung geht hervor, daß in allen Berührungspunkten folgende Gleichung gilt:

$$(z + u_z) + (z' + u'_z) = h$$

oder

$$(\varkappa_{\alpha\beta} + \varkappa'_{\alpha\beta})\, x_\alpha\, x_\beta + u_z + u'_z = h\,. \tag{9,3}$$

In allen übrigen Punkten, in denen sich die Oberflächen nicht berühren, gilt die Ungleichung $z + z' + u_z + u'_z < h$. Wir wählen die Richtungen der x- und

[1]) Die hier beschriebene sogenannte Kontaktaufgabe der Elastizitätstheorie wurde zuerst von H. Hertz gelöst.

y-Achsen so, daß der Tensor $\varkappa_{\alpha\beta} + \varkappa'_{\alpha\beta}$ Diagonalform besitzt. Die Hauptwerte dieses Tensors bezeichnen wir mit A und B[1]) und formen die Gleichung (9,3) folgendermaßen um:

$$A\,x^2 + B\,y^2 + u_z + u'_z = h\,. \tag{9,4}$$

Mit $P_z(x, y)$ bezeichnen wir den Druck zwischen den beiden Körpern in ihren Berührungspunkten (außerhalb des Berührungsgebietes ist natürlich $P_z = 0$). Bei der Bestimmung der Abhängigkeit zwischen P_z und den Verschiebungen u_z bzw. u'_z kann man die Oberflächen der Körper mit guter Genauigkeit als Ebenen betrachten und die Beziehungen des vorhergehenden Paragraphen benutzen. Nach der dritten Beziehung in (8,19) (wenn man ebenfalls (8,14) berücksichtigt) wird die Verschiebung u_z unter der Einwirkung von Normalkräften $P_z(x, y)$ durch die Ausdrücke

$$\left.\begin{aligned} u_z &= \frac{1-\sigma^2}{\pi E}\iint \frac{P_z(x', y')}{r}\,dx'\,dy'\,,\\ u'_z &= \frac{1-\sigma'^2}{\pi E'}\iint \frac{P_z(x', y')}{r}\,dx'\,dy' \end{aligned}\right\} \tag{9,5}$$

gegeben (σ, σ' und E, E' sind die Poissonschen Zahlen bzw. die Elastizitätsmoduln beider Körper); da außerhalb des Berührungsgebietes $P_z = 0$ ist, wird nur über jenes Gebiet integriert. Aus (9,5) folgt die Konstanz des Verhältnisses $\frac{u_z}{u'_z}$:

$$\frac{u_z}{u'_z} = \frac{(1-\sigma^2)\,E'}{(1-\sigma'^2)\,E}\,. \tag{9,6}$$

Durch die Beziehungen (9,4) und (9,6) ist die Verteilung der Verschiebungen u_z, u'_z im Berührungsabschnitt unmittelbar gegeben (die Ausdrücke (9,5) und (9,6) gelten natürlich auch außerhalb des Berührungsgebietes).

(9,5) in (9,4) eingesetzt, liefert

$$\frac{1}{\pi}\left(\frac{1-\sigma^2}{E} + \frac{1-\sigma'^2}{E'}\right)\iint \frac{P_z(x', y')}{r}\,dx'\,dy' = h - A\,x^2 - B\,y^2\,. \tag{9,7}$$

Diese Integralgleichung bestimmt die Verteilung des Druckes P_z im Berührungsgebiet. Ihre Lösung kann aus der Analogie zu den folgenden, aus der Potentialtheorie bekannten Beziehungen hergeleitet werden. Der Gedanke, diese Analogie

[1]) Die Größen A und B hängen mit den Krümmungsradien R_1, R_2 und R'_1, R'_2 beider Flächen über folgende Beziehungen zusammen:

$$2\,(A + B) = \frac{1}{R_1} + \frac{1}{R_2} + \frac{1}{R'_1} + \frac{1}{R'_2}\,,$$

$$4\,(A - B)^2 = \left(\frac{1}{R_1} - \frac{1}{R_2}\right)^2 + \left(\frac{1}{R'_1} - \frac{1}{R'_2}\right)^2 + 2\cos 2\varphi\left(\frac{1}{R_1} - \frac{1}{R_2}\right)\left(\frac{1}{R'_1} - \frac{1}{R'_2}\right),$$

wo φ der Winkel zwischen den Normalschnitten der Oberflächen ist, in denen die Krümmungsradien R_1 bzw. R_2 sind.

Die Vorzeichen der Krümmungsradien sind positiv, wenn die Krümmungszentren im Inneren des entsprechenden Körpers liegen.

zu benutzen, wird erstens dadurch nahegelegt, daß das Integral auf der linken Seite von (9,7) von der Art eines Integrals der Potentialtheorie ist, durch welches das Potential einer Ladungsverteilung ausgedrückt wird, und zweitens dadurch, daß das Potential im Innern eines gleichmäßig geladenen Ellipsoids eine quadratische Funktion der Koordinaten ist.

Wenn im Volumen des dreiachsigen Ellipsoids

$$\frac{x^2}{a^2} + \frac{y^2}{b^2} + \frac{z^2}{c^2} = 1$$

eine Ladung gleichmäßig verteilt ist (mit konstanter Ladungsdichte ϱ), so ist das Potential im Innern des Ellipsoids durch

$$\varphi(x, y, z) = \pi\, \varrho\, a\, b\, c \int_0^\infty \left\{1 - \frac{x^2}{a^2 + \xi} - \frac{y^2}{b^2 + \xi} - \frac{z^2}{c^2 + \xi}\right\} \frac{d\xi}{\sqrt{(a^2 + \xi)(b^2 + \xi)(c^2 + \xi)}}$$

gegeben. Im Grenzfall eines stark (in z-Richtung) abgeflachten Ellipsoids folgt hieraus wegen $c \to 0$

$$\varphi(x, y) = \pi\, \varrho\, a\, b\, c \int_0^\infty \left\{1 - \frac{x^2}{a^2 + \xi} - \frac{y^2}{b^2 + \xi}\right\} \frac{d\xi}{\sqrt{(a^2 + \xi)(b^2 + \xi)\,\xi}}$$

(beim Übergang $c \to 0$ muß natürlich auch die Koordinate z der Punkte im Innern des Ellipsoids gleich Null gesetzt werden). Andererseits kann das Potential in Integralform geschrieben werden

$$\varphi(x, y, z) = \iiint \frac{\varrho\, dx'\, dy'\, dz'}{\sqrt{(x - x')^2 + (y - y')^2 + (z - z')^2}}\,,$$

wo über das Volumen des Ellipsoids integriert wird. Beim Grenzübergang $c \to 0$ müssen wir hier unter der Wurzel $z = z' = 0$ setzen; wenn man über dz' in den Grenzen $\pm c\sqrt{1 - \frac{x'^2}{a^2} - \frac{y'^2}{b^2}}$ integriert, folgt hieraus

$$\varphi(x, y) = 2\, \varrho\, c \iint \frac{dx'\, dy'}{r} \sqrt{1 - \frac{x'^2}{a^2} - \frac{y'^2}{b^2}}$$

$$\left(r = \sqrt{(x - x')^2 + (y - y')^2}\right),$$

wo über die Innenfläche der Ellipse $\frac{x'^2}{a^2} + \frac{y'^2}{b^2} = 1$ integriert wird. Wenn wir jetzt beide Ausdrücke für $\varphi(x, y)$ gleichsetzen, erhalten wir folgende Identität:

$$\iint \frac{dx'\, dy'}{r} \sqrt{1 - \frac{x'^2}{a^2} - \frac{y'^2}{b^2}} = \frac{\pi\, a\, b}{2} \int_0^\infty \left\{1 - \frac{x^2}{a^2 + \xi} - \frac{y^2}{b^2 + \xi}\right\} \frac{d\xi}{\sqrt{(a^2 + \xi)(b^2 + \xi)\,\xi}}\,. \tag{9,8}$$

Vergleichen wir jetzt diese Beziehungen mit der Gleichung (9,7), so sehen wir, daß auf der rechten Seite quadratische Funktionen von x und y gleichen Typs und auf der linken Seite Integrale gleicher Art stehen. Wir können daher sofort schließen: Das Berührungsgebiet beider Körper (d. h. das Integrationsgebiet im Integral (9,7)) ist durch die Ellipse

$$\frac{x^2}{a^2} + \frac{y^2}{b^2} = 1 \tag{9,9}$$

begrenzt, und die Funktion $P_z(x, y)$ muß folgende Form haben:

$$P_z(x, y) = \text{const} \sqrt{1 - \frac{x^2}{a^2} - \frac{y^2}{b^2}}\,.$$

Die Konstante wählen wir so, daß das Integral $\int\int P_z\, dx\, dy$ über das Berührungsgebiet gleich der vorgegebenen Kraft F ist, mit der beide Körper gegeneinander drücken:

$$P_z(x, y) = \frac{3\,F}{2\,\pi\,a\,b} \sqrt{1 - \frac{x^2}{a^2} - \frac{y^2}{b^2}}\,. \tag{9,10}$$

Dieser Ausdruck stellt die Druckverteilung im Berührungsgebiet dar. Es sei darauf hingewiesen, daß der Druck im Zentrum des Berührungsgebietes eineinhalbmal größer ist als der mittlere Druck $F/\pi\,a\,b$.

Wir setzen (9,10) in die Gleichung (9,7) ein und drücken das auftretende Integral durch den Ausdruck in (9,8) aus:

$$\frac{F\,D}{\pi} \int_0^\infty \frac{1 - \dfrac{x^2}{a^2 + \xi} - \dfrac{y^2}{b^2 + \xi}}{\sqrt{(a^2 + \xi)\,(b^2 + \xi)\,\xi}}\, d\xi = h - A\,x^2 - B\,y^2$$

mit

$$D = \frac{3}{4}\left(\frac{1 - \sigma^2}{E} + \frac{1 - \sigma'^2}{E'}\right).$$

Diese Gleichung muß für alle x, y identisch erfüllt sein (im Innern der Ellipse (9,9)); deshalb müssen die Koeffizienten bei x bzw. y einzeln und auch die konstanten Glieder auf beiden Seiten untereinander gleich sein. Hieraus folgen die Beziehungen

$$h = \frac{F\,D}{\pi} \int_0^\infty \frac{d\xi}{\sqrt{(a^2 + \xi)\,(b^2 + \xi)\,\xi}}\,, \tag{9,11}$$

$$\left.\begin{aligned} A &= \frac{F\,D}{\pi} \int_0^\infty \frac{d\xi}{(a^2 + \xi)\sqrt{(a^2 + \xi)\,(b^2 + \xi)\,\xi}}\,, \\ B &= \frac{F\,D}{\pi} \int_0^\infty \frac{d\xi}{(b^2 + \xi)\sqrt{(a^2 + \xi)\,(b^2 + \xi)\,\xi}}\,. \end{aligned}\right\} \tag{9,12}$$

Die Gleichungen (9,12) drücken die Halbachsen a und b im Berührungsgebiet durch die vorgegebene Kraft F aus (A und B sind bei gegebenen Körpern bekannte Größen). Danach kann die Annäherung der Körper h durch die wirkende Kraft F mittels der Beziehung (9,11) ausgedrückt werden. Die Integrale auf den rechten Seiten dieser Gleichungen sind vom elliptischen Typ.

Damit kann das Problem der Berührung fester Körper als vollständig gelöst betrachtet werden. Die Form der Oberfläche der Körper (d. h. die Verschiebungen u_z, u_z') außerhalb des Berührungsgebietes wird ebenfalls mittels der Ausdrücke (9,5), (9,10) berechnet, wobei man die Integrale gleich auswerten kann, ausgehend von der Analogie zum Potential eines geladenen Ellipsoids (diesmal außerhalb desselben). Schließlich könnte man mit Hilfe von Beziehungen des vorhergehenden Paragraphen auch noch die Verteilung der Verschiebungen im Volumen der Körper bestimmen (natürlich nur in Abständen, die klein sind gegenüber den Körpermaßen).

Wir wenden die erhaltenen Beziehungen auf die Berührung zweier kugelförmiger Festkörper mit den Radien R und R' an. Hier ist $A = B = \frac{1}{2}\left(\frac{1}{R} + \frac{1}{R'}\right)$; aus Symmetriegründen folgt $a = b$, d. h., das Berührungsgebiet ist durch einen Kreis begrenzt. Aus (9,12) erhalten wir für den Radius a des Berührungsgebietes den Wert

$$a = F^{1/3}\left(D\frac{R\,R'}{R + R'}\right)^{1/3}. \tag{9,13}$$

h ist in diesem Falle die Differenz zwischen der Summe $R + R'$ und dem Abstand zwischen den beiden Kugelzentren. Aus (9,10) ergibt sich folgende Beziehung zwischen F und h:

$$h = F^{2/3}\left[D^2\left(\frac{1}{R} + \frac{1}{R'}\right)\right]^{1/3}. \tag{9,14}$$

h ist zur Potenz 2/3 der drückenden Kraft proportional; umgekehrt ist die Kraft zur Potenz 3/2 der erzeugten Annäherung proportional. Wir bestimmen noch den Ausdruck für die potentielle Energie U der sich berührenden Kugeln. Wegen $-F = -\frac{\partial U}{\partial h}$ erhalten wir für U:

$$U = h^{5/2}\frac{2}{5\,D}\sqrt{\frac{R\,R'}{R + R'}}. \tag{9,15}$$

Schließlich weisen wir darauf hin, daß eine Abhängigkeit von der Form

$$h = \text{const}\, F^{2/3}, \qquad F = \text{const}\, h^{3/2}$$

nicht nur bei Kugeln auftritt, sondern auch bei der Berührung anderer endlicher Körper. Das folgt leicht aus Ähnlichkeitsvorstellungen. Wenn man in folgender Weise substituiert: $a^2 \to \alpha\, a^2$, $b^2 \to \alpha\, b^2$, $E \to \alpha^{3/2}\, F$, wo α eine beliebige Konstante ist, bleiben die Gleichungen (9,12) unverändert. In der Gleichung (9,11) dagegen tritt auf der rechten Seite α als Faktor auf, und man muß h durch $\alpha\, h$ ersetzen, damit diese Gleichung ebenfalls unverändert bleibt. Hieraus folgt aber, daß F zu $h^{3/2}$ proportional sein muß.

Aufgaben

1. Man bestimme die Zeit, während der zwei zusammenstoßende elastische Kugeln sich berühren (H. Hertz 1881).

Lösung: In einem Bezugssystem, in welchem der Schwerpunkt des Systems aus beiden Kugeln ruht, ist die Energie der beiden Kugeln vor dem Stoß gleich der kinetischen Energie der Relativbewegung $\frac{\mu v^2}{2}$, wo v die Relativgeschwindigkeit der zusammenstoßenden Kugeln ist und $\mu = \frac{m_1 m_2}{m_1 + m_2}$ ihre reduzierte Masse darstellt. Während der Stoßdauer ist die Gesamtenergie gleich der Summe aus der kinetischen Energie, welche man in der Form $\frac{\mu \dot{h}^2}{2}$ schreiben kann, und der potentiellen Energie (9,15). Aus dem Energieerhaltungssatz folgt

$$\mu \left(\frac{dh}{dt}\right)^2 + k\, h^{5/2} = \mu\, v^2, \qquad k = \frac{4}{5\,D} \sqrt{\frac{R\,R'}{R + R'}}.$$

Die maximale Annäherung der Kugeln h_0 entspricht dem Zeitpunkt, wo ihre Relativgeschwindigkeit $\dot{h}$ verschwindet, und ist gleich

$$h_0 = \left(\frac{\mu}{k}\right)^{2/5} v^{4/5}.$$

Die Stoßdauer τ (wenn h von 0 bis h_0 anwächst und dann wieder bis 0 abnimmt) ist

$$\tau = 2 \int_0^{h_0} \frac{dh}{\sqrt{v^2 - \frac{k}{\mu} h^{5/2}}} = 2 \left(\frac{\mu^2}{k^2 v}\right)^{1/5} \int_0^1 \frac{dx}{\sqrt{1 - x^{2/5}}}$$

oder

$$\tau = \frac{4 \sqrt{\pi}\, \Gamma(2/5)}{5\, \Gamma(9/10)} \left(\frac{\mu^2}{k^2 v}\right)^{1/5} = 2{,}94 \left(\frac{\mu^2}{k^2 v}\right)^{1/5}.$$

Indem wir bei der Lösung dieses Problems die im Text abgeleiteten Beziehungen benutzen, vernachlässigen wir gleichzeitig die elastischen Schwingungen der Kugeln, die durch den Stoß entstehen. Damit eine solche Vernachlässigung möglich ist, muß die Geschwindigkeit v wesentlich kleiner als die Schallgeschwindigkeit sein. Faktisch wird jedoch die Anwendbarkeit dieser Theorie schon vorher begrenzt, da die beim Stoß auftretenden Deformationen die Elastizitätsgrenze des Stoffes schon vorher überschreiten.

2. Man bestimme das Berührungsgebiet und die Druckverteilung in diesem Gebiet beim Zusammendrücken zweier Zylinder mit parallel gerichteten Achsen.

Lösung: Das Berührungsgebiet ist in diesem Falle ein enger Streifen entlang des Zylindermantels. Seine Breite $2\,a$ und die Druckverteilung auf diesem Streifen kann man aus den im Text abgeleiteten Formeln mit Hilfe des Grenzüberganges $b/a \to \infty$ erhalten.

Die Druckverteilung ist eine Funktion von folgender Art:

$$P_z(x) = \text{const} \sqrt{1 - \frac{x^2}{a^2}}$$

(x ist die Koordinate senkrecht zur Achse des Berührungsstreifens); wenn man sie auf die auf eine Längeneinheit der Zylinder bezogene drückende Kraft F normiert, erhält man

$$P_z(x) = \frac{2F}{\pi a} \sqrt{1 - \frac{x^2}{a^2}} .$$

Diesen Ausdruck setzen wir in (9,7) ein und integrieren mit Hilfe von (9,8). Das liefert

$$A = \frac{4DF}{3\pi} \int_0^\infty \frac{d\xi}{(a^2 + \xi)^{3/2} \xi^{1/2}} = \frac{8DF}{3\pi a^2} .$$

Der eine Krümmungsradius der Zylinderfläche ist unendlich groß, der zweite ist gleich dem Zylinderradius; es ist daher

$$A = \frac{1}{2}\left(\frac{1}{R} + \frac{1}{R'}\right), \qquad B = 0 .$$

Für die gesuchte Breite des Berührungsstreifens erhalten wir schließlich

$$a = \sqrt{\frac{16\,DF}{3\pi} \frac{R R'}{R + R'}} .$$

§ 10. Elastizitätseigenschaften der Kristalle

Wie bei isotropen Körpern ist die Änderung der freien Energie bei der isothermen Kompression eines Kristalls eine quadratische Funktion des Verzerrungstensors. Im Gegensatz zu isotropen Körpern enthält diese Funktion nicht zwei, sondern eine große Anzahl unabhängiger Koeffizienten.

Die allgemeine Form der freien Energie eines deformierten Kristalls ist

$$F = \frac{1}{2} \lambda_{iklm} u_{ik} u_{lm} , \tag{10,1}$$

wo λ_{iklm} ein Tensor vierten Ranges ist, welchen man auch *Tensor der Elastizitätsmoduln* nennt. Da der Verzerrungstensor symmetrisch ist, ändert sich das Produkt $u_{ik} \cdot u_{lm}$ nicht bei Vertauschung der Indizes i mit k, l mit m oder des Paares i, k mit dem Paar l, m. Es ist daher offensichtlich, daß auch der Tensor λ_{iklm} so definiert werden kann, daß er die gleichen Symmetrieeigenschaften bezüglich der Vertauschung der Indizes besitzt:

$$\lambda_{iklm} = \lambda_{kilm} = \lambda_{ikml} = \lambda_{lmik} . \tag{10,2}$$

Mittels einfacher Rechnung kann man sich davon überzeugen, daß ein Tensor 4. Ranges mit diesen Symmetrieeigenschaften im allgemeinen Falle 21 verschiedene Komponenten besitzt.

Entsprechend dem Ausdruck (10,1) für die freie Energie hat die Abhängigkeit des Spannungstensors vom Verzerrungstensor in Kristallen folgende Form (siehe auch Fußnote auf S. 47):

$$\sigma_{ik} = \frac{\partial F}{\partial u_{ik}} = \lambda_{iklm} u_{lm} . \tag{10,3}$$

Eine Symmetrie des Kristalls führt zu Relationen zwischen den einzelnen Komponenten des Tensors λ_{iklm}, so daß die Anzahl seiner unabhängigen Komponenten kleiner als 21 ist. Wir betrachten diese Beziehung für alle möglichen Symmetrietypen von Kristallen, d. h. Kristallklassen, indem wir diese nach entsprechenden Kristallsystemen klassifizieren.

1. Triklines System. Die trikline Symmetrie (Klasse C_1 und C_i) erlegt den Komponenten des Tensors λ_{iklm} keinerlei Beschränkungen auf. Die Wahl des Koordinatensystems ist darum vom Standpunkt der Symmetrie völlig willkürlich. Es sind dann alle 21 Elastizitätsmoduln von Null verschieden. Durch die Willkür in der Wahl des Koordinatensystems hat man jedoch die Möglichkeit, den Komponenten von λ_{iklm} zusätzliche Bedingungen aufzuerlegen. Da die Orientierung des Koordinatensystems in bezug auf den Körper durch drei Größen (die Drehwinkel) festgelegt ist, kann es drei solcher Bedingungen geben. Man kann z. B. drei der Komponenten verschwinden lassen. Dann sind die die mechanischen Eigenschaften des Kristalls charakterisierenden unabhängigen Größen 18 von Null verschiedene Moduln und drei Winkel, durch die die Lage der Achsen im Kristall bestimmt wird.

2. *Monoklines System.* Wir betrachten die Klasse C_s. Die xy-Ebene des Koordinatensystems legen wir in die Symmetrieebene. Bei einer Spiegelung in dieser Ebene erfahren die Koordinaten folgende Transformation: $x \to x$, $y \to y$, $z \to -z$. Die Komponenten eines Tensors transformieren sich wie die Produkte der entsprechenden Koordinaten. Es ist daher klar, daß bei dieser Transformation alle Komponenten λ_{iklm}, die den Index z ein- oder dreimal enthalten, ihr Vorzeichen ändern, während die übrigen Komponenten unverändert bleiben. Andererseits müssen sämtliche Charakteristiken des Kristalls (darunter auch alle Komponenten λ_{iklm}) bei einer Spiegelung in der Symmetrieebene aus Symmetriegründen unverändert bleiben. Alle Komponenten mit ungerader Zahl des Index z müssen daher verschwinden. Dementsprechend ist der allgemeine Ausdruck für die freie elastische Energie eines monoklinen Kristalls

$$\begin{aligned} F = {} & \frac{1}{2}\lambda_{xxxx}\, u_{xx}^2 + \frac{1}{2}\lambda_{yyyy}\, u_{yy}^2 + \frac{1}{2}\lambda_{zzzz}\, u_{zz}^2 + \lambda_{xxyy}\, u_{xx}\, u_{yy} \\ & + \lambda_{xxzz}\, u_{xx}\, u_{zz} + \lambda_{yyzz}\, u_{yy}\, u_{zz} + 2\,\lambda_{xyxy}\, u_{xy}^2 + 2\,\lambda_{xzxz}\, u_{xz}^2 \\ & + 2\,\lambda_{yzyz}\, u_{yz}^2 + 2\,\lambda_{xxxy}\, u_{xx}\, u_{xy} + 2\,\lambda_{yyyx}\, u_{yy}\, u_{yx} \\ & + 2\,\lambda_{xyzz}\, u_{xy}\, u_{zz} + 4\,\lambda_{xzyz}\, u_{xz}\, u_{yz}\,. \end{aligned} \tag{10,4}$$

Hierin stehen 13 unabhängige Koeffizienten. Für die Klasse C_2 und die beide Symmetrieelemente (C_2 und C_h) gleichzeitig enthaltende Klasse C_{2h} erhält man einen ähnlichen Ausdruck. Aus Symmetriegründen haben wir eine Achse (die z-Achse) festgelegt, die Lage der Achsen x, y in der dazu senkrechten Ebene ist aber noch willkürlich. Dieser Willkür kann man sich bedienen, um durch geeignete Wahl der Achsen eine Komponente, sagen wir λ_{xyzz}, verschwinden zu assen. Dann sind die 13 Größen, die die elastischen Eigenschaften des Kristalls charakterisieren, 12 von Null verschiedene Moduln und ein Winkel, der die Orientierung der Achsen in der xy-Ebene festlegt.

3. *Rhombisches System.* In allen Klassen dieses Systems ($\boldsymbol{C}_{2v}$, $\boldsymbol{D}_2$, $\boldsymbol{D}_{2h}$) ist die Lage der Koordinatenachsen eindeutig durch die Symmetrie diktiert und für die freie Energie ergibt sich ein Ausdruck von der gleichen Form. Wir betrachten die Klasse $\boldsymbol{D}_{2h}$ und legen die drei Koordinatenebenen in die Symmetrieebenen. Die Spiegelung in jeder dieser Ebenen stellt eine Transformation dar, bei der eine Koordinate das Vorzeichen wechselt, während die anderen beiden unverändert bleiben. Es ist daher offensichtlich, daß nur die λ_{iklm} nicht verschwinden, die jeden der Indizes x, y, z n-mal (n ist eine gerade Zahl) enthalten; alle übrigen Komponenten würden bei einer Spiegelung in einer der Ebenen ihr Vorzeichen wechseln. Somit hat der allgemeine Ausdruck für die freie Energie bei rhombischen Systemen die Form

$$F = \frac{1}{2}\lambda_{xxxx}u_{xx}^2 + \frac{1}{2}\lambda_{yyyy}u_{yy}^2 + \frac{1}{2}\lambda_{zzzz}u_{zz}^2 + \lambda_{xxyy}u_{xx}u_{yy} + \lambda_{xxzz}u_{xx}u_{zz} + \lambda_{yyzz}u_{yy}u_{zz} + 2\lambda_{xyxy}u_{xy}^2 + 2\lambda_{xzxz}u_{xz}^2 + 2\lambda_{yzyz}u_{yz}^2 . \quad (10,5)$$

Er enthält nur 9 Elastizitätsmoduln.

4. *Tetragonales System.* Wir betrachten die Klasse $\boldsymbol{C}_{4v}$. Die C_4-Achse wählen wir als z-Achse, und die x, y-Achsen mögen senkrecht auf zwei der vertikalen Symmetrieebenen stehen. Die Spiegelungen in diesen zwei Ebenen bedeuten folgende Transformationen: $x \to -x$, $y \to y$, $z \to z$ und $x \to x$, $y \to -y$, $z \to z$; daher verschwinden alle Komponenten λ_{iklm} mit ungerader Zahl gleicher Indizes. Die Drehung um den Winkel $\pi/4$ um die C_4-Achse liefert eine Transformation $x \to y$, $y \to -x$, $z \to z$. Hieraus folgt

$$\lambda_{xxxx} = \lambda_{yyyy}, \quad \lambda_{xxzz} = \lambda_{yyzz}, \quad \lambda_{xzxz} = \lambda_{yzyz}.$$

Die übrigen Transformationen, welche die Klasse $\boldsymbol{C}_{4v}$ enthält, fügen diesen Bedingungen keine neuen hinzu. Somit ist die freie Energie eines tetragonalen Systems

$$F = \frac{1}{2}\lambda_{xxxx}(u_{xx}^2 + u_{yy}^2) + \frac{1}{2}\lambda_{zzzz}u_{zz}^2 + \lambda_{xxzz}(u_{xx}u_{zz} + u_{yy}u_{zz}) + \lambda_{xxyy}u_{xx}u_{yy} + 2\lambda_{xyxy}u_{xy}^2 + 2\lambda_{xzxz}(u_{xz}^2 + u_{yz}^2) . \quad (10,6)$$

Sie enthält sechs Elastizitätsmoduln. Das gleiche Ergebnis erhält man auch für diejenigen Klassen des tetragonalen Systems, für die durch die Symmetrien ($\boldsymbol{D}_{2d}$, $\boldsymbol{D}_4$, $\boldsymbol{D}_{4h}$) eine natürliche Wahl der Koordinatenachsen vorgegeben ist. In den Klassen $\boldsymbol{C}_4$, $\boldsymbol{S}_4$ und $\boldsymbol{C}_{4h}$ ist dies nicht der Fall. Nur die Wahl einer Achse (der z-Achse) ist festgelegt. Wir geben ihr die Richtung der Achse C_4 bzw. S_4. Die Symmetrieforderungen lassen (neben den in (10,6) auftretednden Komponenten) noch die Komponenten

$$\lambda_{xxxy} = -\lambda_{yyyx}$$

zu. Durch geeignete Wahl der Achsen x, y können diese Komponenten aber zum Verschwinden gebracht werden, und dann nimmt F wieder die Form (10,6) an.

5. *Rhomboedrisches System.* Wir betrachten die Klasse C_{3v}, wählen die Achse 3. Ordnung als z-Achse und die y-Achse senkrecht zu einer der vertikalen Symmetrieebenen. Zur Klärung der Bedingungen, die den Komponenten λ_{iklm} durch das Vorhandensein der Achse C_3 auferlegt werden müssen, ist es nützlich, eine formale Transformation durchzuführen, indem man komplexe „Koordinaten“ ξ, η einführt:

$$\xi = x + i\,y\,, \qquad \eta = x - i\,y\,.$$

Die Koordinate z lassen wir unverändert. Dieser „Koordinatentransformation“ wird auch der Tensor λ_{iklm} unterzogen; die Indizes seiner Komponenten durchlaufen jetzt die Werte ξ, η, z. Man sieht leicht, daß die „Koordinaten“ bei einer Drehung um 120° um die C_3-Achse folgende Transformation erfahren:

$$\xi \to \xi\, e^{\frac{2\pi i}{3}}\,, \qquad \eta \to \eta\, e^{-\frac{2\pi i}{3}}\,, \qquad z \to z\,.$$

Aus Symmetriegründen können nur die gegen diese Transformation invarianten Komponenten des Tensors von Null verschieden sein. Offensichtlich besitzen solche Komponenten diese Eigenschaft, in deren Indizes ξ oder η dreimal auftritt $(e^{2\pi i/3})^3 = e^{2\pi i} = 1$) oder bei denen der Index ξ genauso oft auftritt wie η (da $e^{2\pi i/3} \cdot e^{-2\pi i/3} = 1$):

$$\lambda_{zzzz}\,, \quad \lambda_{\xi\eta\xi\eta}\,, \quad \lambda_{\xi\xi\eta\eta}\,, \quad \lambda_{\xi\eta zz}\,, \quad \lambda_{\xi z\eta z}\,, \quad \lambda_{\xi\xi\xi z}\,, \quad \lambda_{\eta\eta\eta z}\,.$$

Die Spiegelung in der zur y-Achse senkrechten Symmetrieebene ist $x \to x$, $y \to -y$, $z \to z$, oder für die Größen ξ, η: $\xi \to \eta$, $\eta \to \xi$. Da bei dieser Transformation $\lambda_{\xi\xi\xi z}$ in $\lambda_{\eta\eta\eta z}$ übergeht, müssen diese Komponenten untereinander gleich sein. Somit haben rhomboedrische Kristalle nur sechs Elastizitätsmoduln. Um die freie Energie hinzuschreiben, muß man die Summe $\frac{1}{2}\lambda_{iklm}\,u_{ik}\,u_{lm}$ bilden, in der die Indizes die Werte ξ, η, z durchlaufen. Da wir F durch die Komponenten des Verzerrungstensors in den Koordinaten x, y, z ausdrücken wollen, müssen wir durch sie die Komponenten in den „Koordinaten“ ξ, η, z ausdrücken. Das kann man einfach tun, indem man davon Gebrauch macht, daß sich die Komponenten des Tensors u_{ik} wie Produkte der beiden entsprechenden Koordinaten transformieren. So folgt z. B. aus

$$\xi\,\xi = (x + i\,y)^2 = x^2 - y^2 + 2\,i\,x\,y$$

die Beziehung

$$u_{\xi\xi} = u_{xx} - u_{yy} + 2\,i\,u_{xy}\,.$$

Für F erhalten wir schließlich den folgenden Ausdruck:

$$\begin{aligned} F = \frac{1}{2}\,\lambda_{zzzz}\,u_{zz}^2 &+ 2\,\lambda_{\xi\eta\xi\eta}\,(u_{xx} + u_{yy})^2 + \lambda_{\xi\xi\eta\eta}\,[(u_{xx} - u_{yy})^2 + 4\,u_{xy}^2] \\ &+ 2\,\lambda_{\xi\eta zz}\,(u_{xx} + u_{yy})\,u_{zz} + 4\,\lambda_{\xi z\eta z}\,(u_{xz}^2 + u_{yz}^2) \\ &+ 4\,\lambda_{\xi\xi\xi z}\,[(u_{xx} - u_{yy})\,u_{xz} - 2\,u_{xy}\,u_{yz}]\,. \end{aligned} \tag{10,7}$$

Sie enthält sechs unabhängige Koeffizienten. Zum gleichen Ergebnis kommt man bei den Klassen $\boldsymbol{D}_3$ und $\boldsymbol{D}_{3d}$. In den Klassen $\boldsymbol{C}_3$ und $\boldsymbol{S}_6$ hingegen, bei denen die Wahl der Achsen x, y willkürlich bleibt, lassen die Symmetrieforderungen noch die von Null verschiedene Differenz

$$\lambda_{\xi\xi\xi z} - \lambda_{\eta\eta\eta z}$$

zu. Diese kann aber durch geeignete Wahl der Achsen x, y zum Verschwinden gebracht werden.

6. *Hexagonales System.* Wir betrachten die Klasse C_6 und legen die z-Achse des Koordinatensystems in die Achse 6. Ordnung. Wir führen wiederum die „Koordinaten" $\xi = x + i\,y$, $\eta = x - i\,y$ ein. Bei einer Drehung um den Winkel $2\,\pi/6$ um die z-Achse erfahren die „Koordinaten" ξ, η folgende Transformation:

$$\xi \to \xi\, e^{\frac{2\pi i}{6}}, \quad \eta \to \eta\, e^{-\frac{2\pi i}{6}}.$$

Hieraus folgt, daß nur die Komponenten λ_{iklm} von Null verschieden sind, unter deren Indizes ξ und η gleich oft vorkommen:

$$\lambda_{zzzz}, \quad \lambda_{\xi\eta\xi\eta}, \quad \lambda_{\xi\xi\eta\eta}, \quad \lambda_{\xi\eta zz}, \quad \lambda_{\xi z\eta z}.$$

Andere mögliche Symmetrieelemente des hexagonalen Systems liefern keine zusätzlichen Einschränkungen. Wir haben damit im ganzen fünf Elastizitätsmoduln. Die freie Energie hat die Form[1])

$$\begin{aligned} F = \frac{1}{2}\,\lambda_{zzzz}\,u_{zz}^2 + 2\,\lambda_{\xi\eta\xi\eta}\,(u_{xx} + u_{yy})^2 + \lambda_{\xi\xi\eta\eta}\,[(u_{xx} - u_{yy})^2 + 4\,u_{xy}^2] \\ + 2\,\lambda_{\xi\eta zz}\,u_{zz}\,(u_{xx} + u_{yy}) + 4\,\lambda_{\xi z\eta z}\,(u_{xz}^2 + u_{yz}^2)\,. \qquad (10{,}8) \end{aligned}$$

Wir weisen darauf hin, daß die Deformation in der xy-Ebene (u_{xx}, u_{yy}, u_{xy} sind von Null verschieden) wie beim isotropen Körper nur durch zwei Elastizitätsmoduln charakterisiert wird; mit anderen Worten, in der zur hexagonalen Achse senkrechten Ebene sind die Elastizitätseigenschaften eines hexagonalen Kristalls isotrop. Aus diesem Grunde ist die Wahl der Achsenrichtungen überhaupt ohne Belang. Sie hat keinen Einfluß auf die Form von F. Der Ausdruck (10,8) gilt darum für alle Klassen des hexagonalen Systems.

7. *Kubisches System.* Wir legen die x-, y- und z-Achse in die drei Achsen 4. Ordnung des kubischen Systems. Bereits die tetragonale Symmetrie (mit der Achse 4. Ordnung als z-Achse) reduzierte die Anzahl der verschiedenen Komponenten

---

[1]) Um Mißverständnisse zu vermeiden, möchten wir darauf hinweisen, daß bei einer beliebigen Koordinatentransformation der Skalar (10,1) in der Form $F = \frac{1}{2}\lambda_{iklm}u^{ik}\,u^{lm}$ geschrieben werden muß, wobei man kontra- und kovariante Komponenten der Tensoren zu unterscheiden hat. Erstere transformieren sich wie die Koordinatendifferentiale dx^i, bei linearen Transformationen also wie die Koordinaten x^i selbst, letztere transformieren sich wie die Ableitungen $\partial/\partial x^i$. In den Ausdrücken (10,7) und (10,8) transformieren sich die Komponenten des Deformationstensors wie kontravariante Tensorkomponenten; daher sind die λ_{iklm} als kovariante Komponenten zu betrachten; was bei der Berechnung des Zusammenhanges zwischen den Komponenten λ_{iklm} bezüglich des Koordinatensystems $\xi\eta z$ und denen bezüglich xyz zu beachten ist. Im kartesischen Koordinatensystem xyz fallen ko- und kontravariante Komponenten der Tensoren selbstverständlich zusammen (Vgl. Aufgabe zu § 23).

des Tensors λ_{iklm} auf folgende sechs:

$$\lambda_{xxxx}\,, \quad \lambda_{zzzz}\,, \quad \lambda_{xxzz}\,, \quad \lambda_{xxyy}\,, \quad \lambda_{xyxy}\,, \quad \lambda_{xzxz}\,.$$

Drehungen um 90° um die Achsen x bzw. y liefern folgende Transformationen: $x \to x$, $y \to -z$, $z \to y$ bzw. $x \to z$, $y \to y$, $z \to -x$. Hieraus folgt die Gleichheit der ersten mit der zweiten, der dritten mit der vierten und der fünften mit der sechsten Komponente. Wir haben somit nur drei verschiedene Elastizitätsmoduln.[2]) Die freie Energie kubischer Kristalle hat die Form

$$F = \frac{1}{2}\lambda_{xxxx}(u_{xx}^2 + u_{yy}^2 + u_{zz}^2) + \lambda_{xxyy}(u_{xx}u_{yy} + u_{xx}u_{zz} + u_{yy}u_{zz})$$
$$+ 2\lambda_{xyxy}(u_{xy}^2 + u_{xz}^2 + u_{yz}^2)\,. \tag{10,9}$$

Wir schreiben noch einmal die Zahl der unabhängigen Parameter (Elastizitätsmoduln und Winkel, durch die die Orientierung der Achsen im Kristall festgelegt wird) für alle Klassen der verschiedenen Systeme auf:

Triklin	21
Monoklin	13
Rhombisch	9
Tetragonal ($\boldsymbol{C}_4$, $\boldsymbol{S}_4$, $\boldsymbol{C}_{4h}$)	7
Tetragonal ($\boldsymbol{C}_{4v}$, $\boldsymbol{D}_{2d}$, $\boldsymbol{D}_4$, $\boldsymbol{D}_{4h}$)	6
Rhomboedrisch ($\boldsymbol{C}_3$, $\boldsymbol{S}_6$)	7
Rhomboedrisch ($\boldsymbol{C}_{3v}$, $\boldsymbol{D}_3$, $\boldsymbol{D}_{3d}$)	6
Hexagonal	5
Kubisch	3

Die minimale Zahl der von Null verschiedenen Moduln, die man durch geeignete Wahl der Koordinatenachsen erreichen kann, ist für alle Klassen eines Systems gleich:

Triklin	18
Monoklin	12

Alle Betrachtungen beziehen sich natürlich auf Monokristalle. Dagegen können wir polykristalline Körper, die aus genügend kleinen Kristalliten bestehen, als isotrope Körper betrachten (da wir uns für die Deformation in solchen Gebieten interessieren, die groß sind im Vergleich zu den Dimensionen der Kristallite). Wie ein jeder isotroper Körper, wird ein Polykristall nur durch zwei Elastizitätsmoduln charakterisiert. Auf den ersten Blick könnte man annehmen, daß man diese Moduln aus den Elastizitätsmoduln der einzelnen Kristallite durch einfache Mittelung erhalten kann. Tatsächlich ist das aber nicht der Fall. Wenn man die Deformation eines Polykristalls als das Resultat der Deformationen der einzelnen Polykristallite betrachtet, müßte man prinzipiell die Gleichgewichtsbedingung für alle diese Kristallite unter Berücksichtigung der entsprechenden Randbedingungen an den Trennflächen lösen. Man sieht hieraus, der Zusammenhang zwischen den Elastizitätseigenschaften des Kristalls als Ganzes und den Eigenschaften

[2]) In den kubischen Klassen $\boldsymbol{T}$ und $\boldsymbol{T}_d$ gibt es keine Achsen 4. Ordnung. Das oben angegebene Resultat erhält man, indem man Drehungen um die Achsen 3. Ordnung betrachtet, welche die Achsen zweiter Ordnung x, y, z ineinander überführen.

der einzelnen Kristallite hängt von der konkreten Form der Kristallite und von der Korrelation zwischen ihren gegenseitigen Orientierungen ab. Zwischen den Elastizitätsmoduln der Polykristalle und denen der Monokristalle (des gleichen Stoffes) besteht daher kein einfacher Zusammenhang.

Nur bei schwacher Anisotropie der Elastizitätseigenschaften des Monokristalls können die Moduln eines isotropen Polykristalls aus den monokristallinen Moduln mit annehmbarer Genauigkeit berechnet werden.[1]) In erster Näherung kann man die Elastizitätsmoduln eines Polykristalls einfach dem „isotropen Teil" der Elastizitätsmoduln des Monokristalls gleichsetzen. Dann treten in der zweiten Näherung quadratische Glieder des kleinen „anisotropen Teils" dieser Moduln auf. Es zeigt sich[2]), daß diese Korrekturglieder von der Form der Kristallite und von der Korrelation ihrer Orientierungen nicht abhängen und in allgemeiner Form berechnet werden können.

Wir betrachten schließlich die *thermische Ausdehnung der Kristalle.* Isotrope Körper dehnen sich bei Erwärmung in allen Richtungen gleich aus, so daß der Verzerrungstensor bei einfacher Wärmeausdehnung folgende Form besitzt (siehe Paragraph 6):

$$u_{ik} = \frac{1}{3} \alpha (T - T_0) \delta_{ik},$$

wo α der Wärmeausdehnungskoeffizient ist. In Kristallen dagegen haben wir

$$u_{ik} = \frac{\alpha_{ik}}{3} (T - T_0), \tag{10,10}$$

wo α_{ik} ein in den i, k symmetrischer Tensor zweiten Ranges ist. Wir untersuchen die Zahl der unabhängigen Komponenten dieses Tensors in den verschiedenen Kristallsystemen. Es ist bequem, zu diesem Zweck die bekannte Tatsache zu benutzen, daß man einem jeden symmetrischen Tensor zweiten Ranges ein *Tensorellipsoid* zuordnen kann.[3]) Aus Symmetriegründen folgt unmittelbar, daß das Ellipsoid bei trikliner, monokliner und rhombischer Symmetrie im allgemeinen dreiachsig ist (d. h., die Längen aller Achsen sind verschieden). Dagegen haben wir bei tetragonaler, rhomboedrischer und hexagonaler Symmetrie ein Rotationsellipsoid (entsprechend mit den Symmetrieachsen C_4, C_3 bzw. C_6 als Rotationsachsen). Die kubische Symmetrie führt schließlich zur Entartung des Ellipsoids in eine Kugel. Ein dreiachsiges Ellipsoid wird durch drei unabhängige Größen charakterisiert, ein Rotationsellipsoid durch zwei und eine Kugel durch eine Größe (Radius). Somit ist die Anzahl der unabhängigen Komponenten des Tensors α_{ik} in den verschiedenen Kristallsystemen:

triklines, monoklines, rhombisches	3
tetragonales, rhomboedrisches, hexagonales	2
kubisches	1

[1]) So daß bei einem „schwach anisotropen" kubischen Kristall die Differenz $\lambda_{xxxx} - \lambda_{xxyy} - 2\lambda_{xyxy}$ klein sein muß.

[2]) Siehe I. M. Lifschitz u. L. N. Rosenzweig, J. exper. theoret. Phys. **16** (1946) 967.

[3]) Ein Tensorellipsoid ist durch die Gleichung $\alpha_{ik} x_i x_k = 1$ definiert.

Kristalle der ersten drei Systeme nennt man *zweiachsige*, die der nächsten drei *einachsige*. Die Wärmeausdehnung kubischer Kristalle wird durch nur eine Größe charakterisiert, d. h., kubische Kristalle verhalten sich bezüglich der Wärmeausdehnung wie isotrope Körper.

Aufgabe

Man bestimme die Richtungsabhängigkeit des Elastizitätsmoduls eines kubischen Kristalls.

Lösung: Wir legen die Koordinatenachsen in die drei Achsen vierter Ordnung des kubischen Kristalls. Die Achse eines aus dem Kristall ausgeschnittenen Stabes möge die Richtung des Einheitsvektors $\boldsymbol{n}$ haben. Der Spannungstensor σ_{ik} muß im gedehnten Stab folgenden Bedingungen genügen: Seine Multiplikation mit n_i muß die parallel zu $\boldsymbol{n}$ gerichtete Dehnungskraft liefern (diese Bedingung muß an den Grundflächen des Stabes erfüllt sein), und bei seiner Multiplikation mit einem zu $\boldsymbol{n}$ orthogonalen Vektor muß das Produkt verschwinden (diese Bedingung gilt für die Seitenfläche des Stabes). Ein solcher Tensor muß die Form $\sigma_{ik} = p\, n_i\, n_k$ haben, wo p die Dehnungskraft pro Einheit der Grundflächen ist. Wenn wir die Komponenten σ_{ik} mit Hilfe des Ausdrucks (10,9) für die freie Energie berechnen[1]) und sie mit $\sigma_{ik} = p\, n_i\, n_k$ vergleichen, erhalten wir für die Komponenten des Verzerrungstensors

$$u_{xx} = p\,\frac{(c_1 + 2\,c_2)\,n_x^2 - c_2}{(c_1 - c_2)\,(c_1 + 2\,c_2)}\,, \qquad u_{xy} = p\,\frac{n_x\, n_y}{2\,c_3}\,.$$

Analoge Ausdrücke erhalten wir für die übrigen u_{ik}; hier sind folgende Bezeichnungen eingeführt: $\lambda_{xxxx} = c_1$, $\lambda_{xxyy} = c_2$, $\lambda_{xyxy} = c_3$. Die relative longitudinale Verlängerung des Stabes ist $u = \dfrac{dl' - dl}{dl}$, wo dl' durch den Ausdruck (1,2) gegeben ist; außerdem gilt $\dfrac{dx_i}{dl} = n_i$. Das liefert für kleine Deformationen $u = u_{ik}\, n_i\, n_k$. Den Elastizitätsmodul erhält man aus dem Proportionalitätsfaktor in $p = E\, u$:

$$\frac{1}{E} = \frac{c_1 + c_2}{(c_1 + 2\,c_2)\,(c_1 - c_2)} + \left(\frac{1}{c_3} - \frac{2}{c_1 - c_2}\right)(n_x^2\, n_y^2 + n_x^2\, n_z^2 + n_y^2\, n_z^2)\,.$$

E nimmt in Richtung der Kanten (Koordinatenachsen) und in Richtung der räumlichen Diagonalen des Kubus Extremwerte an.

---

[1]) Bei der Berechnung von σ_{ik} muß man folgendes berücksichtigen: Wenn man zur Berechnung nicht unmittelbar die Beziehung $\sigma_{ik} = \lambda_{iklm}\, u_{lm}$ benutzt, sondern den konkreten Ausdruck für die freie Energie nach den Komponenten des Tensors u_{ik} differenziert, so liefern die Ableitungen nach u_{ik} mit $i \neq k$ den zweifachen Wert der entsprechenden Komponenten σ_{ik}. Das hängt damit zusammen, daß die Ausdrücke $\sigma_{ik} = \dfrac{\partial F}{\partial u_{ik}}$ im Grunde genommen nur in der Form $dF = \sigma_{ik}\, du_{ik}$ einen Sinn besitzen; die Summe $\sigma_{ik}\, du_{ik}$ aber enthält die Glieder mit den Differentialen du_{ik} jeder der Komponenten mit $i \neq k$ des symmetrischen Tensors u_{ik} zweifach.

KAPITEL II

GLEICHGEWICHT VON STÄBEN UND PLATTEN

§ 11. Energie einer gebogenen Platte

In diesem Kapitel untersuchen wir einige Spezialfälle deformierter Körper im Gleichgewicht und beginnen mit der Betrachtung der Deformation dünner Platten. Wenn wir von *dünnen Platten* sprechen, meinen wir, daß die Stärke der Platte klein ist im Vergleich zu den übrigen beiden Dimensionen. Die Deformationen seien wiederum klein. Im vorliegenden Falle bedeutet das Kleinheit der Verschiebungen der Plattenpunkte im Vergleich zur Plattenstärke.

Die allgemeinen Gleichgewichtsbedingungen vereinfachen sich wesentlich, wenn man sie auf dünne Platten anwendet. Es ist jedoch einfacher, diese Gleichungen direkt aus der Variation des Ausdrucks für die freie Energie der gebogenen Platte zu erhalten, als sie aus den allgemeinen Gleichungen abzuleiten.

Bei der Verbiegung wird die Platte an einigen Stellen komprimiert, an anderen dagegen gedehnt. Die Dehnung tritt offensichtlich auf der konvexen Seite der Platte auf, mit wachsender Tiefe nimmt diese Dehnung allmählich ab, verschwindet schließlich, und in den tiefer gelegenen Schichten der Platte beginnt eine allmählich wachsende Kompression. Somit existiert im Innern der Platte eine *neutrale Fläche*, in der keine Spannungen auftreten, während die Deformation in den beiden an diese Flächen angrenzenden Gebieten ein entgegengesetztes Vorzeichen hat. Die „neutrale" Fläche liegt offensichtlich in der mittelsten Plattenschicht.

Wir legen den Koordinatenursprung in irgendeinen Punkt der „neutralen" Fläche und die z-Achse in Richtung der Normalen zu dieser Fläche. Die xy-Ebene liegt dann in der Ebene der nichtdeformierten Platte. Wir bezeichnen die vertikale Verschiebung der Punkte auf der „neutralen" Fläche mit ζ (Abb. 2). Die Komponenten der Verschiebung dieser Punkte in der xy-Ebene sind, verglichen mit ζ, offensichtlich klein von zweiter Ordnung und können daher vernachlässigt werden. Der Verschiebungsvektor der „neutralen" Fläche ist somit

$$u_x^{(0)} = u_y^{(0)} = 0\,, \qquad u_z^{(0)} = \zeta(x, y)\,. \tag{11,1}$$

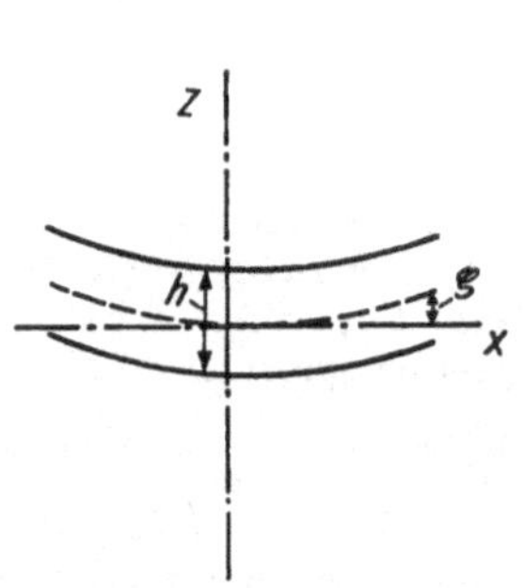

Abb. 2

Über die Spannungen in der deformierten Platte muß noch folgendes gesagt werden. Da die Platte dünn ist, brauchen zur Verbiegung an ihre Oberfläche nur relativ kleine Kräfte angelegt zu werden. Diese Kräfte werden in jedem Falle wesentlich kleiner sein als die inneren Spannungen, die in der Platte infolge der

Dehnungen und Kompressionen auftreten. Man kann daher in den Randbedingungen (2,8) die Kräfte P_i vernachlässigen, so daß nur $\sigma_{ik}\, n_k = 0$ bleibt. Da die Biegung der Platte klein ist, kann man annehmen, daß die Normale $\boldsymbol{n}$ in Richtung der z-Achse zeigt. Somit müssen an beiden Flächen der Platte die Gleichungen

$$\sigma_{xz} = \sigma_{yz} = \sigma_{zz} = 0$$

erfüllt sein. Da aber die Platte dünn ist, folgt aus dem Verschwinden dieser Größen auf beiden Plattenseiten ihre Kleinheit im Platteninnern. Wir kommen damit zu dem Schluß, daß die Komponenten σ_{xz}, σ_{yz}, σ_{zz} im gesamten Plattengebiet klein sind im Vergleich zu den übrigen Komponenten des Spannungstensors. Wir können sie daher vernachlässigen und die Komponenten des Verzerrungstensors aus dieser Bedingung bestimmen.

Aus den allgemeinen Beziehungen (5,13) folgt

$$\left.\begin{aligned} \sigma_{zx} &= \frac{E}{1+\sigma}\, u_{zx}\,, \qquad \sigma_{zy} = \frac{E}{1+\sigma}\, u_{zy}\,, \\ \sigma_{zz} &= \frac{E}{(1+\sigma)(1-2\,\sigma)}\, [(1-\sigma)\, u_{zz} + \sigma\,(u_{xx} + u_{yy})]\,. \end{aligned}\right\} \tag{11,2}$$

Wir setzen $u_{ik} = \frac{1}{2}\left(\frac{\partial u_i}{\partial x_k} + \frac{\partial u_k}{\partial x_i}\right)$ ein und fordern, daß alle diese Komponenten verschwinden. Hieraus folgt

$$\frac{\partial u_x}{\partial z} = -\,\frac{\partial u_z}{\partial x}\,, \qquad \frac{\partial u_y}{\partial z} = -\,\frac{\partial u_z}{\partial y}\,, \qquad u_{zz} = -\,\frac{\sigma}{1-\sigma}\,(u_{xx} + u_{yy})\,.$$

In den beiden ersten Gleichungen kann man für u_z mit genügender Genauigkeit $\zeta(x, y)$ einsetzen:

$$\frac{\partial u_x}{\partial z} = -\,\frac{\partial \zeta}{\partial x}\,, \qquad \frac{\partial u_y}{\partial z} = -\,\frac{\partial \zeta}{\partial y}\,.$$

Es ist dann

$$u_x = -\,z\,\frac{\partial \zeta}{\partial x}\,, \qquad u_y = -\,z\,\frac{\partial \zeta}{\partial y}\,. \tag{11,3}$$

Die Integrationskonstanten sind gleich Null gesetzt, damit für $z = 0$ die Gleichungen $u_x = u_y = 0$ gelten. Wenn u_x, u_y bekannt sind, können sämtliche Komponenten des Verzerrungstensors bestimmt werden:

$$\left.\begin{aligned} u_{xx} &= -\,z\,\frac{\partial^2 \zeta}{\partial x^2}\,, \qquad u_{yy} = -\,z\,\frac{\partial^2 \zeta}{\partial y^2}\,, \qquad u_{xy} = -\,z\,\frac{\partial^2 \zeta}{\partial x\, \partial y}\,, \\ u_{xz} &= u_{yz} = 0\,, \qquad u_{zz} = \frac{z\,\sigma}{1-\sigma}\left(\frac{\partial^2 \zeta}{\partial x^2} + \frac{\partial^2 \zeta}{\partial y^2}\right). \end{aligned}\right\} \tag{11,4}$$

Jetz kann bereits mit Hilfe von (5,10) die freie Energie pro Volumeneinheit der Platte berechnet werden. Eine einfache Rechnung führt auf den Ausdruck

$$F = z^2\,\frac{E}{1+\sigma}\left\{\frac{1}{2\,(1-\sigma)}\left(\frac{\partial^2 \zeta}{\partial x^2} + \frac{\partial^2 \zeta}{\partial y^2}\right)^2 + \left[\left(\frac{\partial^2 \zeta}{\partial x\, \partial y}\right)^2 - \frac{\partial^2 \zeta}{\partial x^2}\,\frac{\partial^2 \zeta}{\partial y^2}\right]\right\}. \tag{11,5}$$

Die Gesamtenergie der Platte erhält man durch Integration über ihr Volumen. Über z wird in den Grenzen von $-\,\frac{h}{2}$ bis $\frac{h}{2}$ integriert, wo h die Stärke der Platte ist, und die Integration über x, y erfolgt über die Gesamtoberfläche der Platte. Wir erhalten dann die gesamte freie Energie $F_{\text{Pl}} = \int F\,dV$ der deformierten Platte in der Form

$$F_{\text{Pl}} = \frac{E\,h^3}{24\,(1-\sigma^2)} \int\!\!\int \left\{ \left(\frac{\partial^2 \zeta}{\partial x^2} + \frac{\partial^2 \zeta}{\partial y^2} \right)^2 + 2\,(1-\sigma) \left[\left(\frac{\partial^2 \zeta}{\partial x\,\partial y} \right)^2 - \frac{\partial^2 \zeta}{\partial x^2}\frac{\partial^2 \zeta}{\partial y^2} \right] \right\} dx\,dy \quad (11,6)$$

(wegen der Kleinheit der Deformation kann man für das Flächenelement mit guter Genauigkeit $dx\,dy$ schreiben).

Nachdem wir die freie Energie berechnet haben, können wir die Platte als unendlich dünn, d. h. als geometrische Fläche betrachten, da uns jetzt nicht die Verteilung der Deformation im Innern der Platte, sondern ihre Form, die sie unter der Einwirkung äußerer Kräfte annimmt, interessiert. Die Größe ζ stellt dann die Verschiebung der Plattenpunkte bei der Biegung der als Fläche betrachteten Platte dar.

§ 12. Die Gleichgewichtsbedingung für die Platte

Die Gleichgewichtsbedingung der Platte kann man erhalten, wenn man das Minimum der freien Energie aufsucht. Dazu müssen wir die Variation des Ausdrucks (11,6) berechnen.

Wir zerlegen das Integral in (11,6) in zwei Glieder und variieren jedes von ihnen einzeln. Das erste Integral kann in der Form

$$\int (\Delta\zeta)^2\,df$$

geschrieben werden, wo $df = dx\,dy$ das Flächenelement und Δ hier (und überall in den Paragraphen 12—14) der zweidimensionale LAPLACE-Operator ist. Die Variation dieses Integrals ist

$$\delta\,\frac{1}{2}\int (\Delta\zeta)^2\,df = \int \Delta\zeta\,\Delta\,\delta\zeta\,df = \int \Delta\zeta\,\operatorname{div}\operatorname{grad}\delta\zeta\,df$$
$$= \int \operatorname{div}\,(\Delta\zeta\,\operatorname{grad}\delta\zeta)\,df - \int \operatorname{grad}\delta\zeta\,\operatorname{grad}\Delta\zeta\,df\,.$$

Alle Vektoroperationen werden hier natürlich im zweidimensionalen Koordinatensystem x, y durchgeführt. Das erste Integral auf der rechten Seite transformieren wir in ein Kurvenintegral, dessen Integrationsweg die Platte umschließt[1]):

$$\int \operatorname{div}\,(\Delta\zeta\,\operatorname{grad}\delta\zeta)\,df = \oint \Delta\zeta\,(\boldsymbol{n}\,\operatorname{grad}\delta\zeta)\,dl = \oint \Delta\zeta\,\frac{\partial\,\delta\zeta}{\partial n}\,dl\,,$$

[1]) Der GAUSSsche Satz hat für zweifache Integrale genau die gleiche Form wie im dreidimensionalen Fall. Die Rolle des Volumenelements dV spielt jetzt das Flächenelement df (als Skalar), und anstelle des Flächenelements $d\boldsymbol{f}$ steht das Längenelement dl des Flächenumfanges, multipliziert mit dem Vektor $\boldsymbol{n}$ der äußeren Normalen zur Linie l. Die Umformung des Flächenintegrals in ein Linienintegral geschieht durch die Substitution $df\,\frac{\partial}{\partial x_i} \to n_i\,dl$. Wenn z. B. φ irgendeine skalare Größe ist, so gilt

$$\int \operatorname{grad}\varphi\,df = \oint \varphi\,\boldsymbol{n}\,dl\,.$$

wo $\frac{\partial}{\partial n}$ die Ableitung in Richtung der äußeren Normalen zum Integrationsweg bezeichnet.

Das zweite Integral transformieren wir genauso und erhalten

$$\int \operatorname{grad} \delta\zeta \operatorname{grad} \Delta\zeta \, df = \int \operatorname{div} (\delta\zeta \operatorname{grad} \Delta\zeta) \, df - \int \delta\zeta \, \Delta^2\zeta \, df$$
$$= \oint \delta\zeta \, (\boldsymbol{n} \operatorname{grad}) \, \Delta\zeta \, dl - \int \delta\zeta \, \Delta^2\zeta \, df = \oint \delta\zeta \frac{\partial \Delta\zeta}{\partial n} dl - \int \delta\zeta \, \Delta^2\zeta \, df .$$

Diese Ergebnisse setzen wir ein und erhalten für den ersten Teil der Variation

$$\delta \frac{1}{2} \int (\Delta\zeta)^2 \, df = \int \delta\zeta \, \Delta^2\zeta \, df - \oint \delta\zeta \frac{\partial \Delta\zeta}{\partial n} dl + \oint \Delta\zeta \frac{\partial \delta\zeta}{\partial n} dl . \tag{12,1}$$

Die Umformung der Variation des zweiten Integrals in (11,6) ist ein wenig umfangreicher. Hier ist es zweckmäßiger, die Transformation in Komponentenform durchzuführen:

$$\delta \int \left\{ \left(\frac{\partial^2 \zeta}{\partial x \, \partial y} \right)^2 - \frac{\partial^2 \zeta}{\partial x^2} \frac{\partial^2 \zeta}{\partial y^2} \right\} df = \int \left\{ 2 \frac{\partial^2 \zeta}{\partial x \, \partial y} \frac{\partial^2 \delta\zeta}{\partial x \, \partial y} - \frac{\partial^2 \zeta}{\partial x^2} \frac{\partial^2 \delta\zeta}{\partial y^2} - \frac{\partial^2 \delta\zeta}{\partial x^2} \frac{\partial^2 \zeta}{\partial y^2} \right\} df .$$

Den Integranden kann man in folgender Form schreiben:

$$\frac{\partial}{\partial x} \left(\frac{\partial \delta\zeta}{\partial y} \frac{\partial^2 \zeta}{\partial x \, \partial y} - \frac{\partial \delta\zeta}{\partial x} \frac{\partial^2 \zeta}{\partial y^2} \right) + \frac{\partial}{\partial y} \left(\frac{\partial \delta\zeta}{\partial x} \frac{\partial^2 \zeta}{\partial x \, \partial y} - \frac{\partial \delta\zeta}{\partial y} \frac{\partial^2 \zeta}{\partial x^2} \right),$$

d. h. als zweidimensionale Divergenz eines Vektors. Wir können daher die Variation über ein Kurvenintegral ausdrücken:

$$\delta \int \left\{ \left(\frac{\partial^2 \zeta}{\partial x \, \partial y} \right)^2 - \frac{\partial^2 \zeta}{\partial x^2} \frac{\partial^2 \zeta}{\partial y^2} \right\} df = \oint dl \sin\theta \left\{ \frac{\partial \delta\zeta}{\partial x} \frac{\partial^2 \zeta}{\partial x \, \partial y} - \frac{\partial \delta\zeta}{\partial y} \frac{\partial^2 \zeta}{\partial x^2} \right\}$$
$$+ \oint dl \cos\theta \left\{ \frac{\partial \delta\zeta}{\partial y} \frac{\partial^2 \zeta}{\partial x \, \partial y} - \frac{\partial \delta\zeta}{\partial x} \frac{\partial^2 \zeta}{\partial y^2} \right\}, \tag{12,2}$$

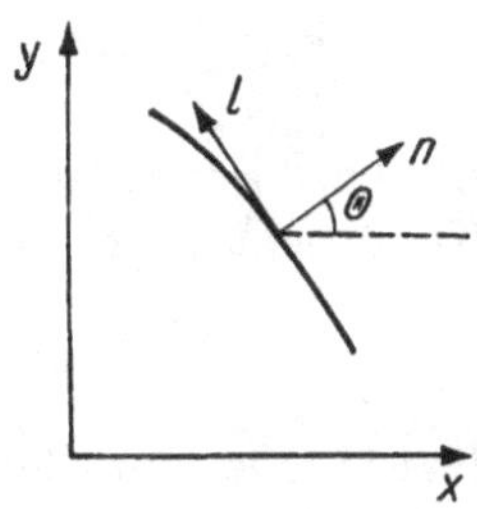

Abb. 3

wo θ der Winkel zwischen der x-Achse und der Kurvennormalen ist (Abb. 3).

Die Ableitungen von $\delta\zeta$ nach x und y drücken wir über Ableitungen nach den Richtungen der Kurvennormalen $\boldsymbol{n}$ und der Kurventangente $\boldsymbol{l}$ mit Hilfe der Beziehungen

$$\frac{\partial}{\partial x} = \cos\theta \frac{\partial}{\partial n} - \sin\theta \frac{\partial}{\partial l}, \qquad \frac{\partial}{\partial y} = \sin\theta \frac{\partial}{\partial n} + \cos\theta \frac{\partial}{\partial l}$$

aus. Das Integral in (12,2) wird dann zu

$$\delta \int \{\ldots\} df = \oint dl \frac{\partial \delta\zeta}{\partial n} \left\{ 2 \sin\theta \cos\theta \frac{\partial^2 \zeta}{\partial x \, \partial y} - \sin^2\theta \frac{\partial^2 \zeta}{\partial x^2} - \cos^2\theta \frac{\partial^2 \zeta}{\partial y^2} \right\}$$
$$+ \oint dl \frac{\partial \delta\zeta}{dl} \left\{ \sin\theta \cos\theta \left(\frac{\partial^2 \zeta}{\partial y^2} - \frac{\partial^2 \zeta}{\partial x^2} \right) + (\cos^2\theta - \sin^2\theta) \frac{\partial^2 \zeta}{\partial x \, \partial y} \right\}.$$

Das zweite Integral kann man partiell integrieren. Da über einen geschlossenen Weg integriert wird, fallen die Integrationsgrenzen in einem Punkt zusammen, und wir erhalten

$$- \oint dl \, \delta\zeta \frac{\partial}{\partial l} \left\{ \sin\theta \cos\theta \left(\frac{\partial^2 \zeta}{\partial y^2} - \frac{\partial^2 \zeta}{\partial x^2} \right) + (\cos^2\theta - \sin^2\theta) \frac{\partial^2 \zeta}{\partial x \, \partial y} \right\}.$$

Jetzt summieren wir alle Glieder, und mit den richtigen Koeffizienten nach (11,6) erhalten wir folgenden endgültigen Ausdruck für die Variation der freien Energie:

$$\delta F_{\mathrm{Pl}} = \frac{E\,h^3}{12\,(1-\sigma^2)} \left\{ \int \Delta^2 \zeta\, \delta\zeta\, df - \oint \delta\zeta\, dl \right.$$
$$\times \left[\frac{\partial\, \Delta\zeta}{\partial n} + (1-\sigma) \frac{\partial}{\partial l} \left(\sin\theta \cos\theta \left(\frac{\partial^2 \zeta}{\partial y^2} - \frac{\partial^2 \zeta}{\partial x^2} \right) + (\cos^2\theta - \sin^2\theta) \frac{\partial^2 \zeta}{\partial x\, \partial y} \right) \right]$$
$$\left. + \oint \frac{\partial\, \delta\zeta}{\partial n} dl \left[\Delta\zeta + (1-\sigma) \left(2 \sin\theta \cos\theta \frac{\partial^2 \zeta}{\partial x\, \partial y} - \sin^2\theta \frac{\partial^2 \zeta}{\partial x^2} - \cos^2\theta \frac{\partial^2 \zeta}{\partial y^2} \right) \right] \right\}. \quad (12,3)$$

Um hieraus die Gleichgewichtsbedingung der Platte zu erhalten, muß man die Summe aus der Variation δF und der Variation δU der potentiellen Energie der Platte, die durch die Wirkung äußerer Kräfte bedingt ist, zum Verschwinden bringen. Letztere Variation ist gleich der Arbeit der äußeren Kräfte bei einer Verschiebung der Platte, nur mit entgegengesetztem Vorzeichen. Es sei P die auf die Flächeneinheit der Platte wirkende und in Richtung der Normalen zur Oberfläche zeigende äußere Kraft.[1]) Die von diesen Kräften bei einer Verschiebung der Plattenpunkte um $\delta\zeta$ geleistete Arbeit ist

$$\int P\, \delta\zeta\, df\,.$$

Somit ist die Bedingung für das Minimum der gesamten freien Energie der Platte

$$\delta F_{Pl} - \int P\, \delta\zeta\, df = 0\,. \quad (12,4)$$

Auf der linken Seite dieser Gleichung stehen sowohl Flächen- als auch Kurvenintegrale. Das Flächenintegral ist

$$\int \left\{ \frac{E\,h^3}{12\,(1-\sigma^2)} \Delta^2\zeta - P \right\} \delta\zeta\, df\,.$$

Die Variation $\delta\zeta$ ist in diesem Integral beliebig. Es verschwindet daher, wenn der Koeffizient bei $\delta\zeta$ verschwindet:

$$\frac{E\,h^3}{12\,(1-\sigma^2)} \Delta^2\zeta - P = 0\,. \quad (12,5)$$

Das aber ist die Gleichgewichtsbedingung einer durch äußere Kräfte gebogenen Platte.[2])

Die Randbedingungen dieser Gleichung erhält man aus der Forderung nach dem Verschwinden der Kurvenintegrale (12,3). Dabei muß man verschiedene Spezialfälle betrachten. Ein Teil des Plattenrandes sei kräftefrei. Dann sind die Variationen $\delta\zeta$ und $\delta \frac{\partial\zeta}{\partial n}$ auf diesem Rand beliebig. Es müssen daher die Koeffi-

[1]) Die Kraft P kann hier als Resultat der Wirkung von Volumenkräften (z. B. Gravitationskraft) auftreten und ist dann gleich dem Integral der letzteren über die Plattenstärke.

[2]) Den Koeffizienten

$$D = \frac{E\,h^3}{12\,(1-\sigma^2)}$$

in dieser Gleichung nennt man *Biegewiderstand* der Platte.

zienten bei diesen Variationen im Kurvenintegral verschwinden. Das führt auf die Gleichungen

$$-\frac{\partial \Delta\zeta}{\partial n} + (1-\sigma)\frac{\partial}{\partial l}\left\{\cos\theta\sin\theta\left(\frac{\partial^2\zeta}{\partial x^2} - \frac{\partial^2\zeta}{\partial y^2}\right) + (\sin^2\theta - \cos^2\theta)\frac{\partial^2\zeta}{\partial x\,\partial y}\right\} = 0\,, \quad (12,6)$$

$$\Delta\zeta + (1-\sigma)\left\{2\sin\theta\cos\theta\frac{\partial^2\zeta}{\partial x\,\partial y} - \sin^2\theta\frac{\partial^2\zeta}{\partial x^2} - \cos^2\theta\frac{\partial^2\zeta}{\partial y^2}\right\} = 0\,, \quad (12,7)$$

die auf dem gesamten kräftefreien Rand der Platte erfüllt sein müssen.

Die Randbedingungen (12,6) und (12,7) sind kompliziert. Wesentlich einfacher sind die Fälle, wo die Plattenränder eingespannt oder gestützt sind. Eingespannte Plattenränder (Abb. 4a) können nicht vertikal verschoben werden, ja, sie können nicht einmal ihre Richtung ändern. Der Winkel, um den sich ein bestimmtes Randgebiet bezüglich seines Anfangszustandes dreht, ist (bei kleinen Verschiebungen ζ) gleich der Ableitung $\frac{\partial\zeta}{\partial n}$. Somit verschwinden die Variationen $\delta\zeta$ und $\delta\frac{\partial\zeta}{\partial n}$ im eingespannten Randgebiet, so daß die Kurvenintegrale in (12,3) identisch verschwinden. Die Randbedingungen haben in diesem Falle die einfache Form

$$\zeta = 0\,, \qquad \frac{\partial\zeta}{\partial n} = 0\,. \quad (12,8)$$

Die erste Gleichung drückt die Tatsache aus, daß die Plattenränder bei der Deformation keine vertikale Verschiebung erfahren. Die zweite Gleichung besagt, daß die horizontale Randrichtung unverändert bleibt.

Man kann leicht die Reaktionskräfte bestimmen, die von seiten der Stütze in den Befestigungspunkten der Platte angreifen. Diese Kräfte sind den Kräften, die von seiten der Platte auf die Stütze wirken, entgegengesetzt gleich. Die in einer bestimmten Richtung wirkende Kraft ist aber gleich der Ableitung der Energie nach den Koordinaten dieser Richtung. So ist die Kraft, mit der die Platte auf die Stütze wirkt, gleich der Ableitung der Energie nach der negativen Verschiebung ζ des Plattenrandes, während die rückwirkende Reaktionskraft sich nur durch das Vorzeichen von jener Kraft unterscheidet. Diese Ableitung ist aber gleich dem Koeffizienten bei $\delta\zeta$ im zweiten Integral auf der rechten Seite von (12,3). Somit ist die auf eine Längeneinheit des Randes bezogene Reaktionskraft gleich dem Ausdruck auf der linken Seite der Gleichung (12,6) (welcher jetzt natürlich nicht verschwindet), multipliziert mit $\frac{E\,h^3}{12\,(1-\sigma^2)}$. Analog ist das Drehmoment der Reaktionskräfte gleich dem Ausdruck auf der linken Seite der Gleichung (12,7), multipliziert mit dem gleichen Faktor. Das folgt unmittelbar aus der bekannten Tatsache, daß das Drehmoment einer Kraft gleich ist der Ableitung der Energie nach dem Drehwinkel. Der Drehwinkel des Plattenrandes ist aber gleich der Ableitung $\frac{\partial\zeta}{\partial n}$, so daß das entsprechende Drehmoment durch den

a) b)

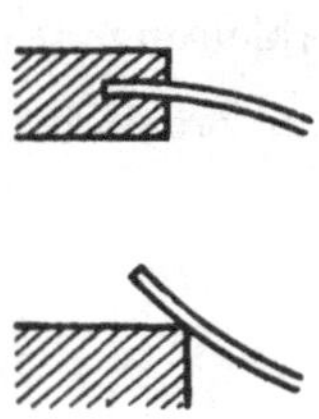

Abb. 4

Koeffizienten bei $\delta \frac{\partial \zeta}{\partial n}$ im dritten Integral auf der rechten Seite von (12,3) gegeben ist. Wegen der Bedingungen (12,8) vereinfachen sich beide Ausdrücke (Kraft und Drehmoment) wesentlich. Denn da ζ und $\frac{\partial \zeta}{\partial n}$ entlang des gesamten Plattenrandes verschwinden, verschwinden auch ihre sämtlichen Ableitungen in Richtung der Tangente $\boldsymbol{l}$. Berücksichtigt man diesen Umstand und den Übergang in (12,7) und (12,8) von den Ableitungen nach x und y zu den Ableitungen nach $\boldsymbol{n}$ und $\boldsymbol{l}$, so erhält man folgende einfachen Ausdrücke für die Reaktionskraft F an der Stütze und ihr Drehmoment M:

$$F = -\frac{E h^3}{12(1-\sigma^2)} \left[\frac{\partial^3 \zeta}{\partial n^3} + \sigma \frac{\partial \theta}{\partial l} \frac{\partial^2 \zeta}{\partial n^2} \right], \tag{12,9}$$

$$M = \frac{E h^3}{12(1-\sigma^2)} \frac{\partial^2 \zeta}{\partial n^2}. \tag{12,10}$$

Ein anderer wichtiger Fall ist der, daß die Platte an den Rändern nur unbeweglich gestützt, aber nicht eingespannt ist (Abb. 4b). Auch hier gibt es keine Verschiebung der Randpunkte, die Randrichtung dagegen bleibt nicht mehr unverändert. Dementsprechend ist $\delta\zeta = 0$ im Kurvenintegral in (12,3); es gilt jedoch $\delta \frac{\partial \zeta}{\partial n} \neq 0$. Von den beiden Bedingungen (12,6), (12,7) bleibt daher nur die zweite erhalten. Dagegen liefert die linke Seite in (12,6), wie im vorhergehenden Fall, die in den Stützpunkten der Platte wirkende Reaktionskraft (das Drehmoment verschwindet im Gleichgewicht). Die Randbedingung (12,7) vereinfacht sich, wenn man zu Ableitungen nach $\boldsymbol{n}$ und $\boldsymbol{l}$ übergeht und berücksichtigt, daß die Ableitungen $\frac{\partial \zeta}{\partial l}$ und $\frac{\partial^2 \zeta}{\partial l^2}$ auf der gesamten Randkurve wegen $\zeta = 0$ verschwinden. Im Ergebnis erhalten die Randbedingungen die Form

$$\zeta = 0, \qquad \frac{\partial^2 \zeta}{\partial n^2} + \sigma \frac{\partial \theta}{\partial l} \frac{\partial \zeta}{\partial n} = 0. \tag{12,11}$$

Aufgaben

1. Man bestimme die Deformation einer runden, an den Rändern eingespannten Scheibe (vom Radius R), die sich in horizontaler Lage im Schwerefeld befinden möge.

Lösung: Wir legen den Ursprung der Polarkoordinaten ins Plattenzentrum. Die auf die Flächeneinheit der Scheibe wirkende Kraft ist $P = \varrho h g$. Die Gleichung (12,5) wird zu

$$\Delta^2 \zeta = 64\beta, \qquad \beta = \frac{3\varrho g(1-\sigma^2)}{16 h^2 E}$$

(positive ζ entsprechen einer Verschiebung in Richtung der Schwerkraft). Da ζ nur von r abhängt, ist der Operator Δ in Polarkoordinaten $\Delta = \frac{1}{r}\frac{d}{dr}\left(r\frac{d}{dr}\right)$. Das allgemeine Integral dieser Gleichung ist

$$\zeta = \beta\, r^4 + a\, r^2 + b + c\, r^2 \ln\frac{r}{R} + d \ln\frac{r}{R}.$$

Im gegebenen Falle muß man $d = 0$ setzen, da $\ln\frac{r}{R}$ bei $r = 0$ divergiert, ferner $c = 0$, weil dieses Glied in $\Delta\zeta$ bei $r = 0$ eine Singularität enthält (das entspräche einer im Scheibenzentrum angreifenden Kraft; siehe Aufgabe 3). Die Konstanten a und b erhält man aus den Randbedingungen $\zeta = 0$, $\frac{d\zeta}{dr} = 0$ bei $r = R$. Wir erhalten

$$\zeta = \beta\,(R^2 - r^2)^2 .$$

2. Das gleiche wie in 1 im Falle einer am Rande unterstützten Scheibe.

Lösung: Die Randbedingungen (12,11) haben für eine runde Scheibe die Form

$$\zeta = 0\,, \qquad \frac{d^2\zeta}{dr^2} + \frac{\sigma}{r}\frac{d\zeta}{dr} = 0\,.$$

Der Lösungsweg verläuft analog zu Aufgabe 1 und führt auf

$$\zeta = \beta\,(R^2 - r^2)\left(\frac{5+\sigma}{1+\sigma}R^2 - r^2\right).$$

3. Man bestimme die Deformation einer runden, am Rande eingespannten Scheibe, in deren Zentrum eine Kraft f angreife.

Lösung: Außer im Koordinatenursprung gilt überall die Gleichung

$$\Delta^2\zeta = 0\,.$$

Die Integration liefert

$$\zeta = a\, r^2 + b + c\, r^2 \ln\frac{r}{R}$$

(das Glied mit $\ln r$ ist wieder weggelassen). Auf die gesamte Scheibe wirkt die in ihrem Zentrum angreifende Kraft f; das Integral von $\Delta^2\zeta$ über die Scheibenfläche ist daher

$$2\pi\int_0^R r\,\Delta^2\zeta\, dr = \frac{12\,(1-\sigma^2)}{h^3 E} f\,.$$

Hieraus folgt

$$c = \frac{3\,(1-\sigma^2)\, f}{2\pi\, h^3 E}\,.$$

Die Konstanten a und b werden aus den Randbedingungen bestimmt. Im Ergebnis haben wir

$$\zeta = \frac{3f\,(1-\sigma^2)}{2\,h^3\pi E}\left[\frac{1}{2}(R^2 - r^2) - r^2\ln\frac{R}{r}\right].$$

4. Das gleiche wie in 3 für den Fall einer am Rande unterstützten Scheibe.

Lösung:

$$\zeta = \frac{3f\,(1-\sigma^2)}{4\,h^3\pi E}\left[\frac{3+\sigma}{1+\sigma}(R^2 - r^2) - 2\,r^2\ln\frac{R}{r}\right].$$

5. Man bestimme die Deformation einer im Zentrum aufgehängten runden Scheibe im Schwerefeld.

Lösung: Die Gleichung für ζ und ihre allgemeine Lösung sind die gleichen wie in der Aufgabe 1. Da die Verschiebung im Zentrum $\zeta = 0$ ist, gilt $c = 0$. Die Konstanten a und b erhalten wir aus den Randbedingungen (12,6) und (12,7), welche bei Kreissymmetrie wie folgt aussehen:

$$\frac{d\,\Delta\zeta}{dr} = \frac{d}{dr}\left(\frac{d^2\zeta}{dr^2} + \frac{1}{r}\,\frac{d\zeta}{dr}\right) = 0\,, \qquad \frac{d^2\zeta}{dr^2} + \frac{\sigma}{r}\,\frac{d\zeta}{dr} = 0\,.$$

Wir erhalten dann

$$\zeta = \beta\, r^2 \left[r^2 + 8\, R^2 \ln \frac{R}{r} + 2\, R^2\, \frac{3+\sigma}{1+\sigma}\right].$$

6. Durch äußere Kräfte werde unter Überwindung der Oberflächenspannung vom Körper eine Schicht (von der Stärke h) abgespalten. Bei vorgegebenen äußeren Kräften stellt sich ein Gleichgewicht bei bestimmter abgespaltener Fläche und bestimmter Form der abgespaltenen Schicht ein (Abb. 5). Man leite die Beziehung zwischen der Oberflächenspannung und der Form der sich abspaltenden Plattenschicht ab.[1])

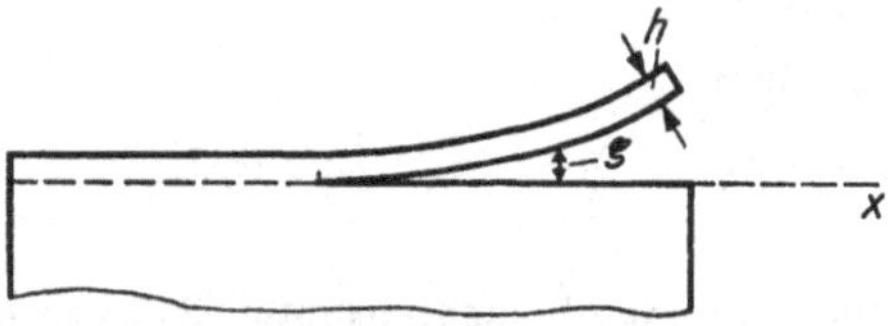

Abb. 5

Lösung: Wir betrachten die sich abspaltende Schicht als eine Platte, die in einem Rand (Rißlinie) befestigt ist. Das biegende Drehmoment ist durch (12,10) gegeben; die von diesem Drehmoment bei der Verlängerung des Rißgebietes um δx geleistete Arbeit ist

$$M\,\frac{\partial\,\delta\zeta}{\partial x} = M\delta x\,\frac{\partial^2\zeta}{\partial x^2}$$

(die Arbeit der biegenden Kraft F ist eine kleine Größe von zweiter Ordnung). Die Gleichgewichtsbedingung besteht darin, daß diese Arbeit der Änderung der Oberflächenenergie gleich sein muß, d. h. der Größe $2\,\alpha\,\delta x$, wo α der Oberflächenspannungskoeffizient ist, und der Faktor 2 berücksichtigt das Auftreten zweier freier Flächen bei der Abspaltung. Somit erhalten wir

$$\alpha = \frac{E\,h^3}{24\,(1-\sigma^2)}\left(\frac{\partial^2\zeta}{\partial x^2}\right)^2.$$

§ 13. Longitudinal deformierte Platten

Eine besondere Art der Deformation dünner Platten ist die longitudinale Deformation, d. h. eine Deformation in der Plattenebene, die zu keiner Biegung der Platte führt. Wir leiten die Gleichgewichtsbedingungen für solche Deformationen ab.

Bei genügend dünnen Platten kann die Deformation innerhalb der Plattenstärke als homogen betrachtet werden. Dabei hängt der Verzerrungstensor nur

[1]) Dieses Problem untersuchte I. W. Obreimow (1930) im Zusammenhang mit der von ihm entwickelten Methode zur Messung der Oberflächenspannung von Glimmer; die so durchgeführten Messungen waren die ersten direkten Messungen zur Bestimmung der Oberflächenspannung fester Körper.

von x und y ab (die xy-Ebene liegt in der Plattenebene). Gewöhnlich wird eine longitudinale Deformation durch Kräfte hervorgerufen, die an den Plattenrändern angreifen, oder durch Volumenkräfte, die in der Plattenebene wirken. Die Randbedingungen auf beiden Plattenflächen haben dann die Form $\sigma_{ik}\, n_k = 0$, oder, da die Normale in z-Richtung zeigt, $\sigma_{iz} = 0$, d. h. $\sigma_{xz} = \sigma_{yz} = \sigma_{zz} = 0$. Diese Bedingungen bleiben innerhalb der im folgenden dargelegten genäherten Theorie auch dann in Kraft, wenn die äußeren Dehnungskräfte unmittelbar an den Flächen der Platte angreifen, da diese Kräfte im Vergleich zu den in der Platte auftretenden longitudinalen Spannungen ($\sigma_{xx}, \sigma_{yy}, \sigma_{xy}$) klein sein werden. Weil die Größen $\sigma_{xz}, \sigma_{yz}, \sigma_{zz}$ an den Flächen klein sind, sind sie auch innerhalb der gesamten Plattenstärke klein, und wir können sie im gesamten Plattenvolumen vernachlässigen.

Bringt man die Ausdrücke in (11,2) zum Verschwinden, so erhält man

$$u_{zz} = -\frac{\sigma}{1-\sigma}(u_{xx} + u_{yy}), \qquad u_{xz} = u_{yz} = 0\,. \tag{13,1}$$

Mit diesen Komponenten und den Beziehungen (5,13) erhalten wir die von Null verschiedenen Komponenten des Spannungstensors:

$$\sigma_{xx} = \frac{E}{1-\sigma^2}(u_{xx} + \sigma\, u_{yy}), \qquad \sigma_{yy} = \frac{E}{1-\sigma^2}(u_{yy} + \sigma\, u_{xx}), \qquad \sigma_{xy} = \frac{E}{1+\sigma}\, u_{xy}\,. \tag{13,2}$$

Übrigens gehen diese Ausdrücke nach einer formalen Substitution

$$E \to \frac{E}{1-\sigma^2}, \qquad \sigma \to \frac{\sigma}{1-\sigma} \tag{13,3}$$

in Beziehungen zwischen den Spannungen $\sigma_{xx}, \sigma_{xy}, \sigma_{yy}$ und den Verzerrungen u_{xx}, u_{yy}, u_{zz} bei ebener Deformation über $\big((5{,}13)$ mit $u_{zz} = 0\big)$.

Nachdem wir die Verschiebung u_z auf diese Weise eliminiert haben, können wir die Platte als ein zweidimensionales Medium (elastische Ebene) und den Vektor $\boldsymbol{u}$ als zweikomponentigen Vektor mit den Komponenten u_x und u_y betrachten. Sind jetzt P_x, P_y die Komponenten der äußeren, auf die Flächeneinheit bezogenen Volumenkraft, so lauten die allgemeinen Gleichungen für das Gleichgewicht

$$h\left(\frac{\partial \sigma_{xx}}{\partial x} + \frac{\partial \sigma_{xy}}{\partial y}\right) + P_x = 0\,, \qquad h\left(\frac{\partial \sigma_{xy}}{\partial x} + \frac{\partial \sigma_{yy}}{\partial y}\right) + P_y = 0\,.$$

Mit (13,2) erhalten sie die Form

$$\left.\begin{aligned} E\, h\left[\frac{1}{1-\sigma^2}\frac{\partial^2 u_x}{\partial x^2} + \frac{1}{2(1+\sigma)}\frac{\partial^2 u_x}{\partial y^2} + \frac{1}{2(1-\sigma)}\frac{\partial^2 u_y}{\partial x\,\partial y}\right] + P_x = 0\,,\\ E\, h\left[\frac{1}{1-\sigma^2}\frac{\partial^2 u_y}{\partial y^2} + \frac{1}{2(1+\sigma)}\frac{\partial^2 u_y}{\partial x^2} + \frac{1}{2(1-\sigma)}\frac{\partial^2 u_x}{\partial x\,\partial y}\right] + P_y = 0\,. \end{aligned}\right\} \tag{13,4}$$

Man kann diese Gleichungen in Vektorform schreiben:

$$\operatorname{grad}\operatorname{div}\boldsymbol{u} - \frac{1-\sigma}{2}\operatorname{rot}\operatorname{rot}\boldsymbol{u} = -\boldsymbol{P}\frac{1-\sigma^2}{E\, h}, \tag{13,5}$$

wo sämtliche Vektoroperatoren zweidimensional sind.

Wenn keine Volumenkräfte wirken, wird (13,5) einfach zu

$$\operatorname{grad} \operatorname{div} \boldsymbol{u} - \frac{1-\sigma}{2} \operatorname{rot} \operatorname{rot} \boldsymbol{u} = 0 . \tag{13,6}$$

Die Gleichung unterscheidet sich von der entsprechenden Gleichung der ebenen Deformation eines in z-Richtung unbegrenzten Körpers (§ 7) nur durch den Koeffizienten (entsprechend (13,3)).[1]) Wie bei der ebenen Deformation, kann man auch hier eine „Spannungsfunktion" mittels der Beziehungen für die Komponenten

$$\sigma_{xx} = \frac{\partial^2 \chi}{\partial y^2}, \qquad \sigma_{xy} = -\frac{\partial^2 \chi}{\partial x\, \partial y}, \qquad \sigma_{yy} = \frac{\partial^2 \chi}{\partial x^2} \tag{13,7}$$

einführen, welche zwangsläufig den Gleichgewichtsbedingungen in folgender Form genügen:

$$\frac{\partial \sigma_{xx}}{\partial x} + \frac{\partial \sigma_{xy}}{\partial y} = 0 , \qquad \frac{\partial \sigma_{yx}}{\partial x} + \frac{\partial \sigma_{yy}}{\partial y} = 0 .$$

Die Spannungsfunktion genügt nach wie vor der biharmonischen Gleichung, denn für $\Delta\chi$ gilt die Beziehung

$$\Delta\chi = \sigma_{xx} + \sigma_{yy} = \frac{E}{1-\sigma}(u_{xx} + u_{yy}) = \frac{E}{1-\sigma} \operatorname{div} \boldsymbol{u} ,$$

welche sich nur durch einen Faktor von der entsprechenden Beziehung bei ebener Deformation unterscheidet.

Folgender Umstand ist noch bemerkenswert. Die Verteilung der Spannungen in der Platte, die durch vorgegebene Kräfte deformiert wird, welche an ihrem Rand angreifen, hängt nicht von den Elastizitätskonstanten des Stoffes ab. Diese Konstanten gehen tatsächlich weder in die biharmonische Gleichung für die Spannungsfunktion noch in die Beziehungen zwischen den Komponenten σ_{ik} und der Spannungsfunktion (13,7) (und daher in die Randbedingungen) ein.

Aufgaben

1. Man bestimme die Deformation einer ebenen Scheibe, die sich um die zentral gelegene zur Scheibenebene senkrechte Achse gleichförmig drehe.

Lösung: Die gesuchte Lösung unterscheidet sich von der Lösung der Aufgabe 5, § 7, für die ebene Deformation eines rotierenden Zylinders nur durch Werte der konstanten Koeffizienten. Die Radialverschiebung $u_r = u(r)$ ist durch den Ausdruck

$$u = \frac{\varrho\, \Omega^2 (1-\sigma^2)}{8\, E} r \left(\frac{3+\sigma}{1+\sigma} R^2 - r^2 \right)$$

gegeben, der bei der Substitution (13,3) in den Ausdruck der Aufgabe 5, § 7, übergeht.

---

[1]) Eine Deformation, die in der z-Richtung homogen ist, und bei der im gesamten Körper $\sigma_{zx} = \sigma_{zy} = \sigma_{zz} = 0$ gilt, wird zuweilen als „ebener Spannungszustand" bezeichnet, im Gegensatz zu ebener Deformation, wo überall im Körper $u_{zx} = u_{zy} = u_{zz} = 0$ ist.

2. Man bestimme die Deformation einer in einem Halbraum unendlichen Platte (mit geradlinigem Rand) unter der Wirkung einer konzentrierten Kraft, die in einem Punkt des Randes angreife und in der Plattenebene wirke.

Lösung: Wir führen Polarkoordinaten ein, wobei der Winkel in der Kraftrichtung beginnt; er durchläuft die Werte von $-(\pi/2 + \alpha)$ bis $\pi/2 - \alpha$, wo α der Winkel zwischen der Kraftrichtung und der Richtung der Normalen zum Plattenrand ist (Abb. 6). In allen Punkten des kräftefreien Randes, ausgenommen den Angriffspunkt der Kraft (Koordinatenursprung), müssen folgende Bedingungen erfüllt sein: $\sigma_{\varphi\varphi} = \sigma_{r\varphi} = 0$. Unter Benutzung der Ausdrücke für $\sigma_{\varphi\varphi}$ und $\sigma_{r\varphi}$ aus Aufgabe 11, § 7, erhalten wir die Bedingungen, denen die Spannungsfunktion genügen muß:

$$\frac{\partial \chi}{\partial r} = \text{const}\,, \qquad \frac{1}{r}\frac{\partial \chi}{\partial \varphi} = \text{const} \qquad \text{bei} \qquad \varphi = -\left(\frac{\pi}{2} + \alpha\right), \ \left(\frac{\pi}{2} - \alpha\right).$$

Beide Bedingungen sind erfüllt für $\chi = r\,f(\varphi)$. Die biharmonische Gleichung

$$\left[\frac{1}{r}\frac{\partial}{\partial r}\left(r\frac{\partial}{\partial r}\right) + \frac{\partial^2}{\partial \varphi^2}\right]^2 \chi = 0$$

liefert dann für $f(\varphi)$ Lösungen von der Form $\sin\varphi$, $\cos\varphi$, $\varphi\sin\varphi$, $\varphi\cos\varphi$. Davon sind die ersten beiden fiktiv, da sie zu identisch verschwindenden Spannungen führen. Den richtigen Wert für die im Koordinatenursprung angreifende Kraft liefert folgende Lösung:

$$\chi = -\frac{F}{\pi}\, r\,\varphi \sin\varphi\,, \qquad \sigma_{rr} = -\frac{2\,F}{\pi}\,\frac{\cos\varphi}{r}\,, \qquad \sigma_{r\varphi} = \sigma_{\varphi\varphi} = 0 \tag{1}$$

(F ist die auf eine Einheit der Plattenstärke bezogene Kraft). Wenn man nämlich die Kräfte der inneren Spannungen auf die zu $\boldsymbol{F}$ parallelen und senkrechten Richtungen projiziert und über einen kleinen Halbkreis um den Koordinatenursprung (dessen Radius danach gegen Null strebt) integriert, so erhält man

$$\int\limits_{-\left(\frac{\pi}{2}+\alpha\right)}^{\frac{\pi}{2}-\alpha} \sigma_{rr} \cos\varphi\, r\, d\varphi = -F\,, \qquad \int\limits_{-\left(\frac{\pi}{2}+\alpha\right)}^{\frac{\pi}{2}-\alpha} \sigma_{rr} \sin\varphi\, r\, d\varphi = 0\,,$$

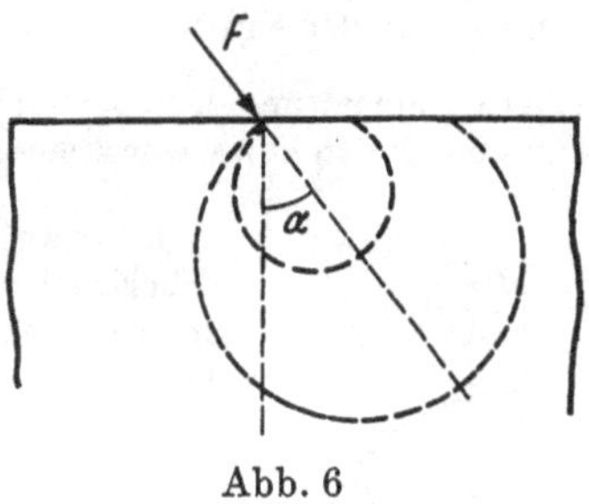

Abb. 6

d. h. gerade solche Größen, welche durch die im Koordinatenursprung angreifende Kraft kompensiert werden.

Die Beziehungen in (1) liefern die gesuchte Spannungsverteilung. Sie trägt rein radialen Charakter: Auf ein beliebiges zum Radius orthogonales Flächenelement wirkt nur eine komprimierende Radialkraft. Linien gleicher Spannung sind Kreise $r = d\cos\varphi$, welche durch den Koordinatenursprung hindurchgehen und deren Zentren auf der Geraden liegen, in der die Kraft $\boldsymbol{F}$ wirkt (Abb. 6).

Die Komponenten des Verzerrungstensors sind

$$u_{rr} = \frac{\sigma_{rr}}{E}\,, \qquad u_{\varphi\varphi} = -\frac{\sigma}{E}\sigma_{rr}\,, \qquad u_{r\varphi} = 0\,.$$

Mittels Integration (mit Hilfe der Ausdrücke für u_{ik} (1,8) in Polarkoordinaten) erhält man den Verschiebungsvektor

$$u_r = -\frac{2F}{\pi E}\cos\varphi \ln\frac{r}{a} - \frac{(1-\sigma)F}{\pi E}\varphi\sin\varphi\,,$$

$$u_\varphi = \frac{2\sigma F}{\pi E}\sin\varphi + \frac{2F}{\pi E}\ln\frac{r}{a}\sin\varphi + \frac{(1-\sigma)F}{\pi E}(\sin\varphi - \varphi\cos\varphi)\,.$$

Die Integrationskonstanten sind so gewählt, daß eine Verschiebung (Translation oder Rotation) der Platte als Ganzes ausgeschlossen ist; es wird nämlich vorausgesetzt, daß ein vorgegebener (ansonsten beliebiger) Punkt auf der Wirkungslinie der Kraft im Abstand a vom Koordinatenursprung unverschoben bleibt.

Mit Hilfe der so erhaltenen Lösung kann man die Lösung für eine beliebige Kraftverteilung am Plattenrand (vgl. § 8) konstruieren. Sie gilt natürlich nicht in unmittelbarer Umgebung vom Koordinatenursprung.

3. Man bestimme die Deformation einer unendlichen keilförmigen Platte (Winkel an der Spitze 2α), an deren Spitze eine Kraft angreife.

Lösung: Die Spannungsverteilung unterscheidet sich von der der vorhergehenden Aufgabe nur durch die Normierung. Wenn die Kraft parallel zur Mittellinie des Keils wirkt (F_1 in Abb. 7), so gilt

$$\sigma_{rr} = -\frac{F_1\cos\varphi}{r(\alpha + 1/2\sin 2\alpha)}\,,\qquad \sigma_{r\varphi} = \sigma_{\varphi\varphi} = 0\,.$$

Wenn dagegen die Kraft parallel der zur Mittellinie senkrechten Richtung wirkt (F_2 in Abb. 7), haben wir

$$\sigma_{rr} = -\frac{F_2\cos\varphi}{r(\alpha - 1/2\sin 2\alpha)}\,.$$

In beiden Fällen beginnt der Winkel φ in der Kraftrichtung.

4. Man bestimme die Deformation einer runden Scheibe (Radius R), die von zwei entgegengesetzt gleichen Kräften an den Enden eines Durchmessers gedrückt werde (Abb. 8).

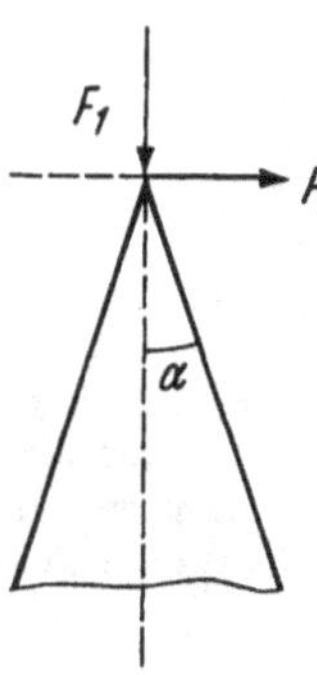

Abb. 7

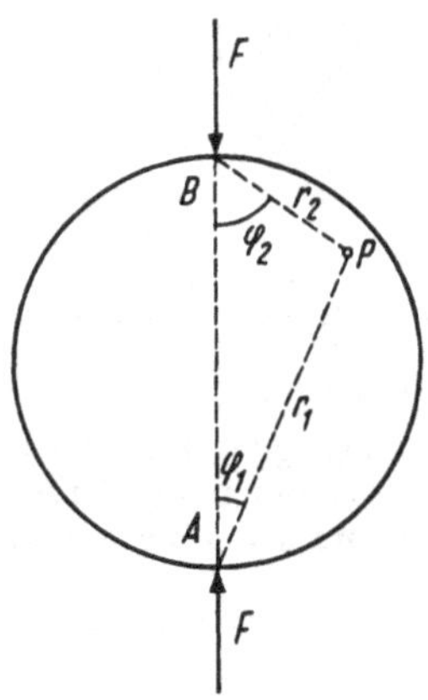

Abb. 8

Lösung: Die Lösung erhält man als Überlagerung dreier Verteilungen der inneren Spannungen. Zwei Verteilungen sind

$$\sigma^{(1)}_{r_1 r_1} = -\frac{2F}{\pi}\frac{\cos\varphi_1}{r_1}\,,$$

$$\sigma^{(1)}_{r_1\varphi_1} = \sigma^{(1)}_{\varphi_1\varphi_1} = 0\,,$$

$$\sigma^{(2)}_{r_2 r_2} = -\frac{2F}{\pi}\frac{\cos\varphi_2}{r_2}\,,$$

$$\sigma^{(2)}_{r_2\varphi_2} = \sigma^{(2)}_{\varphi_2\varphi_2} = 0\,,$$

wo r_1, φ_1 bzw. r_2, φ_2 die Polarkoordinaten eines beliebigen Punktes P sind, mit dem Koordinatenursprung in A bzw. B (das sind die Spannungen, die von einer in einem Randpunkt der Halbebene wirkenden Normalkraft erzeugt worden wären; siehe Aufgabe 2). Die dritte Verteilung

$$\sigma^{(3)}_{ik} = \frac{F}{\pi R} \delta_{ik}$$

stellt eine gleichmäßige Dehnung von bestimmter Intensität dar. Wenn nämlich der Punkt P auf dem Randkreis der Scheibe liegt, gilt für ihn $r_1 = 2 R \cos \varphi_1$, $r_2 = 2 R \cos \varphi_2$, und wir erhalten

$$\sigma^{(1)}_{r_1 r_1} = \sigma^{(2)}_{r_2 r_2} = -\frac{F}{\pi R}.$$

Da nun die Richtungen von $\boldsymbol{r}_1$ und $\boldsymbol{r}_2$ in diesem Punkt senkrecht aufeinander stehen, sehen wir, daß die ersten beiden Spannungssysteme am Scheibenrand zu einer gleichmäßigen Kompression führen; diese Kräfte werden durch die gleichmäßige Dehnung des dritten Systems gerade kompensiert, so daß der Scheibenrand spannungsfrei ist, wie es auch sein muß.

5. Man bestimme die Spannungsverteilung in einer unbegrenzten Platte mit einer runden Öffnung (Radius R) bei gleichmäßiger Dehnung der Platte.

Lösung: Der gleichmäßigen Dehnung einer Platte ohne Öffnung entsprechen die Spannungen $\sigma^{(0)}_{xx} = T$, $\sigma^{(0)}_{yy} = \sigma^{(0)}_{xy} = 0$, wo T die Dehnungskraft ist. Ihnen entspricht die Spannungsfunktion

$$\chi^{(0)} = \frac{T}{2} y^2 = \frac{T}{2} r^2 \sin^2 \varphi = \frac{1}{4} T r^2 (1 - \cos 2\varphi).$$

Wenn die Platte eine Öffnung besitzt (Zentrum im Ursprung der Polarkoordinaten r, φ) suchen wir die Spannungsfunktion in der Form

$$\chi = \chi^{(0)} + \chi^{(1)}, \qquad \chi^{(1)} = f(r) + F(r) \cos 2\varphi.$$

Das von φ unabhängige Integral der biharmonischen Gleichung ist

$$f(r) = a r^2 \ln r + b r^2 + c \ln r,$$

und das zu $\cos 2\varphi$ proportionale Integral hat die Form

$$F(r) = d r^2 + e r^4 + \frac{g}{r^2}.$$

Die Konstanten werden aus der Bedingung $\sigma_{ik} = 0$ bei $r = \infty$ und $\sigma_{rr} = \sigma_{r\varphi} = 0$ bei $r = R$ bestimmt. Im Ergebnis erhalten wir

$$\chi^{(1)} = \frac{T R^2}{2} \left[-\ln r + \left(1 - \frac{R^2}{2 r^2}\right) \cos 2\varphi \right],$$

und für die Spannungsverteilung folgt

$$\sigma_{rr} = \frac{T}{2}\left(1 - \frac{R^2}{r^2}\right)\left[1 + \left(1 - \frac{3 R^2}{r^2}\right)\cos 2\varphi\right], \qquad \sigma_{\varphi\varphi} = \frac{T}{2}\left[1 + \frac{R^2}{r^2} - \left(1 + \frac{3 R^4}{r^4}\right)\cos 2\varphi\right],$$

$$\sigma_{r\varphi} = -\frac{T}{2}\left(1 + \frac{2 R^2}{r^2} - \frac{3 R^4}{r^4}\right)\sin 2\varphi.$$

So ist am Rande der Öffnung $\sigma_{\varphi\varphi} = T(1 - 2\cos 2\varphi)$, und für $\varphi = \pm \pi/2$ haben wir $\sigma_{\varphi\varphi} = 3T$, was dreimal größer ist als die Spannungen im Unendlichen (vgl. Aufgabe 12, § 7).

§ 14. Stark gebogene Platten

Die in §§ 11 bis 13 dargelegte Theorie der Biegung dünner Platten ist nur bei schwachen Biegungen anwendbar. Im folgenden werden wir sehen, daß das Kriterium für die Anwendbarkeit dieser Theorie darin besteht, daß die Biegung ζ im Vergleich zur Plattenstärke h klein sein muß. Jetzt leiten wir die Gleichgewichtsbedingungen für stark gebogene Platten ab. Dabei lassen wir die Forderung $\zeta \ll h$ fallen. Die Deformation soll jedoch nach wie vor so klein sein, daß der Verzerrungstensor klein ist. Praktisch läuft das auf die Forderung $\zeta \ll l$ hinaus, d. h., die Biegung muß klein sein im Vergleich zu den Dimensionen der Platte.

Im allgemeinen wird eine Platte während der Biegung gleichzeitig gedehnt.[1]) Bei schwacher Biegung kann man diese Dehnung vernachlässigen. Bei starker Biegung geht das nicht mehr; daher haben stark gebogene Platten keine „neutrale“ Fläche mehr. Das Auftreten einer allgemeinen Dehnung bei der Biegung ist eine Besonderheit von Platten, durch welche sie sich von dünnen Stäben unterscheiden; letztere können stark gebogen werden, ohne daß eine allgemeine Dehnung auftritt. Diese Platteneigenschaft hat rein geometrischen Charakter. Zum Beispiel biegen wir eine runde Scheibe in die Form eines Kugelsegments. Wenn dabei der Scheibenumfang unverändert bleiben soll, muß der Durchmesser gedehnt werden. Wenn dagegen der Durchmesser unverändert bleibt, schrumpft der Scheibenumfang zusammen.

Die in § 11 berechnete Energie (11,6) (man kann sie *Energie der reinen Biegung* nennen) stellt nur den Anteil der Gesamtenergie dar, der durch die Ungleichmäßigkeit der Dehnung und Kompression in den verschiedenen Schichten der Platte bedingt ist. Neben diesem enthält die Gesamtenergie noch einen Anteil, der gerade durch das Auftreten der allgemeinen Dehnung bedingt ist; diesen Anteil kann man *Dehnungsenergie* nennen.

Reine Biegungen bzw. reine Dehnungen wurden in §§ 11, 12 bzw. 13 untersucht. Wir können daher die dort erhaltenen Ergebnisse unmittelbar benutzen. Dabei entfällt die Notwendigkeit, die Plattenstärke in Betracht zu ziehen, und wir können gleich von einer zweidimensionalen Fläche ausgehen.

Zunächst leiten wir einen Ausdruck für den Verzerrungstensor ab, welcher die Dehnung der (als Fläche betrachteten) Platte, die gleichzeitig gebogen und in ihrer Ebene gedehnt wird, charakterisiert. $\boldsymbol{u}$ sei der zweidimensionale Verschiebungsvektor (mit den Komponenten u_x, u_y) der reinen Dehnung; mit ζ wird nach wie vor die Querverschiebung bei der Biegung bezeichnet. Das Längenelement $dl^2 = dx^2 + dy^2$ der nichtdeformierten Platte geht dann nach der Deformation in das Längenelement dl' über, dessen Quadrat folgende Form hat:

$$dl'^2 = (dx + du_x)^2 + (dy + du_y)^2 + d\zeta^2 .$$

[1]) Eine Ausnahme bildet z. B. die Biegung einer ebenen Platte in eine zylindrische Fläche.

Mit $du_x = \frac{\partial u_x}{\partial x} dx + \frac{\partial u_x}{\partial y} dy$ und entsprechenden Ausdrücken für du_y und $d\zeta$ erhalten wir bis auf Glieder höherer Ordnung

$$dl'^2 = dl^2 + 2\, u_{\alpha\beta}\, dx_\alpha\, dx_\beta\,,$$

wo der zweidimensionale Verzerrungstensor durch

$$u_{\alpha\beta} = \frac{1}{2}\left(\frac{\partial u_\alpha}{\partial x_\beta} + \frac{\partial u_\beta}{\partial x_\alpha}\right) + \frac{1}{2}\,\frac{\partial \zeta}{\partial x_\alpha}\,\frac{\partial \zeta}{\partial x_\beta} \tag{14,1}$$

definiert ist. (Hier wie auch in den folgenden Abschnitten bezeichnen griechische Buchstaben Indizes, die im ganzen nur zwei Werte, x und y, durchlaufen; über doppelt auftretende Indizes wird summiert). Die in den Ableitungen von u_α quadratischen Glieder sind hier vernachlässigt; die quadratischen Glieder der Ableitungen von ζ können natürlich nicht vernachlässigt werden, da die entsprechenden Glieder erster Ordnung gar nicht auftreten.

Der Spannungstensor $\sigma_{\alpha\beta}$, welcher mit der Dehnung der Platte zusammenhängt, ist durch die Ausdrücke (13,2) gegeben, wo man anstelle von $u_{\alpha\beta}$ den Verzerrungstensor nach (14,1) einsetzen muß. Die Energie der reinen Biegung ist durch den Ausdruck (11,6) gegeben, welchen wir in folgender Form schreiben wollen:

$$\int \Psi_1(\zeta)\, dx\, dy\,,$$

wo mit $\Psi_1(\zeta)$ der gesamte Integrand in (11,6) bezeichnet ist. Dagegen folgt die Dehnungsenergie pro Volumeneinheit aus den allgemeinen Beziehungen zu $\frac{u_{\alpha\beta}\,\sigma_{\alpha\beta}}{2}$. Die Energie pro Flächeneinheit erhält man hieraus durch Multiplikation mit h, so daß die gesamte Dehnungsenergie in der Form

$$\int \Psi_2(u_{\alpha\beta})\, df$$

geschrieben werden kann, mit der Bezeichnung

$$\Psi_2 = h\,\frac{u_{\alpha\beta}\,\sigma_{\alpha\beta}}{2}\,. \tag{14,2}$$

Somit ist die gesamte freie Energie der stark gebogenen Platte

$$F_{\mathrm{Pl}} = \int [\Psi_1(\zeta) + \Psi_2(u_{\alpha\beta})]\, df\,. \tag{14,3}$$

Bevor wir nun die Gleichgewichtsbedingungen ableiten, schätzen wir die beiden Energieanteile ab. Die ersten Ableitungen von ζ sind von der Größenordnung ζ/l, wo mit l die Plattendimensionen bezeichnet sind; die Größenordnung der zweiten Ableitungen von ζ ist $\frac{\zeta}{l^2}$. Aus (11,6) folgt daher $\Psi_1 \sim E\, h^3 \frac{\zeta^2}{l^4}$. Die Größenordnung des Tensors $u_{\alpha\beta}$ ist $\frac{\zeta^2}{l^2}$, und es gilt daher $\Psi_2 \sim E\, h \frac{\zeta^4}{l^4}$. Der Vergleich dieser beiden Ausdrücke zeigt, daß die Vernachlässigung von Ψ_2 in der genäherten Theorie der Plattenbiegung nur unter der Bedingung $\zeta^2 \ll h^2$ berechtigt ist.

Die Forderung nach dem Minimum der Energie lautet $\delta F_{Pl} + \delta U = 0$, wo U die potentielle Energie im äußeren Kraftfeld darstellt. Wir nehmen an, daß man die äußeren Dehnungskräfte, sofern sie vorhanden sind, relativ zu den Biegungskräften vernachlässigen kann. (Das geht immer, wenn die Dehnungskräfte nicht zu groß sind, da sich eine dünne Platte viel eher biegen als dehnen läßt.) Für δU haben wir dann den gleichen Ausdruck wie in § 12:

$$\delta U = -\int P\,\delta\zeta\,df,$$

wo P die äußere Kraft pro Flächeneinheit ist. Die Variation des Integrals $\int \Psi_1\,df$ wurde bereits in § 12 berechnet und ist gleich

$$\delta \int \Psi_1\,df = \frac{h^3 E}{12(1-\sigma^2)} \int \Delta^2\zeta\,\delta\zeta\,df.$$

Die Kurvenintegrale in (12,3) lassen wir weg, da sie nicht die Gleichgewichtsbedingung selbst, sondern nur die Randbedingungen bestimmen, die uns aber hier nicht interessieren.

Schließlich berechnen wir die Variation des Integrals $\int \Psi_2\,df$. Letzteres wird sowohl in den Komponenten des Vektors $\boldsymbol{u}$ als auch in ζ variiert. Es ist

$$\delta \int \Psi_2\,df = \int \frac{\partial \Psi_2}{\partial u_{\alpha\beta}}\,\delta u_{\alpha\beta}\,df.$$

Die Ableitungen der freien Energie der Volumeneinheit nach $u_{\alpha\beta}$ sind gleich $\sigma_{\alpha\beta}$; es ist daher $\frac{\partial \Psi_2}{\partial u_{\alpha\beta}} = h\,\sigma_{\alpha\beta}$. Wenn wir für $u_{\alpha\beta}$ den Ausdruck (14,1) einsetzen, erhalten wir

$$\delta \int \Psi_2\,df = h \int \sigma_{\alpha\beta}\,\delta u_{\alpha\beta}\,df = \frac{h}{2} \int \sigma_{\alpha\beta} \left\{ \frac{\partial\,\delta u_\alpha}{\partial x_\beta} + \frac{\partial\,\delta u_\beta}{\partial x_\alpha} + \frac{\partial \zeta}{\partial x_\alpha}\frac{\partial\,\delta\zeta}{\partial x_\beta} + \frac{\partial\,\delta\zeta}{\partial x_\alpha}\frac{\partial \zeta}{\partial x_\beta} \right\} df$$

oder, wegen der Symmetrie von $\sigma_{\alpha\beta}$,

$$\delta \int \Psi_2\,df = h \int \sigma_{\alpha\beta} \left\{ \frac{\partial\,\delta u_\alpha}{\partial x_\beta} + \frac{\partial\,\delta\zeta}{\partial x_\beta}\frac{\partial \zeta}{\partial x_\alpha} \right\} df.$$

Nach partieller Integration haben wir

$$\delta \int \Psi_2\,df = -h \int \left[\frac{\partial \sigma_{\alpha\beta}}{\partial x_\beta}\,\delta u_\alpha + \frac{\partial}{\partial x_\beta}\left(\sigma_{\alpha\beta}\frac{\partial \zeta}{\partial x_\alpha} \right) \delta\zeta \right] df.$$

Die Kurvenintegrale über die Plattenfläche sind wiederum fortgelassen.

Zusammenfassend erhalten wir

$$\delta F_{\mathrm{Pl}} + \delta U$$
$$= \int \left\{ \left[\frac{h^3 E}{12(1-\sigma^2)} \Delta^2\zeta - h\frac{\partial}{\partial x_\beta}\left(\sigma_{\alpha\beta}\frac{\partial \zeta}{\partial x_\alpha} \right) - P \right] \delta\zeta - h\frac{\partial \sigma_{\alpha\beta}}{\partial x_\beta}\,\delta u_\alpha \right\} df = 0.$$

Damit diese Gleichung identisch gilt, müssen die Koeffizienten bei $\delta\zeta$ und δu_α einzeln verschwinden. Hieraus ergibt sich folgendes Gleichungssystem:

$$\frac{h^3 E}{12(1-\sigma^2)} \Delta^2\zeta - h\frac{\partial}{\partial x_\beta}\left(\sigma_{\alpha\beta}\frac{\partial \zeta}{\partial x_\alpha} \right) = P, \tag{14,4}$$

$$\frac{\partial \sigma_{\alpha\beta}}{\partial x_\beta} = 0. \tag{14,5}$$

Dieses System enthält drei unbekannte Funktionen: die Komponenten u_x, u_y des Vektors $\boldsymbol{u}$ und die Querverschiebung ζ. Die Lösung beschreibt gleichzeitig die Form der gebogenen Platte (die Funktion $\zeta(x, y)$) und die infolge der Biegung auftretenden Dehnungen. Die Gleichungen (14,4) und (14,5) können vereinfacht werden, wenn man die Spannungsfunktion χ einführt, welche mit $\sigma_{\alpha\beta}$ durch die Beziehung (13,7) zusammenhängt. Wenn man (13,7) in (14,4) einsetzt, erhält man

$$\frac{h^3 E}{12(1-\sigma^2)} \Delta^2\zeta - h\left(\frac{\partial^2\chi}{\partial y^2}\frac{\partial^2\zeta}{\partial x^2} + \frac{\partial^2\chi}{\partial x^2}\frac{\partial^2\zeta}{\partial y^2} - 2\frac{\partial^2\chi}{\partial x\,\partial y}\frac{\partial^2\zeta}{\partial x\,\partial y}\right) = P\,. \tag{14,6}$$

Die Ausdrücke (13,7) genügen von selbst den Gleichungen (14,5). Man muß daher noch eine Gleichung ableiten, die man durch Elimination von u_α aus (13,7) und (13,2) erhält.

Das kann man folgendermaßen tun. Wir drücken $u_{\alpha\beta}$ durch $\sigma_{\alpha\beta}$ aus. Aus (13,2) folgt

$$u_{xx} = \frac{1}{E}(\sigma_{xx} - \sigma\,\sigma_{yy})\,, \qquad u_{yy} = \frac{1}{E}(\sigma_{yy} - \sigma\,\sigma_{xx})\,, \qquad u_{xy} = \frac{1+\sigma}{E}\sigma_{xy}\,.$$

Hier setzen wir für $u_{\alpha\beta}$ (14,1) ein und für $\sigma_{\alpha\beta}$ die Ausdrücke (13,7). Wir erhalten dann die Gleichungen

$$\frac{\partial u_x}{\partial x} + \frac{1}{2}\left(\frac{\partial\zeta}{\partial x}\right)^2 = \frac{1}{E}\left(\frac{\partial^2\chi}{\partial y^2} - \sigma\frac{\partial^2\chi}{\partial x^2}\right),$$

$$\frac{\partial u_y}{\partial y} + \frac{1}{2}\left(\frac{\partial\zeta}{\partial y}\right)^2 = \frac{1}{E}\left(\frac{\partial^2\chi}{\partial x^2} - \sigma\frac{\partial^2\chi}{\partial y^2}\right),$$

$$\frac{\partial u_x}{\partial y} + \frac{\partial u_y}{\partial x} + \frac{\partial\zeta}{\partial x}\frac{\partial\zeta}{\partial y} = -\frac{2(1+\sigma)}{E}\frac{\partial^2\chi}{\partial x\,\partial y}\,.$$

Auf die erste wenden wir den Operator $\frac{\partial^2}{\partial y^2}$ an, auf die zweite den Operator $\frac{\partial^2}{\partial x^2}$, und auf die dritte Gleichung lassen wir den Operator $\frac{\partial^2}{\partial x\,\partial y}$ wirken. Danach summieren wir die ersten beiden Gleichungen und subtrahieren davon die dritte. Die Glieder, die u_x und u_y enthalten, kürzen sich gegenseitig weg, und wir erhalten folgende Gleichung:

$$\Delta^2\chi + E\left\{\frac{\partial^2\zeta}{\partial x^2}\frac{\partial^2\zeta}{\partial y^2} - \left(\frac{\partial^2\zeta}{\partial x\,\partial y}\right)^2\right\} = 0\,. \tag{14,7}$$

Die Gleichungen (14,6) und (14,7) stellen das vollständige Gleichungssystem für stark gebogene dünne Platten dar (A. Föppl, 1907). Diese Gleichungen sind ziemlich kompliziert und können nicht einmal in den einfachsten Fällen exakt gelöst werden. Sie sind nichtlinear.

Noch einige Worte über einen Spezialfall der Deformation dünner Platten, über sogenannte *Membranen*. Unter einer Membran versteht man eine dünne Platte, die durch Kräfte, welche an ihrem Rand angreifen, stark gedehnt wird. In diesem Falle kann man die zusätzlichen longitudinalen Spannungen vernachlässigen, die bei der Biegung der Platte auftreten, und dementsprechend kann man annehmen, daß die Komponenten des Tensors $\sigma_{\alpha\beta}$ einfach den konstanten äußeren Dehnungsspannungen gleich sind. In der Gleichung (14,4) kann man jetzt das erste Glied im Vergleich zum zweiten vernachlässigen, und wir erhalten die Gleichgewichtsbedingung

$$h\,\sigma_{\alpha\beta}\frac{\partial^2\zeta}{\partial x_\alpha\,\partial x_\beta}+P=0 \tag{14,8}$$

mit der Randbedingung $\zeta = 0$ an der Randlinie der Membran. Diese Gleichung ist linear. Besonders einfach ist der Fall isotroper Dehnung, wenn die Spannung der Membran in allen Richtungen gleich ist. Es möge T der Betrag der am Rande der Platte angreifenden Dehnungskraft pro Einheit der Randlinie sein. Dann ist $h\,\sigma_{\alpha\beta} = T\,\delta_{\alpha\beta}$, und wir erhalten die Gleichgewichtsbedingung in der Form

$$T\,\Delta\zeta + P = 0\,. \tag{14,9}$$

Aufgaben

1. Man bestimme die Abhängigkeit der Biegungsgröße ζ von der wirkenden Kraft bei einer so starken Biegung der Platte, daß die Ungleichung $\zeta \gg h$ erfüllt ist.

Lösung: Eine Abschätzung der einzelnen Glieder der Gleichung (14,7) zeigt $\chi \sim E\,\zeta^2$. Bei $\zeta \gg h$ ist das erste Glied in (14,6) klein im Vergleich zum zweiten, welches von der Größenordnung $\frac{h\,\zeta\,\chi}{l^4} \sim \frac{E\,h\,\zeta^3}{l^4}$ ist (l bezeichnet die Plattendimensionen). Der Vergleich mit der äußeren Kraft liefert

$$\zeta \sim \left(\frac{l^4\,P}{E\,h}\right)^{1/3}.$$

Hieraus ist u. a. zu ersehen, daß ζ der dritten Wurzel aus der Kraft proportional ist.

2. Man bestimme die Deformation einer runden Membran (Radius R), welche waagerecht im Schwerefeld angebracht ist.

Lösung: Wir haben $P = \varrho\,h\,g$; in Polarkoordinaten erhält (14,9) die Form

$$\frac{1}{r}\frac{d}{dr}\left(r\frac{\partial\zeta}{\partial r}\right) = -\frac{\varrho\,g\,h}{T}\,.$$

Die bei $r = 0$ endliche Lösung, welche der Bedingung $\zeta = 0$ bei $r = R$ genügt, ist

$$\zeta = \frac{\varrho\,g\,h}{4\,T}(R^2 - r^2)\,.$$

§ 15. Deformation von Schalen

Während der bisherigen Untersuchung der Deformationen dünner Platten wurde stets angenommen, daß die Platten im nichtdeformierten Zustand eben sind. Dabei weist die Deformation von Platten, die in ihrem natürlichen Zustand gebogen sind (solche Platten nennt man *Schalen*), Besonderheiten auf, die sie von der Deformation ebener Platten prinzipiell unterscheiden.

Die Dehnung, welche beim Biegen ebener Platten auftritt, ist klein von höherer Ordnung im Vergleich zur Biegung selbst. Das zeigt sich z. B. darin, daß der Verzerrungstensor, der eine solche Dehnung beschreibt, in ζ quadratisch ist.

Eine vollkommen andere Situation haben wir bei der Deformation von Schalen: Hier ist die Dehnung ein Effekt von erster Ordnung und spielt daher sogar bei schwacher Biegung eine wesentliche Rolle. Am besten sieht man diese Eigenschaft am einfachsten Beispiel der gleichmäßigen Dehnung einer Kugelschale. Wenn sämtliche Punkte der Kugelschale die gleiche radiale Verschiebung ζ erfahren, vergrößert sich der Äquator um $2\pi\zeta$. Die relative Dehnung ist $\frac{2\pi\zeta}{2\pi R}=\frac{\zeta}{R}$; daher ist auch der Verzerrungstensor der ersten Potenz von ζ proportional. Dieser Effekt verschwindet mit $R \to \infty$, d. h., wenn die Krümmung verschwindet, und ist somit eine spezifische Eigenschaft von Schalen.

Es sei R der Krümmungsradius der Schale; gewöhnlich ist er von der Größenordnung der Schalendimensionen. Der Verzerrungstensor der Dehnung, die bei einer Biegung auftritt, ist von der Größenordnung $\frac{\zeta}{R}$, der entsprechende Spannungstensor hat die Größenordnung $E\frac{\zeta}{R}$, und die Größenordnung der Deformationsenergie (pro Flächeneinheit) ist $E\,h\left(\frac{\zeta}{R}\right)^2$. Die Energie der reinen Biegung dagegen ist nach wie vor von der Größenordnung $E\,h^3\frac{\zeta^2}{R^4}$. Das Verhältnis der ersten zur zweiten Energie ist von der Größenordnung $\left(\frac{R}{h}\right)^2$, d. h., es ist sehr groß. Das gilt unabhängig von der Beziehung zwischen ζ und h, während die Dehnung bei der Biegung ebener Platten nur für $\zeta \sim h$ merklich wird.

In einigen Fällen kann ein besonderer Biegungstyp vorliegen, wenn sich die Schale überhaupt nicht ausdehnt. So kann man z. B. eine Zylinderschale (mit offenen Enden) ohne Dehnung deformieren, wenn alle Grundlinien des Zylinders bei der Biegung zueinander parallel bleiben (d. h., die Schale wird entlang einer Grundlinie eingedrückt). Solche Deformationen ohne Dehnung sind geometrisch dann möglich, wenn die Enden der Schale frei (offen) sind oder — bei geschlossener Schale — wenn die Krümmung an verschiedenen Orten ein anderes Vorzeichen besitzt. So kann z. B. eine geschlossene Kugelschale ohne Dehnung nicht gebogen werden; wenn man aber in sie eine Öffnung schneidet (wobei ihre Ränder nicht befestigt sind), werden solche Deformationen möglich. Da die Energie der reinen Biegung im Vergleich zur Dehnungsenergie klein ist, ist es klar, daß, wenn eine gegebene Schale Deformationen ohne Dehnung zuläßt, solche Deformationen im allgemeinen bei der Einwirkung beliebiger äußerer Kräfte realisiert werden. Die Forderung, daß Dehnungen nicht auftreten sollen, schränkt die möglichen Verschiebungen u_α wesentlich ein. Das sind rein geometrische Bedingungen, und sie können in Form von Differentialgleichungen ausgedrückt werden; letztere müssen im vollständigen System der Gleichgewichtsbedingungen für eine solche Deformation enthalten sein. Wir werden dieses Problem hier nicht weiter berühren.

Wenn aber bei der Deformation der Schale Dehnungen auftreten, sind die Dehnungsspannungen im Vergleich zu den Biegungsspannungen im allgemeinen groß, und letztere kann man vernachlässigen (die auf einer solchen Vernachlässigung basierende Theorie heißt *Membranentheorie*).

Die Dehnungsenergie der Schale kann als Oberflächenintegral dargestellt werden:

$$F_{\mathrm{Pl}} = \frac{h}{2} \int u_{\alpha\beta}\, \sigma_{\alpha\beta}\, df\,. \tag{15,1}$$

Hier ist $u_{\alpha\beta}$ ein zweidimensionaler Verzerrungstensor ($\alpha, \beta = 1, 2$) in dem entsprechenden krummlinigen Koordinatensystem, und der Spannungstensor $\sigma_{\alpha\beta}$ hängt mit $u_{\alpha\beta}$ durch die Beziehungen (13,2) zusammen, welche man in zweidimensionaler Tensorschreibweise ausdrücken kann:

$$\sigma_{\alpha\beta} = \frac{E}{1 - \sigma^2} [(1 - \sigma)\, u_{\alpha\beta} + \sigma\, \delta_{\alpha\beta}\, u_{\gamma\gamma}]\,. \tag{15,2}$$

Einer gesonderten Betrachtung bedarf der Fall, wenn auf die Schale räumlich scharf konzentrierte Kräfte wirken, die quer zur Schale gerichtet sind. Solche Kräfte können z. B. von der Seite der Auflage in den Befestigungspunkten (oder Befestigungslinien) wirken. Die konzentrierten Kräfte erzeugen eine Verbiegung der Schale in einem kleinen Gebiet um ihre Angriffspunkte herum. Die Größe dieses Gebietes für eine in einem Punkt angreifende Kraft f sei von der Größe d (d. h., seine Fläche betrage $\sim d^2$). Da sich die Ausbiegung ζ im Bereich der Länge d stark ändert, ist die Energie der Ausbiegung (pro Einheitsfläche) von der Größenordnung $E\, h^3 \zeta^2/d^4$, und die vollständige Energie der Ausbiegung (auf einer Fläche $\sim d^2$) $\sim E\, h^3 \zeta^2/d^2$. Der Verzerrungstensor der Dehnung ist nach wie vor $\sim \zeta/R$ und die vollständige Energie der durch die konzentrierte Kraft entstandenen Dehnung wird $\sim E\, h\, (\zeta^2/R^2)\, d^2$. Da die Energie der Ausbiegung mit abnehmendem d wächst, aber die Energie der Dehnung mit abnehmendem d kleiner wird, so ist klar, daß bei der Definition der Deformation in der Umgebung der konzentrierten Kräfte diese beiden Energien berechnet werden müssen.

Die Größe des Gebietes der Ausbiegung d ist definiert durch die Forderung nach dem Minimum der Summe dieser Energien,

$$d \sim \sqrt{h\, R}\,. \tag{15,3}$$

Die Energie ist $\sim E\, h^2 \zeta^2/R$. Durch Gleichsetzen der Variation dieser Größe nach ζ mit der von f geleisteten Arbeit erhalten wir für die Größe der Ausbiegung $\zeta \sim f\, R/E\, h^2$.

Wenn die auf die Schale wirkenden Kräfte genügend groß sind, so können in der Schale Beulen auftreten, durch die ihre Form wesentlich verändert wird. Die Bestimmung der Deformation in Abhängigkeit von der Belastung erfordert in diesem Spezialfall eine besondere Untersuchung.[1])

Eine konvexe Schale, deren Ränder so befestigt sind, daß sie nicht verbogen werden können, befinde sich unter der Wirkung der starken konzentrierten Kraft f, deren Richtung mit der Normalen der inneren Schalenoberfläche zusammenfällt. Der Einfachheit halber nehmen wir an, daß die Schale ein Teil einer Kugel-

[1]) Die hier besprochenen Ergebnisse stammen von A. W. Pogorelow (1960). Eine genauere Untersuchung dieses Problems sowie anderer verwandter Fragen kann man in seinem Buch „Theorie der Schalen bei überkritischen Deformationen“ (1965) finden.

fläche mit dem Radius R ist. Das Gebiet der Verbeulung ist ein Kreissegment, das annähernd spiegelbildlich zu seiner ursprünglichen Form ist (in Abb. 9 ist ein Meridionalschnitt durch die Schale dargestellt). Die Aufgabe besteht in der Ermittlung der Größe der Beule in Abhängigkeit von der angelegten Kraft.

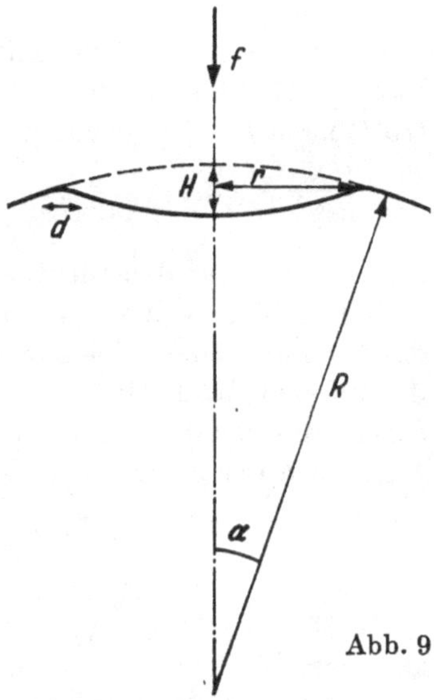

Abb. 9

Der Hauptteil der elastischen Energie ist in einem schmalen Streifen in der Nähe des verbeulten Gebietes konzentriert, wo die Verbiegung der Schale am größten ist (wir wollen diesen Streifen Verbiegungsstreifen nennen und bezeichnen seine Breite mit d). Im folgenden soll diese Energie abgeschätzt werden, wobei vorausgesetzt wird $r \ll R$. Unter dieser Bedingung ist der Winkel $\alpha \ll 1$ (siehe Abb. 9). Dann ist $r = R \sin\alpha \sim R\alpha$ und die Tiefe der Verbiegung $H = 2R(1-\cos\alpha) \sim R\alpha^2$. Mit ζ bezeichnen wir die Verschiebung der Punkte im Verbiegungsstreifen. In der gleichen Weise wie oben finden wir, daß die Energie der Verbiegung längs der Meridianlinie und der Dehnung längs der Parallelen[1]) bezogen auf 1 cm² der Oberfläche größenordnungsmäßig gleich sind:

$$E h^3 \frac{\zeta^2}{d^4} \quad \text{bzw.} \quad E h \frac{\zeta^2}{R^2}.$$

Die Größe der Verschiebung kann man im vorliegenden Falle näherungsweise geometrisch ermitteln: Die Richtung der Meridianlinie ändert sich in der Breite d um den Winkel α und darum ist $\zeta \sim \alpha\, d \sim r\, d/R$. Nach Multiplikation der Ausdrücke für die Energie mit der Fläche des Verbiegungsstreifens ($\sim r\,d$) erhalten wir $E\frac{h^3 r^3}{R^2 d}$ bzw. $E\frac{h\,d^3 r^3}{R^4}$. Aus der Minimumsbedingung erhalten wir wieder $d \sim \sqrt{hR}$ und die gesamte elastische Energie beträgt $\sim E\,r^3(h/R)^{5/2}$, oder anders ausgedrückt[2]):

$$\text{const} \cdot E\,h^{5/2}\frac{H^{3/2}}{R}. \tag{15,4}$$

Bei der Ableitung dieser Beziehung hatten wir vorausgesetzt $d \ll r$. Die Formel (15,4) gilt darum unter der Bedingung[3]) daß

$$\frac{Rh}{r^2} \ll 1. \tag{15,5}$$

[1]) Bei einer Verbiegung längs einer Meridianlinie wirkt sich die Krümmung der Schale in erster Näherung nicht aus, so daß sie, wie auch bei einer Membran, ohne Dehnung in dem Meridian vor sich geht.

[2]) Eine genauere Rechnung ergibt für den konstanten Koeffizienten den Wert const $= 1{,}2\,(1-\sigma^2)^{-3/4}$.

[3]) Bei der Ausbildung einer Beule werden die äußeren Schichten des Kugelsegments zu inneren und dementsprechend komprimiert, während die inneren Schichten zu äußeren und damit gedehnt werden. Die relative Dehnung (oder Kompression) beträgt $\sim h/R$, so daß die damit verbundene Energie im Bereich der Beule $\sim E\,(h/R)^2\,h\,r^2$ beträgt. Unter der Bedingung (15,5) ist sie aber klein gegenüber der Energie im Verbiegungsstreifen (15,4).

Die gesuchte Abhängigkeit der Tiefe H der Verbeulung von der angelegten Kraft f erhalten wir durch Gleichsetzung von f mit der Ableitung der Energie (15,4) nach H. Wir erhalten

$$H \sim \frac{f^2 R^2}{E^2 h^5}. \qquad (15,6)$$

Wir machen auf den nichtlinearen Charakter dieser Abhängigkeit aufmerksam.

Zum Schluß wollen wir noch die Deformation (Verbeulung) der Schale unter der Wirkung eines gleichförmigen äußeren Druckes p untersuchen. Die Arbeit der äußeren Kräfte ist in diesem Falle gleich $p\,\Delta V$ mit $\Delta V \sim H\,r^2 \sim H^2 R =$ Änderung des von der Schale eingeschlossenen Volumens bei der Verbeulung. Durch Nullsetzen der gesamten freien Energie (Differenz der elastischen Energie (15,4) und der Arbeit der äußeren Kräfte) und Ableitung nach H erhalten wir

$$H \sim \frac{h^5 E^2}{R^4 p^2}. \qquad (15,7)$$

Der inverse Charakter dieser Abhängigkeit (Zunahme von H mit abnehmendem p) deutet auf die Instabilität des ausgebeulten Zustandes hin. Der durch (15,7) gegebene Wert H entspricht einem instabilen Gleichgewicht bei vorgegebenem p: Ausbeulungen mit größerem H wachsen spontan an und kleinere Verbeulungen nehmen ab (man kann sich leicht davon überzeugen, daß (15,7) einem Maximum und nicht einem Minimum der gesamten freien Energie entspricht). Es existiert ein kritischer Wert der äußeren Belastung $p = p_{\text{kr}}$, oberhalb dessen schon kleine Änderungen der Schalenform spontan anwachsen. Man kann ihn abschätzen als den Wert von p, bei dem Formel (15,7) $H \sim h$ ergibt:

$$p_{\text{kr}} \sim E\frac{h^2}{R^2}. \qquad (15,8)$$

Wir beschränken uns in der Theorie der Schalen auf diese kurzen Ausführungen und einige Beispiele in Form von Aufgaben zu diesem Paragraphen.

Aufgaben

1. Man leite die Gleichgewichtsbedingungen für eine bezüglich ihrer zentralen Achse symmetrisch deformierte Kugelschale (Radius R) ab.

Lösung: Als zweidimensionale Koordinaten auf der Schalenfläche benutzen wir die Winkel θ und φ des Kugelkoordinatensystems mit dem Ursprung im Kugelzentrum und der Symmetrieachse der deformierten Schale als Polarachse.

Es sei P_r die äußere, auf eine Einheit der Oberfläche bezogene Radialkraft. Diese Kraft muß durch die radiale Resultierende der inneren Spannungen, welche auf ein Schalenelement in tangentialen Richtungen wirken, kompensiert werden. Diese Bedingung lautet

$$\frac{h}{R}(\sigma_{\varphi\varphi} + \sigma_{\theta\theta}) = P_r. \qquad (1)$$

Die Gleichung (1) ist vollkommen analog der bekannten LAPLACE-Gleichung für die Druckdifferenz zweier Medien im Zusammenhang mit dem Auftreten von Oberflächenspannungen an ihrer Trennfläche.

Es sei weiter $Q_z(\theta)$ die in Richtung der Polarachse (z-Achse) zeigende Resultierende der äußeren Kräfte, welche auf den Teil der Schale wirken, der über dem parallelen Kreis $\theta = \text{const}$ liegt. Diese Kraft muß durch die Projektion der Spannungen auf die z-Achse $2\pi R \sin\theta\, h\, \sigma_{\theta\theta}$, welche auf den Querschnitt $2\pi R h \sin\theta$ der Schale durch den erwähnten Kreis wirken, kompensiert werden. Hieraus folgt

$$2\pi R h \sin^2\theta\, \sigma_{\theta\theta} = Q_z(\theta) \,. \tag{2}$$

Die Gleichungen (1) und (2) bestimmen die Spannungsverteilung. Der Verzerrungstensor ergibt sich dann zu

$$u_{\theta\theta} = \frac{1}{E}(\sigma_{\theta\theta} - \sigma\,\sigma_{\varphi\varphi}) \,, \qquad u_{\varphi\varphi} = \frac{1}{E}(\sigma_{\varphi\varphi} - \sigma\,\sigma_{\theta\theta}) \,, \qquad u_{\theta\varphi} = 0 \,, \tag{3}$$

und den Verschiebungsvektor erhält man mit Hilfe der Gleichungen

$$u_{\theta\theta} = \frac{1}{R}\left(\frac{du_\theta}{d\theta} + u_r\right), \qquad u_{\theta\varphi} = \frac{1}{R}(u_\theta \operatorname{ctg}\theta + u_r) \,. \tag{4}$$

2. Man bestimme die Deformation einer konvex nach oben aufgestellten Halbkugelschale unter der Wirkung des Eigengewichts; der Rand der Schale sei auf einer horizontalen Stütze frei beweglich (Abb. 10).

Lösung: Wir haben

$$P_r = -\varrho g h \cos\theta \,,$$

$$Q_z = -2\pi R^2 (1 - \cos\theta)\, \varrho g h$$

(Q_z ist das Gesamtgewicht der Schale über dem Kreis $\theta = \text{const}$). Aus (1) und (2) folgt

$$\sigma_{\theta\theta} = -\frac{R\varrho g}{1 + \cos\theta} \,,$$

$$\sigma_{\varphi\varphi} = R\varrho g\left(\frac{1}{1+\cos\theta} - \cos\theta\right).$$

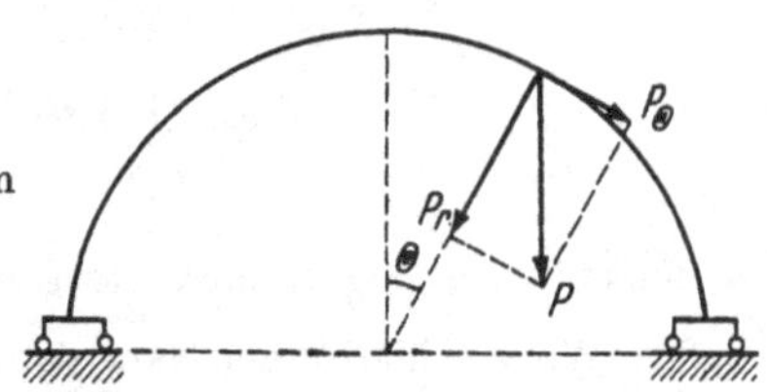

Abb. 10

Aus (3) erhalten wir $u_{\varphi\varphi}$ und $u_{\theta\theta}$, und danach berechnen wir mit Hilfe von (4) u_θ und u_r (die Integrationskonstante der Lösung der ersten Gleichung wird so bestimmt, daß bei $\theta = \pi/2$ die Gleichung $u_\theta = 0$ gilt). Wir erhalten

$$u_\theta = \frac{R^2 \varrho g (1+\sigma)}{E}\left[\frac{\cos\theta}{1+\cos\theta} + \ln(1+\cos\theta)\right]\sin\theta \,,$$

$$u_r = \frac{R^2 \varrho g (1+\sigma)}{E}\left[1 - \frac{2+\sigma}{1+\sigma}\cos\theta - \cos\theta \ln(1+\cos\theta)\right].$$

u_r liefert bei $\theta = \dfrac{\pi}{2}$ die horizontale Verschiebung der Stütze.

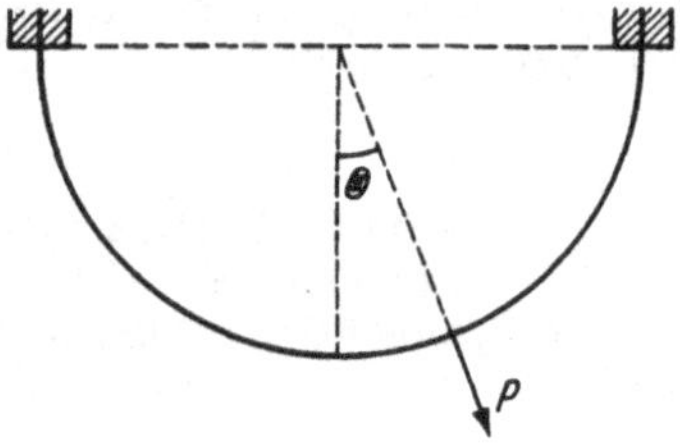

Abb. 11

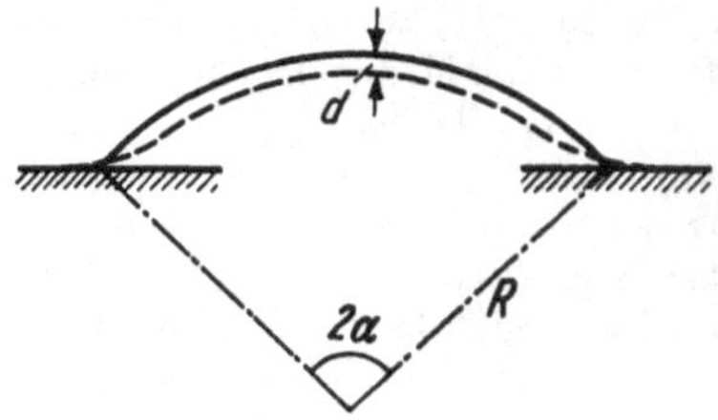

Abb. 12

3. Man bestimme die Deformation einer nach oben konkaven, an den Rändern befestigten Halbkugelschale, die mit Flüssigkeit gefüllt sei (Abb. 11); das Eigengewicht der Schale sei zu vernachlässigen.

Lösung: Es ist

$$P_r = \varrho_0\, g\, R \cos\theta\,, \qquad P_\theta = 0\,,$$

$$Q_z = 2\pi R^2 \int_0^\theta P_r \cos\theta \sin\theta\, d\theta = \frac{2\pi R^3 \varrho_0\, g}{3}(1 - \cos^3\theta)$$

(ϱ_0 ist die Dichte der Flüssigkeit). Aus (1) und (2) folgt

$$\sigma_{\theta\theta} = \frac{R^2 \varrho_0\, g}{3h}\, \frac{1 - \cos^3\theta}{\sin^2\theta}\,, \qquad \sigma_{\varphi\varphi} = \frac{R^2 \varrho_0\, g}{3h}\, \frac{(-1 + 3\cos\theta - 2\cos^3\theta)}{\sin^2\theta}\,.$$

Für die Verschiebungen erhalten wir

$$u_\theta = -\frac{R^3 \varrho_0\, g\,(1+\sigma)}{3Eh} \sin\theta \left[\frac{\cos\theta}{1+\cos\theta} + \ln(1+\cos\theta)\right],$$

$$u_r = \frac{R^3 \varrho_0\, g\,(1+\sigma)}{3Eh}\left[\cos\theta \ln(1+\cos\theta) - 1 + \frac{3\cos\theta}{1+\sigma}\right].$$

u_r bleibt bei $\theta = \frac{\pi}{2}$ endlich, statt zu verschwinden, wie es sein müßte. Das bedeutet, daß in Wirklichkeit in der Nähe der Befestigungslinie die Schale sich sehr stark verbiegt, und die erhaltene Lösung wird dort nicht anwendbar.

4. Eine Kugelschale sei mit ihrem Rand an einer unbeweglichen Stütze befestigt (Abb. 12). Man bestimme die Biegungsgröße unter der Wirkung des Eigengewichts Q.

Lösung: Die stärkste Deformation tritt in der Nähe des Randes auf, der zur Seite weggebogen wird (punktierte Linie in Abb. 12). Dabei ist die Verschiebung u_θ im Vergleich zur radialen Verschiebung $u_r \equiv \zeta$ klein. Da ζ mit wachsendem Abstand vom gestützten Rand rasch abnimmt, kann man die auftretende Deformation als die Deformation einer ebenen, langen (Länge $2\pi R \sin\alpha$) Platte betrachten. Sie setzt sich aus einer Biegung und einer Dehnung zusammen. Die relative Verlängerung der Platte ist in jedem Punkt gleich ζ/R (R ist der Schalenradius), und die Dehnungsenergie ist somit gleich $\frac{E\zeta^2}{2R^2}$. Wenn wir den Abstand x von der Stützlinie als unabhängige Variable einführen, erhalten wir für die gesamte Dehnungsenergie den Ausdruck

$$F_{1\,\mathrm{Pl}} = 2\pi R \sin\alpha\, \frac{hE}{2R^2} \int \zeta^2\, dx\,.$$

Die Biegungsenergie ist

$$F_{2\,\mathrm{Pl}} = 2\,\pi\,R \sin\alpha \frac{h^3 E}{24\,(1-\sigma^2)} \int \left(\frac{d^2\zeta}{dx^2}\right)^2 dx\,.$$

Nach Variation der Summe $F_{\mathrm{Pl}} = F_{1\,\mathrm{Pl}} + F_{2\,\mathrm{Pl}}$ in ζ erhalten wir folgende Gleichung:

$$\frac{d^4\zeta}{dx^4} + \frac{12\,(1-\sigma^2)}{h^2 R^2}\zeta = 0\,.$$

ζ muß für $x \to \infty$ verschwinden, und für $x = 0$ müssen als Randbedingungen das Kraftmoment verschwinden ($\zeta'' = 0$) sowie die bei der Biegung entstehende, zur Oberfläche der Schale normal gerichtete Kraft der entsprechenden Komponente der Schwerkraft gleich sein:

$$2\,\pi\,R \sin\alpha \frac{h^3 E}{12\,(1-\sigma^2)} \zeta''' = Q \cos\alpha\,.$$

Die zugehörige Lösung ist

$$\zeta = A\, e^{-\varkappa x} \cos \varkappa\, x$$

mit

$$\varkappa = \left[\frac{3\,(1-\sigma^2)}{h^2 R^2}\right]^{1/4}, \qquad A = \frac{Q \operatorname{ctg}\alpha}{E\,h}\left[\frac{3\,R^2\,(1-\sigma^2)}{8\,\pi\,h^2}\right]^{1/4}.$$

Die Größe der Biegung der Schale ist

$$d = \zeta(0) \cos\alpha = A \cos\alpha\,.$$

§ 16. Torsion von Stäben

Wir gehen jetzt zur Untersuchung der Deformation dünner Stäbe über. Dieser Fall unterscheidet sich von allen bisher betrachteten dadurch, daß der Verschiebungsvektor $\boldsymbol{u}$ sogar bei schwacher Deformation, d. h. bei kleinem Tensor u_{ik}, groß sein kann.[1]) So können sich die Enden eines langen, dünnen Stabes räumlich wesentlich verschieben, obgleich die relativen Verschiebungen der benachbarten Punkte dabei klein bleiben.

Es gibt zwei Arten der Deformation von Stäben, bei denen große Verschiebungen einzelner Stabteile auftreten können. Eine davon ist die Biegung, die andere ist die Torsion. Wir beginnen unsere Untersuchung mit der Torsion.

Eine *Torsion* besteht darin, daß in dem gerade bleibenden Stab jeder Querschnitt im Vergleich zu den benachbarten Querschnitten um einen bestimmten Winkel gedreht wird. Wenn der Stab lang ist, können genügend weit voneinander entfernte Querschnitte bei kleiner Torsion um einen großen Winkel zueinander gedreht werden. Ursprünglich zur Achse parallele Linien an der Seitenfläche des Stabes werden bei der Torsion schraubenförmig.

Wir betrachten einen geraden dünnen Stab von beliebigem Querschnitt. Die Stabachse nehmen wir als z-Achse, und der Koordinatenursprung sei irgendwo im Stabinnern. Wir führen als *Torsionswinkel* τ den auf eine Längeneinheit des Stabes bezogenen Drehwinkel ein. Zwei unendlich nah benachbarte Querschnitte

---

[1]) Eine Ausnahme bildet nur die einfache Dehnung eines Stabes ohne Formänderung. Bei einer schwachen Dehnung ist stets neben dem Tensor u_{ik} auch der Vektor $\boldsymbol{u}$ klein.

(Abstand dz) drehen sich relativ zueinander um den Winkel $d\varphi = \tau\, dz \left(\tau = \frac{d\varphi}{dz}\right)$. Die Deformation selbst, d. h. die relative Verschiebung benachbarter Stabteile, wird als klein angenommen. Die Bedingung dafür ist die Kleinheit der relativen Drehung von zwei Querschnitten, deren Abstand voneinander von der Größenordnung der Querdimension R des Stabes ist, d. h., es muß gelten

$$\tau R \ll 1 \,. \tag{16,1}$$

Wir betrachten ein kleines Gebiet der Stablänge in der Nähe des Koordinatenursprungs und bestimmen die Verschiebung $\boldsymbol{u}$ der Punkte in diesem Gebiet. Als unverschobenen Bezugsquerschnitt wählen wir den in der xy-Ebene gelegenen. Die Verschiebung des Endpunktes des Radiusvektors ist bei einer Drehung desselben um einen kleinen Winkel $\delta\boldsymbol{\varphi}$ durch den Ausdruck

$$\delta \boldsymbol{r} = [\delta\boldsymbol{\varphi}\, \boldsymbol{r}] \tag{16,2}$$

gegeben, wo der Vektor $\delta\boldsymbol{\varphi}$ in Richtung der Drehachse zeigt und den Betrag des Drehwinkels besitzt. In unserem Falle wird die Drehung um die z-Achse vollzogen, wobei Punkte mit der Koordinate z relativ zur xy-Ebene um den Winkel τz gedreht werden (in der Nähe des Koordinatenursprungs ist der Winkel τ annähernd konstant). (16,2) liefert jetzt für die Komponenten u_x, u_y des Verschiebungsvektors

$$u_x = -\tau z y \,, \qquad u_y = \tau z x \,. \tag{16,3}$$

Bei der Torsion werden die Stabpunkte im allgemeinen auch in z-Richtung verschoben. Da bei $\tau = 0$ diese Verschiebung verschwindet, kann man letztere bei kleinen τ als zu τ proportional annehmen. Somit ist

$$u_z = \tau\, \psi(x, y) \,, \tag{16,4}$$

wo $\psi(x, y)$ *Torsionsfunktion* genannt wird. Im Ergebnis einer durch (16,3) und (16,4) beschriebenen Deformation wird jeder Querschnitt des Stabes um die z-Achse gedreht und dabei gleichzeitig gekrümmt, so daß er aufhört, eben zu sein. Indem wir den Koordinatenursprung auf bestimmte Weise in die xy-Ebene legen, „befestigen" wir damit einen bestimmten Punkt des Stabquerschnitts so, daß er in dieser Ebene nicht verschoben wird (wohl aber in z-Richtung); eine andere Wahl des Koordinatenursprungs äußert sich natürlich nicht in der Torsion und führt lediglich zu einer unwesentlichen allgemeinen Verschiebung des gesamten Stabes.

Wenn man $\boldsymbol{u}$ kennt, kann man die Komponenten des Verzerrungstensors berechnen. Da $\boldsymbol{u}$ im betrachteten Gebiet klein ist, kann man den Ausdruck

$$u_{ik} = \frac{1}{2}\left(\frac{\partial u_i}{\partial x_k} + \frac{\partial u_k}{\partial x_i}\right)$$

benutzen. Wir erhalten

$$\left.\begin{aligned} &u_{xx} = u_{yy} = u_{xy} = u_{zz} = 0 \,, \\ &u_{xz} = \frac{\tau}{2}\left(\frac{\partial \psi}{\partial x} - y\right), \qquad u_{yz} = \frac{\tau}{2}\left(\frac{\partial \psi}{\partial y} + x\right). \end{aligned}\right\} \tag{16,5}$$

Außerdem haben wir $u_{ll} = 0$, d. h., bei der Torsion bleibt das Stabvolumen unverändert. Die Torsion ist somit eine reine Scherung.

Für die Komponenten des Spannungstensors folgt

$$\left.\begin{aligned} \sigma_{xx} = \sigma_{yy} = \sigma_{zz} = \sigma_{xy} = 0\,, \\ \sigma_{xz} = 2\,\mu\,u_{xz} = \mu\,\tau\left(\frac{\partial\psi}{\partial x} - y\right), \qquad \sigma_{yz} = 2\,\mu\,u_{yz} = \mu\,\tau\left(\frac{\partial\psi}{\partial y} + x\right) \end{aligned}\right\} \tag{16,6}$$

(es ist bequemer, hier den Steifheitsmodul μ anstelle von E und σ zu benutzen). Da nur σ_{xz} und σ_{yz} von Null verschieden sind, werden die allgemeinen Gleichgewichtsbedingungen $\frac{\partial\sigma_{ik}}{\partial x_k} = 0$ zu

$$\frac{\partial\sigma_{zx}}{\partial x} + \frac{\partial\sigma_{zy}}{\partial y} = 0\,. \tag{16,7}$$

Setzt man jetzt (16,6) ein, so erhält man die Gleichung, der die Torsionsfunktion genügen muß:

$$\Delta\psi = 0\,. \tag{16,8}$$

Es ist jedoch zweckmäßiger, eine andere Hilfsfunktion $\chi(x, y)$ einzuführen, welche durch die Gleichungen

$$\sigma_{xz} = 2\,\mu\,\tau\,\frac{\partial\chi}{\partial y}\,, \qquad \sigma_{yz} = -\,2\,\mu\,\tau\,\frac{\partial\chi}{\partial x} \tag{16,9}$$

definiert ist. Die Randbedingungen am Rand des Stabquerschnittes sind dann für diese Funktion einfacher (siehe unten). Vergleicht man (16,9) und (16,6), so erhält man

$$\frac{\partial\psi}{\partial x} = y + 2\,\frac{\partial\chi}{\partial y}\,; \qquad \frac{\partial\psi}{\partial y} = -\,x - 2\,\frac{\partial\chi}{\partial x}\,. \tag{16,10}$$

Die erste Gleichung wird nach y, die zweite nach x differenziert. Aus der Differenz der Ergebnisse folgt für χ folgende Gleichung:

$$\Delta\chi = -\,1\,. \tag{16,11}$$

Bezüglich der Randbedingungen an der Staboberfläche ist folgendes zu bemerken: Wegen der geringen Stärke des Stabes sind die äußeren Kräfte, welche auf seine Seitenfläche wirken, im Vergleich zu den im Inneren auftretenden Spannungen gering und können daher (bei der Aufstellung der Randbedingungen) vernachlässigt werden. Dieser Umstand ist genau der Situation, welche bei der Biegung dünner Platten auftritt, analog. An der Seitenfläche des Stabes muß somit gelten $\sigma_{ik}\,n_k = 0$; da die z-Achse mit der Stabachse zusammenfällt, hat die Normale $\boldsymbol{n}$ nur zwei Komponenten n_x, n_y, so daß obige Gleichung auf die Bedingung

$$\sigma_{zx}\,n_x + \sigma_{zy}\,n_y = 0$$

reduziert wird. Mit (16,9) folgt hieraus

$$\frac{\partial\chi}{\partial y}\,n_x - \frac{\partial\chi}{\partial x}\,n_y = 0\,.$$

Die Komponenten der Normalen zum Querschnittsrand sind $n_x = -\frac{dy}{dl}$, $n_y = \frac{dx}{dl}$, wo x, y die Koordinaten der Randpunkte sind und dl das Längenelement ist. Somit erhalten wir die Gleichung

$$\frac{\partial \chi}{\partial x} dx + \frac{\partial \chi}{\partial y} dy = d\chi = 0 ,$$

woraus $\chi = \text{const}$ folgt, d. h., auf dem Querschnittsrand ist die Funktion χ konstant. Da in die Definition (16,9) nur Ableitungen von χ eingehen, kann zu χ eine beliebige Konstante hinzugefügt werden. Wenn daher der Querschnittsrand einfach zusammenhängend ist, kann man, ohne Einschränkung der Allgemeinheit, zur Gleichung (16,11) die Randbedingung

$$\chi = 0 \tag{16,12}$$

benutzen.[1])

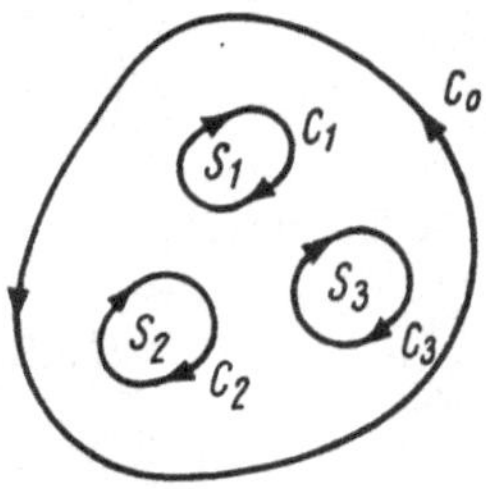

Abb. 13

Im Falle eines mehrfach zusammenhängenden Randes wird χ an jedem der geschlossenen Ränder einen anderen konstanten Wert besitzen, und letzterer kann nur an einem der Ränder verschwinden, z. B. am äußeren Rand (C_0 in Abb. 13). Die anderen Randwerte von χ ergeben sich aus der Bedingung, welche aus der Eindeutigkeit von $u_z = \tau\,\psi(x, y)$ als Koordinatenfunktion folgt. Wegen der Eindeutigkeit der Torsionsfunktion $\psi(x, y)$ nämlich verschwindet das Integral ihres Differentials $d\psi$ über einen geschlossenen Weg. Mit Hilfe von (16,11) erhalten wir daher

$$\oint d\psi = \oint \left(\frac{\partial \psi}{\partial x} dx + \frac{\partial \psi}{\partial y} dy\right) = -2 \oint \left(\frac{\partial \chi}{\partial x} dy - \frac{\partial \chi}{\partial y} dx\right) - 2 \oint (x\,dy - y\,dx) = 0$$

oder

$$\oint \frac{\partial \chi}{\partial n} dl = -S , \tag{16,13}$$

wo $\frac{\partial \chi}{\partial n}$ die Ableitung von χ nach der Richtung der äußeren Normalen zur Randkurve und S die von der Randkurve eingeschlossene Fläche ist. Die Anwendung dieser Beziehung auf jede der geschlossenen Linien $C_1, C_2, \ldots$ liefert die gesuchten Bedingungen.

Wir bestimmen jetzt die freie Energie des einer Torsion unterzogenen Stabes. Die Energie der Volumeneinheit ist

$$F = \frac{\sigma_{ik} u_{ik}}{2} = \sigma_{xz} u_{xz} + \sigma_{yz} u_{yz} = \frac{1}{2\mu} (\sigma_{xz}^2 + \sigma_{yz}^2)$$

[1]) Das Problem der Torsion nach Gleichung (16,11) mit der Randbedingung (16,12) stimmt formal mit dem Problem der Bestimmung der Form einer nach (14,9) gebogenen ebenen Membran überein, die gleichmäßig belastet ist.

Interessant ist auch die hydrodynamische Analogie: Aus einer Gleichung vom Typ (16,11) wird die Geschwindigkeitsverteilung einer zähen Flüssigkeit im Rohrquerschnitt berechnet; der Randbedingung (16,12) entspricht die Bedingung $v = 0$ an den unbeweglichen Rohrwandungen (vgl. Band VI, „Hydrodynamik", § 17).

und mit (16,9)

$$F = 2\,\mu\,\tau^2 \left[\left(\frac{\partial\chi}{\partial x}\right)^2 + \left(\frac{\partial\chi}{\partial y}\right)^2\right] \equiv 2\,\mu\,\tau^2\,(\mathrm{grad}\,\chi)^2;$$

grad bezeichnet den zweidimensionalen Gradienten. Die Torsionsenergie pro Längeneinheit des Stabes erhält man hieraus mittels Integration über den Querschnitt, d. h., sie ist gleich $\frac{C\tau^2}{2}$, wo der Koeffizient C gleich

$$C = 4\,\mu \int (\mathrm{grad}\,\chi)^2\, df$$

ist. Die Größe C heißt Torsionswiderstand des Stabes. Die gesamte elastische Stabenergie ist gleich

$$F_{\mathrm{St}} = \frac{1}{2}\int C\,\tau^2\,dz\,, \tag{16,14}$$

wo über die Stablänge integriert wird.

Wenn wir für $(\mathrm{grad}\,\chi)^2$ schreiben

$$(\mathrm{grad}\,\chi)^2 = \mathrm{div}\,(\chi\,\mathrm{grad}\,\chi) - \chi\,\Delta\chi = \mathrm{div}\,(\chi\,\mathrm{grad}\,\chi) + \chi$$

und das Integral des ersten Gliedes in ein Kurvenintegral über den Querschnittsrand umformen, erhalten wir für C:

$$C = 4\,\mu \oint \chi\,\frac{\partial\chi}{\partial n}\,dl + 4\,\mu\int \chi\,df\,. \tag{16,15}$$

Bei einfach zusammenhängenden Randkurven verschwindet das erste Glied wegen der Randbedingung $\chi = 0$, und es bleibt

$$C = 4\,\mu \int \chi\,dx\,dy\,. \tag{16,16}$$

Bei mehrfach zusammenhängenden Rändern (Abb. 13) setzen wir $\chi = 0$ am äußeren Rand C_0, und wenn wir mit χ_k die konstanten Werte von χ an den inneren Randlinien C_k bezeichnen, erhalten wir mit Hilfe von (16,13)

$$C = 4\,\mu \sum_k \chi_k\,S_k + 4\,\mu\int \chi\,dx\,dy \tag{16,17}$$

(man muß dabei im Auge behalten, daß die Randkurve C_k bei der Integration im ersten Glied von (16,15) in der umgekehrten Richtung durchlaufen wird wie die Randkurve C_0).

Wir betrachten den einfachsten Fall der Torsion, wo ein Stabende unbeweglich befestigt ist und die äußeren Kräfte nur an der Oberfläche des anderen Stabendes angreifen. Diese Kräfte bewirken lediglich eine Torsion und keine andere Deformationsart, wie z. B. eine Biegung. Mit anderen Worten, sie stellen ein Kräftepaar dar, welches den Stab um seine Achse zu drehen versucht. Das Drehmoment dieses Kräftepaars sei M.

In einem solchen Falle ist der Torsionswinkel τ entlang der Stablänge konstant. Das folgt z. B. aus der Minimumbedingung für die freie Gesamtenergie des Stabes im Gleichgewicht. Die Gesamtenergie des deformierten Stabes ist gleich der

Summe $F_{St} + U$, wo U die potentielle Energie der äußeren Kräfte ist. Wir setzen $\tau = \frac{d\varphi}{dz}$ in (16,14) ein, variieren nach dem Winkel φ und erhalten

$$\delta \frac{1}{2} \int C \left(\frac{d\varphi}{dz}\right)^2 dz + \delta U = \int C \frac{d\varphi}{dz} \frac{d\delta\varphi}{dz} dz + \delta U = 0$$

oder, nach einer partiellen Integration

$$-\int C \frac{d\tau}{dz} \delta\varphi \, dz + \delta U + C \tau \delta\varphi = 0 .$$

Im letzten Glied steht die Differenz der Werte an den Stabenden. Eines dieser Enden, z. B. das untere, ist so befestigt, daß an seiner Fläche gilt $\delta\varphi = 0$. Die Variation der potentiellen Energie δU mit entgegengesetztem Vorzeichen stellt die Arbeit der äußeren Kräfte bei der Drehung um den Winkel $\delta\varphi$ dar. Bekanntlich ist die Arbeit eines Kräftepaars bei einer solchen Drehung gleich dem Produkt aus dem Drehwinkel und dem Drehmoment des Kräftepaars $M \delta\varphi$. Da andere äußere Kräfte nicht auftreten, ist $\delta U = - M \delta\varphi$, und wir erhalten

$$\int C \frac{d\tau}{dz} \delta\varphi \, dz + \delta\varphi (- M + C \tau) = 0 . \qquad (16,18)$$

Im zweiten Glied wird der Wert an der oberen Integrationsgrenze eingesetzt. Im Integral nach dz ist die Variation $\delta\varphi$ beliebig; es muß daher die Gleichung

$$C \frac{d\tau}{dz} = 0$$

erfüllt sein, d. h.

$$\tau = \text{const} . \qquad (16,19)$$

Wir sehen, der Torsionswinkel ist entlang des gesamten Stabes konstant. Der volle Drehwinkel der oberen Grundfläche des Stabes bezüglich seiner unteren ist daher einfach gleich τl, d. h. das Produkt aus τ und der Stablänge l.

In der Gleichung (16,18) muß auch das zweite Glied verschwinden. Hieraus erhalten wir folgenden Ausdruck für den konstanten Torsionswinkel:

$$\tau = \frac{M}{C} . \qquad (16,20)$$

Aufgaben

1. Man bestimme den Torsionswiderstand eines Stabes mit kreisförmigem Querschnitt (Radius R).

Lösung: Die Lösungen der Aufgaben 1—4 stimmen formal mit den Lösungen des Problems der Bewegung einer zähen Flüssigkeit im Rohr mit entsprechendem Querschnitt überein (s. Fußnote auf S. 76); der durch den Querschnitt hindurchfließenden Flüssigkeitsmenge Q entspricht hier die Größe C.

Für einen Stab mit kreisförmigem Querschnitt haben wir (Koordinatenursprung im Querschnittszentrum)

$$\chi = \frac{1}{4} (R^2 - x^2 - y^2) .$$

Der Torsionswiderstand ist

$$C = \frac{\mu \pi R^4}{2}.$$

Für die Funktion ψ folgt aus (16,10): $\psi = \text{const}$. Eine konstante Funktion ψ aber entspricht nach (16,4) einer einfachen Verschiebung des gesamten Stabes parallel zur z-Achse; man kann daher $\psi = 0$ setzen. Somit bleiben die Querschnitte eines runden Stabes bei einer Torsion eben.

2. Das gleiche wie in Aufgabe 1 für einen Stab mit elliptischem Querschnitt (Halbachsen a und b).

Lösung: Der Torsionswiderstand ist

$$C = \pi \mu \frac{a^3 b^3}{a^2 + b^2}.$$

Die Verteilung der longitudinalen Verschiebungen ist durch die Torsionsfunktion gegeben:

$$\psi = \frac{b^2 - a^2}{b^2 + a^2} x y$$

(die Koordinatenachsen sind in die Ellipsenachsen hineingelegt).

3. Das gleiche wie in Aufgabe 1 für einen Stab mit einem Querschnitt von der Form eines gleichseitigen Dreiecks (Seitenlänge a).

Lösung: Der Torsionswiderstand ist

$$C = \frac{\sqrt{3}}{80} \mu a^4.$$

Die Torsionsfunktion hat die Form

$$\psi = \frac{1}{6a} y (x\sqrt{3} + y)(x\sqrt{3} - y),$$

wobei der Koordinatenursprung sich im Zentrum des Dreiecks befindet und die x-Achse mit einer der Höhen des Dreiecks zusammenfällt.

4. Das gleiche wie in Aufgabe 1 für einen Stab von der Form einer langen dünnen Platte (Breite d, Stärke $h \ll d$).

Lösung: Das Problem ist äquivalent der Strömung einer zähen Flüssigkeit zwischen zwei ebenen, zueinander parallelen Wänden. Ergebnis:

$$C = \frac{\mu d h^3}{3}.$$

5. Das gleiche wie in Aufgabe 1 für ein Zylinderrohr (Außen- und Innenradius R_2 bzw. R_1).

Lösung: Die Funktion

$$\chi = \frac{1}{4}(R_2^2 - r^2)$$

(in Polarkoordinaten) genügt der Bedingung (16,13) an beiden Rändern des ringförmigen Querschnittes des Rohrs. Aus (16,17) folgt

$$C = \frac{1}{2} \mu \pi (R_2^4 - R_1^4).$$

6. Das gleiche wie in Aufgabe 1 für ein dünnwandiges Rohr mit beliebigem Querschnitt.

Lösung: Da die Rohrwand dünn ist, kann man annehmen, daß die Funktion χ vom Wert Null auf der einen Wandseite zum Wert χ_1 auf der anderen Wandseite innerhalb der Breite h linear übergeht: $\chi = \chi_1 \frac{y}{h}$ (y ist eine Koordinate senkrecht zur Wand des Rohres). Die Bedingung (16,13) liefert $\frac{\chi_1 L}{h} = S$, wo L die Länge des Rohrumfangs und S die von ihm eingeschlossene Fläche ist. Im Ausdruck (16,17) ist das zweite Glied relativ zum ersten klein, und wir erhalten

$$C = \frac{4\, h\, S^2\, \mu}{L}.$$

Wenn man das Rohr entlang einer Seitenlinie durchschneidet, fällt der Torsionswiderstand stark ab und wird, nach dem Ergebnis der Aufgabe 4, zu $C = \frac{\mu\, L\, h^3}{3}$.

§ 17. Biegung von Stäben

Bei einer Biegung wird der Stab an einigen Stellen gedehnt, an anderen komprimiert. Linien an der konvexen Stabseite sind ausgedehnt, an der konkaven Seite dagegen tritt Kompression auf. Wie bei Platten, existiert im Inneren des Stabes eine „neutrale“ Fläche, in der weder Dehnungen noch Kompressionen auftreten. Sie trennt das Gebiet der Dehnungen von dem der Kompressionen.

Wir beginnen mit der Untersuchung der Biegung in einem kleinen Gebiet der Stablänge, wo die Biegung als schwach angenommen werden kann; unter einer schwachen Biegung verstehen wir hier eine solche, bei der nicht nur der Verzerrungstensor klein ist sondern auch die absolute Verschiebung der Stabpunkte. Wir legen den Koordinatenursprung in die „neutrale“ Fläche innerhalb des betrachteten Stabgebietes. Die z-Achse legen wir in die Achse des ungebogenen Stabes; die Biegung gehe in der xz-Ebene vor sich.[1]) Genauso wie im Falle der Biegung von Platten und der Torsion von Stäben sind die äußeren Kräfte, die während der Biegung auf die Seitenfläche des Stabes wirken, im Vergleich zu den inneren Spannungen klein, und man kann sie bei der Aufstellung der Randbedingungen an dieser Fläche vernachlässigen. Somit gilt auf der gesamten Seitenfläche $\sigma_{ik}\, n_k = 0$ oder, da $n_z = 0$ ist,

$$\sigma_{xx}\, n_x + \sigma_{xy}\, n_y = 0$$

und analog für $i = y, z$. Wir nehmen einen Punkt auf der Randkurve des Stabquerschnittes, in dem die Normale $\boldsymbol{n}$ parallel zur x-Achse gerichtet ist. Genau der gleiche Punkt liegt irgendwo auf der entgegengesetzten Seite der Randkurve. In diesen beiden Punkten ist $n_y = 0$, und so folgt aus obiger Gleichung $\sigma_{xx} = 0$. Da der Stab als dünn angenommen wurde und σ_{xx} auf beiden Seiten seines Quer-

[1]) Bei schwacher Biegung eines Stabes kann man annehmen, daß die Biegung in einer Ebene vor sich geht. Das hängt mit der aus der Differentialgeometrie bekannten Tatsache zusammen, daß die Abweichung einer schwach gebogenen Kurve von der Ebene (die sogenannte Torsion) im Vergleich zu ihrer Krümmung klein von höherer Ordnung ist.

schnittes verschwindet, ist es im Gesamtgebiet des Querschnittes klein, und man kann im ganzen Stab $\sigma_{xx} = 0$ setzen. Aus dem gleichen Grunde kann man sämtliche Komponenten des Spannungstensors, außer σ_{zz}, vernachlässigen. Mit anderen Worten ausgedrückt: Bei der Biegung eines dünnen Stabes ist nur die dehnende (oder komprimierende) Komponente der Spannungstensors wesentlich. Eine Deformation, bei der nur die Komponente σ_{zz} des Spannungstensors von Null verschieden ist, stellt eine einfache Dehnung (oder Kompression) dar (§ 5). Somit geht in jedem Volumenelement eines einer Biegung unterworfenen Stabes eine einfache Dehnung (oder Kompression) vor sich. Die Größe dieser Dehnung ist natürlich in verschiedenen Punkten eines jeden Querschnittes des Stabes verschieden, was letztlich zur Biegung des ganzen Stabes führt.

Die relative Dehnung in jedem Punkt des Stabes läßt sich einfach bestimmen. Wir betrachten ein beliebiges zur Stabachse paralleles Längenelement dz in der Nähe des Koordinatenursprungs. Während der Biegung des Stabes ändert sich dieses Längenelement und wird zu dz'. Unverändert bleiben lediglich die in der „neutralen“ Fläche gelegenen Längenelemente. Der Krümmungsradius der „neutralen“ Fläche in der Nähe des Koordinatenursprungs sei R. Die Längenelemente dz und dz' kann man als Bogenelemente von Kreisen mit den Radien R bzw. $R + x$ auffassen, wo x die Koordinate des Längenelements ist. Daher gilt folgende Gleichung:

$$dz' = \frac{R + x}{R}\, dz = \left(1 + \frac{x}{R}\right) dz\,.$$

Die relative Stabverlängerung ist somit

$$\frac{dz' - dz}{dz} = \frac{x}{R}\,.$$

Andererseits ist die relative Verlängerung des Längenelements dz gleich der Komponente u_{zz} des Verzerrungstensors. Es ist daher

$$u_{zz} = \frac{x}{R}\,. \tag{17,1}$$

Jetzt kann σ_{zz} hingeschrieben werden, indem die bei einer einfachen Dehnung auftretende Beziehung $\sigma_{zz} = E\, u_{zz}$ benutzt wird:

$$\sigma_{zz} = \frac{x}{R}\, E\,. \tag{17,2}$$

Bisher blieb die Lage der „neutralen“ Fläche im gebogenen Stab unbestimmt. Man kann sie aus der Bedingung bestimmen, daß die betrachtete Deformation eine reine Biegung sein soll, ohne daß irgendeine allgemeine Dehnung oder Kompression auftritt. Dazu muß die Gesamtkraft der inneren Spannungen, die auf einen Querschnitt des Stabes wirkt, verschwinden, d. h., es muß das Integral

$$\int \sigma_{zz}\, df$$

über diese Fläche verschwinden. Zusammen mit (17,2) führt das auf die Bedingung

$$\int x\,df = 0\,. \tag{17,3}$$

Auf der anderen Seite kann man den Schwerpunkt des Stabquerschnittes als Schwerpunkt einer homogenen flachen Scheibe von der entsprechenden Form einführen. Die Koordinaten dieses Punktes sind durch die Integrale

$$\frac{\int x\,df}{\int df}\,, \qquad \frac{\int y\,df}{\int df}$$

gegeben. Die Bedingung (17,3) besagt also: Im Koordinatensystem, dessen Ursprung in der „neutralen“ Fläche liegt, ist die Koordinate x des Schwerpunktes des Stabquerschnitts gleich Null. Oder anders ausgedrückt: Die „neutrale“ Fläche geht durch die Schwerpunkte der Stabquerschnitte.

Neben u_{zz} sind noch zwei andere Komponenten des Verzerrungstensors von Null verschieden, da bei einer einfachen Dehnung die Gleichungen $u_{xx} = u_{yy} = -\sigma u_{zz}$ gelten. Wenn der Verzerrungstensor bekannt ist, kann man leicht die Verschiebungen der Stabpunkte bestimmen. Es ist

$$u_{zz} = \frac{\partial u_z}{\partial z} = \frac{x}{R}\,, \qquad \frac{\partial u_x}{\partial x} = \frac{\partial u_y}{\partial y} = -\frac{\sigma x}{R}\,,$$

$$\frac{\partial u_x}{\partial z} + \frac{\partial u_z}{\partial x} = 0\,, \qquad \frac{\partial u_x}{\partial y} + \frac{\partial u_y}{\partial x} = 0\,, \qquad \frac{\partial u_y}{\partial z} + \frac{\partial u_z}{\partial y} = 0\,.$$

Die Integration dieser Beziehungen führt auf folgende Ausdrücke für die Komponenten der Verschiebung:

$$u_x = -\frac{1}{2R}[z^2 + \sigma(x^2 - y^2)]\,, \qquad u_y = -\sigma\frac{xy}{R}\,, \qquad u_z = \frac{xz}{R}\,. \tag{17,4}$$

Die Integrationskonstanten sind gleich Null gesetzt; das entspricht einer Festlegung des Koordinatenursprungs.

Aus (17,4) ist zu ersehen, daß die im Querschnitt $z = \text{const} \equiv z_0$ liegenden Punkte nach der Biegung die Fläche

$$z = z_0 + u_z = z_0\left(1 + \frac{x}{R}\right)$$

ausfüllen. In der betrachteten Näherung also bleiben die Stabquerschnitte während der Biegung eben und werden lediglich um einen bestimmten Winkel bezüglich ihrer Anfangslage gedreht. Dagegen ändert sich die Form der Querschnitte; so nehmen bei der Biegung eines Stabes mit rechteckigem Querschnitt (mit den Seitenlängen a und b) die Seitenteile des Querschnittumfangs $y = \pm b/2$ nach der Biegung die Lagen

$$y = \pm\frac{b}{2} + u_y = \pm\frac{b}{2}\left(1 - \frac{\sigma x}{R}\right)$$

ein, d. h., sie werden geneigt, wobei sie gerade bleiben. Die oberen und unteren Querschnittseiten $x = \pm a/2$ werden zu parabolischen Linien gebogen (Abb. 14):

$$x = \pm \frac{a}{2} + u_x = \pm \frac{a}{2} - \frac{1}{2R}\left[z_0^2 + \sigma\left(\frac{a^2}{4} - y^2\right)\right].$$

Die freie Energie der Volumeneinheit des Stabes ist

$$\frac{\sigma_{ik} u_{ik}}{2} = \frac{\sigma_{zz} u_{zz}}{2} = \frac{E x^2}{2 R^2}.$$

Über den gesamten Stabquerschnitt integriert, liefert, das

$$\frac{E}{2 R^2}\int x^2 \, df. \tag{17,5}$$

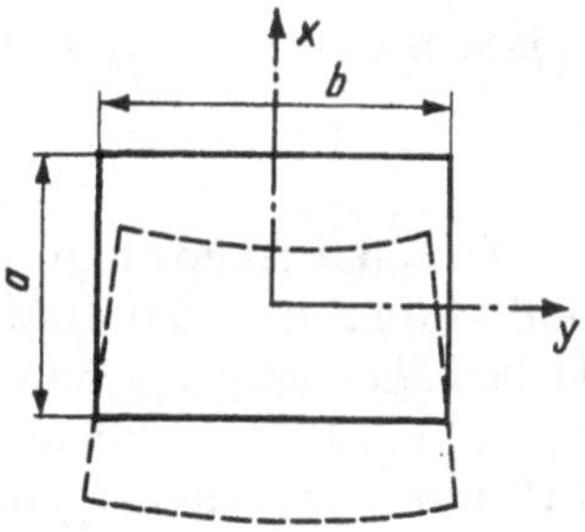

Abb. 14

Das ist die freie Energie der Längeneinheit des gebogenen Stabes.

Der Krümmungsradius R ist als Krümmungsradius der „neutralen" Fläche definiert. Wegen der Dünne des Stabes kann er jedoch mit der gleichen Genauigkeit als Krümmungsradius des als Linie ohne Querdimension aufgefaßten gebogenen Stabes betrachtet werden (diese Linie wird oft als *elastische Linie* bezeichnet).

Es ist zweckmäßig, in (17,5) den Begriff des Trägheitsmoments der Querschnittsfläche einzuführen. Wir definieren das Trägheitsmoment des Querschnittes bezüglich der y-Achse, die durch seine Fläche hindurchgeht, durch das Integral

$$I_y = \int x^2 \, df, \tag{17,6}$$

d. h. wie gewöhnlich, nur daß anstelle des Massenelements hier das Flächenelement df auftritt. Die freie Energie der Längeneinheit des Stabes kann dann in folgender Form geschrieben werden:

$$\frac{E}{2 R^2} I_y. \tag{17,7}$$

Es ist noch das Drehmoment der inneren Spannungskräfte, die im gegebenen Querschnitt wirken, zu definieren (dieses Drehmoment heißt *Biegemoment*). Auf das Flächenelement df des Querschnitts wirkt die in Richtung der z-Achse zeigende Kraft $\sigma_{zz}\, df = \frac{x}{R} E \, df$. Ihr Drehmoment bezüglich der y-Achse ist $x \sigma_{zz}\, df$. Das Gesamtdrehmoment bezüglich dieser Achse ist daher

$$M_y = \frac{E}{R}\int x^2 \, df = \frac{E I_y}{R}. \tag{17,8}$$

Somit ist die Krümmung $1/R$ der elastischen Linie dem am gegebenen Querschnitt angreifenden Biegemoment proportional.

Die Größe I_y hängt von der Richtung der y-Achse in der Querschnittsebene ab. Es ist günstig, wie in der Mechanik, I_y durch zwei Hauptträgheitsmomente auszudrücken. Wenn ϑ der Winkel zwischen der y-Achse und einer der Hauptträgheitsachsen des Querschnittes ist, so gilt

$$I_y = I_1 \cos^2 \vartheta + I_2 \sin^2 \vartheta\,, \tag{17,9}$$

wo I_1, I_2 die Hauptträgheitsmomente sind. Die Ebenen, die durch die z-Achse und durch die Hauptträgheitsachsen des Stabquerschnittes hindurchgehen, heißen *Hauptbiegungsebenen.*

Wenn z. B. der Stabquerschnitt rechteckig ist (mit den Seiten a, b), befindet sich sein Schwerpunkt im Zentrum des Rechtecks, und seine Hauptträgheitsachsen sind zu seinen Seiten parallel. Die Hauptträgheitsmomente sind

$$I_1 = \frac{a^3 b}{12}, \qquad I_2 = \frac{a b^3}{12}. \tag{17,10}$$

Beim runden Querschnitt (Radius R) befindet sich der Schwerpunkt im Kreiszentrum, und die Richtung der Hauptträgheitsachsen ist beliebig. Das Trägheitsmoment bezüglich einer beliebigen Achse, die in der Querschnittsfläche durch das Querschnittszentrum hindurchgeht, ist gleich

$$I = \frac{\pi R^4}{4}. \tag{17,11}$$

§ 18. Die Energie eines deformierten Stabes

Im vorhergehenden Abschnitt betrachteten wir nur ein kleines Gebiet längs des gebogenen Stabes. Da wir jetzt zur Untersuchung der Deformation im gesamten Stabgebiet übergehen, ist es notwendig, mit der Wahl einer passenden Beschreibungsform einer solchen Deformation zu beginnen. Es ist wesentlich, daß bei einer starken[1]) Biegung eines Stabes im allgemeinen gleichzeitig eine Torsion auftritt, so daß das Ergebnis der Deformation die Kombination einer reinen Biegung und einer Torsion darstellt.

Es ist zweckmäßig, die Deformation in folgender Weise zu beschreiben. Der Stab wird in unendlich kleine Elemente zerlegt, wobei jedes Element durch zwei einander unendlich nahe gelegene Querschnitte aus dem Stab herausgeschnitten wird. Einem jeden dieser Elemente wird ein eigenes Koordinatensystem ξ, η, ζ zugeordnet, dessen Achsen so gerichtet sind, daß alle diese Systeme im nichtdeformierten Zustand parallel sind; sämtliche ζ-Achsen sind zur Stabachse parallel gerichtet. Bei einer Biegung erfährt das Koordinatensystem in jedem Element eine Drehung, welche im allgemeinen in jedem Element verschieden ist.

[1]) Unter starker Deformation verstehen wir hier eine solche, bei der der Vektor $\boldsymbol{u}$ nicht klein ist, wobei der Verzerrungstensor nach wie vor klein bleibt.

Jedes Paar unendlich nah gelegener Koordinatensysteme erscheint dabei relativ zueinander um einen unendlich kleinen Winkel gedreht.

Es sei $d\boldsymbol{\varphi}$ der Vektor des relativen Drehwinkels zweier Systeme, die sich im Abstand dl voneinander auf der Stabachse befinden. (Bekanntlich kann ein unendlich kleiner Drehwinkel als Vektor aufgefaßt werden, der parallel zur Drehachse gerichtet ist. Seine Komponenten sind die Drehwinkel bezüglich jeder der drei Koordinatenachsen.)

Zur Beschreibung der Deformation wird der Vektor

$$\boldsymbol{\Omega} = \frac{d\boldsymbol{\varphi}}{dl} \tag{18,1}$$

eingeführt, der die „Drehgeschwindigkeit" der Koordinatenachsen längs der Stabachse beschreibt. Wenn die Deformation eine reine Torsion darstellt, so werden benachbarte Koordinatensysteme nur um die Stabachse, d. h. um die ζ-Achse, gedreht. Folglich ist der Vektor $\boldsymbol{\Omega}$ in diesem Falle parallel zur Stabachse gerichtet und stellt einfach den Torsionswinkel τ dar, welcher in Paragraph 16 benutzt wurde. Dementsprechend kann man im allgemeinen Falle einer beliebigen Deformation die Komponente Ω_ζ des Vektors $\boldsymbol{\Omega}$ als *Torsionswinkel* bezeichnen. Dagegen besitzt der Vektor $\boldsymbol{\Omega}$ bei einer reinen Biegung des Stabes in einer Ebene keine Komponente Ω_ζ, d. h., er liegt in jedem Punkt ganz und gar in der $\xi\eta$-Ebene. Wenn man hierbei die Biegungsebene als $\xi\zeta$-Ebene wählt, geht die Drehung in jedem Punkt um die η-Achse vor sich, d. h., $\boldsymbol{\Omega}$ ist zur η-Achse parallel.

Wir führen jetzt einen Einheitsvektor $\boldsymbol{t}$ ein, der parallel zur Tangente an den Stab gerichtet ist. Letzterer wird hier einfach als „elastische Linie" betrachtet. Die Ableitung $\frac{d\boldsymbol{t}}{dl}$ heißt bekanntlich Krümmungsvektor der Linie; sein Betrag ist $1/R$, wo R der Krümmungsradius ist[1]), und seine Richtung heißt Richtung der Hauptnormalen der Linie. Die Änderung eines Vektors bei einer infinitesimalen Drehung ist bekanntlich dem Vektorprodukt aus dem Vektor des Drehwinkels und dem Vektor selbst gleich. Man kann daher die Differenz zweier Vektoren $\boldsymbol{t}$ in zwei unendlich nah benachbarten Punkten der elastischen Linie in der Form

$$d\boldsymbol{t} = [d\boldsymbol{\varphi}\,\boldsymbol{t}]$$

schreiben oder, wenn man durch dl dividiert,

$$\frac{d\boldsymbol{t}}{dl} = [\boldsymbol{\Omega}\,\boldsymbol{t}]\,. \tag{18,2}$$

Wenn man diese Gleichung mit $\boldsymbol{t}$ vektoriell multipliziert, erhält man

$$\boldsymbol{\Omega} = \left[\boldsymbol{t}\frac{d\boldsymbol{t}}{dl}\right] + \boldsymbol{t}(\boldsymbol{t}\,\boldsymbol{\Omega})\,. \tag{18,3}$$

---

[1]) Jede Kurve im Raum wird in jedem Punkt durch ihre Krümmung und Torsion charakterisiert. Diese Torsion (wir benutzen sie nicht) darf nicht mit der Torsionsdeformation verwechselt werden, bei der ein Stab und seine Achse verdreht wird.

Die Richtung des Tangentenvektors stimmt in jedem Punkt mit der Richtung der ζ-Achse überein. Daher ist $(\boldsymbol{t}\,\boldsymbol{\Omega}) = \Omega_\zeta$. Wenn man den Einheitsvektor $\boldsymbol{n}$ der Hauptnormalen einführt $\left(\text{so daß } \frac{d\boldsymbol{t}}{dl} = \boldsymbol{n}\frac{1}{R}\right)$, kann man (18,3) in der Form

$$\boldsymbol{\Omega} = \frac{1}{R}[\boldsymbol{t}\,\boldsymbol{n}] + \boldsymbol{t}\,\Omega_\zeta \tag{18,4}$$

schreiben. Das erste Glied auf der rechten Seite stellt einen Vektor mit den beiden Komponenten Ω_ξ, Ω_η dar. Der Einheitsvektor $[\boldsymbol{t}\,\boldsymbol{n}]$ heißt bekanntlich Einheitsvektor der Binormalen. Die Komponenten Ω_ξ, Ω_η stellen daher einen Vektor dar, der parallel zur Binormalen des Stabes gerichtet ist und dessen Betrag gleich seiner Krümmung $1/R$ ist.

Nachdem wir den Vektor $\boldsymbol{\Omega}$ eingeführt und seine Eigenschaften diskutiert haben, können wir einen Ausdruck für die elastische freie Energie des gebogenen Stabes ableiten. Die elastische Energie (bezogen auf eine Längeneinheit des Stabes) ist eine quadratische Funktion der Deformation, d. h. im gegebenen Falle der Komponenten des Vektors $\boldsymbol{\Omega}$. Man kann sich leicht klar machen, daß die quadratische Form keine Glieder enthalten darf, die zu $\Omega_\xi\,\Omega_\zeta$ und $\Omega_\eta\,\Omega_\zeta$ proportional sind. Denn der Stab ist in seiner gesamten Länge homogen, so daß sich sämtliche Größen, u. a. die Energie bei einer Vorzeichenänderung der ζ-Koordinate, d. h. bei der Substitution $\zeta \to -\zeta$, nicht ändern. Obige Produkte aber ändern bei einer solchen Substitution ihr Vorzeichen.

Was das quadratische Glied Ω_ζ^2 anbetrifft, so muß man im Auge behalten, daß bei $\Omega_\xi = \Omega_\eta = 0$ eine reine Torsion vorliegt; der Ausdruck für die Energie muß dann mit dem in Paragraph 16 erhaltenen übereinstimmen. Somit hat das entsprechende Glied in der freien Energie die Form

$$\frac{C\,\Omega_\zeta^2}{2}.$$

Schließlich erhält man die in Ω_ξ und Ω_η quadratischen Glieder, indem man von dem Ausdruck (17,7) für die Energie eines schwach gebogenen Stababschnittes ausgeht. Wir nehmen an, der Stab werde nur schwach gebogen. Die $\xi\zeta$-Ebene legen wir so in die Biegungsebene, daß die Komponente Ω_ξ verschwindet; bei schwacher Biegung tritt auch keine Torsion auf. Der Ausdruck für die Energie muß in diesem Falle mit (17,7) übereinstimmen:

$$\frac{E}{2\,R^2}\,I_\eta\,.$$

Nun haben wir aber gesehen, daß $1/R^2$ das Quadrat des ebenen Vektors $(\Omega_\xi, \Omega_\eta)$ darstellt. Die Energie muß daher die Form

$$\frac{E}{2}\,I_\eta\,\Omega_\eta^2$$

haben. Bei beliebiger Wahl der Achsen ξ, η nimmt dieser Ausdruck die aus der Mechanik bekannte Form

$$\frac{E}{2}(I_{\eta\eta}\,\Omega_\eta^2 + 2\,I_{\eta\xi}\,\Omega_\eta\,\Omega_\xi + I_{\xi\xi}\,\Omega_\xi^2)$$

an, wo $I_{\eta\eta}$, $I_{\eta\xi}$, $I_{\xi\xi}$ Komponenten des Trägheitstensors des Stabquerschnittes sind. Es ist zweckmäßig, die Achsen ξ, η so zu wählen, daß sie mit den Hauptträgheitsachsen des Stabquerschnittes übereinstimmen. Dann haben wir einfach

$$\frac{E}{2}(I_1\,\Omega_\xi^2 + I_2\,\Omega_\eta^2)\,,$$

wo I_1, I_2 die Hauptträgheitsmomente des Stabquerschnittes sind. Da die Koeffizienten bei Ω_ξ^2 und Ω_η^2 konstant sind, muß der erhaltene Ausdruck auch bei starker Biegung gelten.

Nach der Integration über die gesamte Stablänge erhalten wir schließlich den endgültigen Ausdruck für die freie elastische Energie eines gebogenen Stabes:

$$F_{\text{St}} = \int \left\{ \frac{I_1 E}{2}\,\Omega_\xi^2 + \frac{I_2 E}{2}\,\Omega_\eta^2 + \frac{C}{2}\,\Omega_\zeta^2 \right\} dl\,. \tag{18,5}$$

Jetzt drücken wir das Drehmoment des Querschnittes über $\boldsymbol{\Omega}$ aus. Das läßt sich einfach machen, indem man wiederum die bei reiner Torsion und reiner schwacher Biegung erhaltenen Ergebnisse benutzt. Bei reiner Torsion ist das Drehmoment bezüglich der Stabachse gleich $C\,\tau$. Hieraus schließen wir, daß das Drehmoment M_ζ bezüglich der ζ-Achse im allgemeinen Falle gleich $M_\zeta = C\,\Omega_\zeta$ sein muß. Bei schwacher Biegung in der $\xi\zeta$-Ebene ist das Drehmoment bezüglich der η-Achse gleich $\frac{E\,I_2}{R}$. Bei einer solchen Biegung aber ist der Vektor $\boldsymbol{\Omega}$ parallel zur η-Achse gerichtet, so daß $1/R$ einfach seinen Betrag darstellt, und es gilt $\frac{E\,I_2}{R} = E\,I_2\,\Omega$. Hieraus schließen wir, daß im allgemeinen Falle gelten muß $M_\xi = E\,I_1\,\Omega_\xi$, $M_\eta = E\,I_2\,\Omega_\eta$ (die Achsen ξ, η sind in die Hauptträgheitsachsen des Querschnittes gelegt). Somit sind die Komponenten des Drehmoments M gleich

$$M_\xi = E\,I_1\,\Omega_\xi\,, \qquad M_\eta = E\,I_2\,\Omega_\eta\,, \qquad M_\zeta = C\,\Omega_\zeta\,. \tag{18,6}$$

Die elastische Energie (18,5), durch das Drehmoment ausgedrückt, hat die Form

$$F_{\text{St}} = \int \left\{ \frac{M_\xi^2}{2\,I_1 E} + \frac{M_\eta^2}{2\,I_2 E} + \frac{M_\zeta^2}{2\,C} \right\} dl\,. \tag{18,7}$$

Einen wichtigen Fall der Biegung von Stäben stellt eine schwache Biegung dar, wo auf der gesamten Stablänge die Abweichung von der Anfangslage im Vergleich zur Stablänge klein ist. In diesem Falle kann die Torsion vernachlässigt werden, und man kann $\Omega_\zeta = 0$ setzen. Aus (18,4) folgt dann einfach

$$\boldsymbol{\Omega} = \frac{1}{R}\,[\boldsymbol{t}\,\boldsymbol{n}] \equiv \left[\boldsymbol{t}\,\frac{d\boldsymbol{t}}{dl}\right]. \tag{18,8}$$

Wir führen jetzt ein im Raum unbewegliches Koordinatensystem x, y, z ein, wo die z-Achse mit der Achse des nicht deformierten Stabes übereinstimmt (anstelle der mit jedem Punkt des Stabes gekoppelten Systeme ξ, η, ζ). X und Y seien die Koordinaten x, y der Punkte auf der elastischen Linie; sie charakterisieren die Verschiebung der Linienpunkte im Vergleich zur Anfangslage.

Da die Biegung klein ist, ist der Tangentenvektor $\boldsymbol{t}$ zur z-Achse fast parallel, so daß man annähernd annehmen kann, daß er in z-Richtung zeigt. Der Einheitsvektor der Tangente ist

$$\boldsymbol{t} = \frac{d\boldsymbol{r}}{dl},$$

d. h. die Ableitung des Radiusvektors $\boldsymbol{r}$ der Linienpunkte nach der Linienlänge. Wir haben daher

$$\frac{d\boldsymbol{t}}{dl} = \frac{d^2\boldsymbol{r}}{dl^2} \approx \frac{d^2\boldsymbol{r}}{dz^2}$$

(die Ableitung nach der Linienlänge kann näherungsweise durch die Ableitung nach z ersetzt werden). So sind die x- und y-Komponenten dieses Vektors $\frac{d^2X}{dz^2}$ bzw. $\frac{d^2Y}{dz^2}$. Die Komponenten Ω_ξ, Ω_η sind jetzt mit der gleichen Genauigkeit gleich den Komponenten Ω_x, Ω_y, und wir erhalten aus (18,8)

$$\Omega_\xi = -\frac{d^2Y}{dz^2}, \qquad \Omega_\eta = \frac{d^2X}{dz^2}. \tag{18,9}$$

Diese Ausdrücke in (18,5) eingesetzt, liefern die elastische Energie eines schwach gebogenen Stabes in der Form

$$F_{\text{St}} = \frac{E}{2}\int\left\{I_1\left(\frac{d^2Y}{dz^2}\right)^2 + I_2\left(\frac{d^2X}{dz^2}\right)^2\right\}dz. \tag{18,10}$$

I_1 und I_2 sind die Trägheitsmomente bezüglich der Achsen x bzw. y, welche Hauptträgheitsachsen sind.

Z. B. ist für einen Stab mit rundem Querschnitt $I_1 = I_2 \equiv I$, und wir erhalten im Integranden einfach die Summe der Quadrate der zweiten Ableitungen, die in betrachteter Näherung mit dem Quadrat der Stabkrümmung übereinstimmt:

$$\left(\frac{d^2X}{dz^2}\right)^2 + \left(\frac{d^2Y}{dz^2}\right)^2 \approx \frac{1}{R^2}.$$

Man kann daher (18,10) auf natürliche Weise auf schwache Biegungen von Stäben (mit rundem Querschnitt), die im nichtdeformierten Zustand eine beliebig nichtlineare Form besitzen, verallgemeinern. Dazu muß man die Biegungsenergie in der Form

$$F_{\text{St}} = \frac{EI}{2}\int\left(\frac{1}{R} - \frac{1}{R_0}\right)^2 dz \tag{18,11}$$

schreiben, wo R_0 den Radius der natürlichen Krümmung des Stabes in jedem Punkt bezeichnet. Dieser Ausdruck besitzt ein Minimum im nichtdeformierten Zustand ($R = R_0$) und geht bei $R_0 \to \infty$ in (18,10) über.

§ 19. Gleichgewichtsbedingungen für Stäbe

Wir können jetzt die Gleichgewichtsbedingungen für gebogene Stäbe ableiten. Dazu betrachten wir wiederum irgendein unendlich kleines Stabelement, welches durch zwei unendlich benachbarte Querschnitte aus dem Stab herausgeschnitten wird, und berechnen die auf dieses Element wirkende Gesamtkraft. Die auf die Querschnittsfläche wirkende innere Spannungskraft bezeichnen wir mit $\boldsymbol{F}$.[1]) Die Komponenten dieses Vektors sind Integrale von $\sigma_{i\zeta}$ über die Querschnittsfläche:

$$F_i = \int \sigma_{i\zeta}\, df . \tag{19,1}$$

Wenn die beiden unendlich benachbarten Querschnitte als Grundflächen des betrachteten ausgeschnittenen Elements aufgefaßt werden, wirkt auf die obere Grundfläche die Kraft $\boldsymbol{F} + d\boldsymbol{F}$ und auf die untere die Kraft $-\boldsymbol{F}$; ihre Summe ist das Differential $d\boldsymbol{F}$. Weiter sei $\boldsymbol{K}$ die auf den Stab wirkende äußere Kraft, bezogen auf die Längeneinheit des Stabes. Auf das Längenelement dl wirkt dann die äußere Kraft $\boldsymbol{K}\,dl$. Die Resultierende aller auf dieses Element wirkenden Kräfte ist daher $d\boldsymbol{F} + \boldsymbol{K}\,dl$. Im Gleichgewicht muß diese Kraft verschwinden. Wir haben somit

$$\frac{d\boldsymbol{F}}{dl} = -\boldsymbol{K} . \tag{19,2}$$

Die zweite Gleichung folgt aus der Bedingung, daß das Gesamtdrehmoment, welches auf das gegebene Element wirkt, verschwinden muß. Es sei $\boldsymbol{M}$ das Drehmoment der inneren Spannungen, die auf die Querschnittsfläche wirken. Dieses Drehmoment bezieht sich auf einen Punkt (Koordinatenursprung), der in der Querschnittsebene liegt; seine Komponenten sind durch (18,6) gegeben. Wir berechnen das resultierende Drehmoment der auf das gegebene Element wirkenden Kräfte bezüglich eines Punktes (den wir mit O bezeichnen) in der oberen Grundfläche. Die inneren Spannungen liefern auf dieser Grundfläche das Drehmoment $\boldsymbol{M} + d\boldsymbol{M}$. Das Drehmoment (bezüglich des Punktes O) der inneren Spannungen in der unteren Grundfläche setzt sich aus dem Moment $-\boldsymbol{M}$ dieser Kräfte bezüglich des Koordinatenursprungs in der unteren Grundfläche (Punkt O') und dem Drehmoment (bezüglich O) der resultierenden Kraft $-\boldsymbol{F}$, die auf diese Grundfläche wirkt, zusammen. Dieses zweite Drehmoment ist gleich $[(-d\boldsymbol{l})(-\boldsymbol{F})]$, wo $d\boldsymbol{l}$ der Vektor des Längenelements von O' bis O ist. Das Drehmoment der äußeren Kräfte $\boldsymbol{K}$ ist dagegen eine kleine Größe von höherer Ordnung. Somit ist das Gesamtdrehmoment der auf das Stabelement wirkenden Kräfte $d\boldsymbol{M} + [d\boldsymbol{l}\,\boldsymbol{F}]$. Im Gleichgewicht muß es verschwinden:

$$d\boldsymbol{M} + [d\boldsymbol{l}\,\boldsymbol{F}] = 0 .$$

[1]) Die Bezeichnung dieser Kraft mit $\boldsymbol{F}$ kann zu keiner Verwechslung mit der freien Energie führen, da letztere in §§ 19 bis 21 nicht auftritt.

Diese Gleichung dividieren wir durch dl und berücksichtigen, daß $\frac{d\boldsymbol{l}}{dl} = \boldsymbol{t}$ der Einheitsvektor der Tangente an den Stab ist (welcher als Linie aufgefaßt wird). Dann erhalten wir

$$\frac{d\boldsymbol{M}}{dl} = [\boldsymbol{F}\,\boldsymbol{t}]\,. \tag{19,3}$$

Die Gleichungen (19,2) und (19,3) stellen das vollständige System der Gleichgewichtsbedingungen eines beliebig gebogenen Stabes dar.

Wenn die äußeren Kräfte nur auf einzelne isolierte Punkte wirken, vereinfachen sich die Gleichgewichtsbedingungen in den Abschnitten zwischen den Angriffspunkten der Kräfte. Aus (19,2) folgt für $\boldsymbol{K} = 0$

$$\boldsymbol{F} = \text{const}\,, \tag{19,4}$$

d. h., die inneren Spannungen sind entlang eines jeden dieser Abschnitte konstant. Die Beträge dieser Konstanten erhält man aus der Gleichung

$$\boldsymbol{F}_2 - \boldsymbol{F}_1 = -\Sigma\,\boldsymbol{K}\,, \tag{19,5}$$

wo $\boldsymbol{F}_2$, $\boldsymbol{F}_1$ die Kräfte sind, die in den Punkten 2 bzw. 1 wirken, und die Summe erstreckt sich über alle Kräfte, die auf den Abschnitt zwischen den Punkten 1 und 2 wirken. Es muß darauf hingewiesen werden, daß in der Differenz $\boldsymbol{F}_2 - \boldsymbol{F}_1$ der Punkt 2 vom Koordinatenursprung (Koordinaten der Länge l) weiter entfernt ist als der Punkt 1; das zu wissen ist wichtig bei der Bestimmung der Vorzeichen in (19,5). Wenn z. B. nur eine einzige Punktkraft $\boldsymbol{f}$ auf das freie Ende des Stabes wirkt, ist $\boldsymbol{F}$ entlang des gesamten Stabes konstant und gleich $\boldsymbol{f}$.

Die zweite Gleichung (19,3) vereinfacht sich ebenfalls. Mit $\boldsymbol{t} = \frac{d\boldsymbol{l}}{dl} = \frac{d\boldsymbol{r}}{dl}$ (wo $\boldsymbol{r}$ den Radiusvektor vom vorgegebenen Punkt zum beliebigen Punkt des Stabes darstellt) erhält man nach der Integration (wegen $\boldsymbol{F} = \text{const}$)

$$\boldsymbol{M} = [\boldsymbol{F}\,\boldsymbol{r}] + \text{const}\,. \tag{19,6}$$

Wenn dagegen nicht einmal Punktkräfte wirken, sondern nur Punkt-Drehmomente (d. h. Paare von Punktkräften), so ist $\boldsymbol{F}$ entlang der gesamten Stablänge konstant, und $\boldsymbol{M}$ besitzt in den Angriffspunkten der Kräftepaare Sprünge von der Größe ihrer Momente.

Wir untersuchen jetzt die Frage der Randbedingungen an den Stabenden. Hier können verschiedene Fälle auftreten. Das Stabende heißt *eingespannt* (Abb. 4a, S. 53), wenn es weder longitudinale noch Querverschiebungen zuläßt und auch nicht seine Richtung ändern kann (d. h. die Richtung der Tangente am Stabende). Als Randbedingungen werden in diesem Falle die Koordinaten des Stabendes und der Einheitsvektor der Tangente $\boldsymbol{t}$ zum Stabende vorgegeben. Die Reaktionskräfte und ihr Drehmoment, die von Seiten der Befestigung am Befestigungspunkt angreifen, ergeben sich dann, nachdem die Gleichungen gelöst sind.

Der entgegengesetzte Fall ist der, wo das Stabende frei ist. Die Koordinaten des Stabendes und seine Richtung sind dann beliebig. Als Randbedingungen müssen die Kraft $\boldsymbol{F}$ und das Drehmoment $\boldsymbol{M}$ am Stabende verschwinden.[1])

Wenn schließlich das Stabende in einem Scharnier gelagert ist, kann es keine Verschiebung erfahren, aber seine Richtung ist nicht vorgegeben. Das Drehmoment muß in diesem Fall verschwinden.

Wenn das Stabende in einem Punkt gestützt ist (Abb. 4b), so kann es auf dieser Stütze gleiten, jedoch kann es nicht quer verschoben werden. Die Richtung $\boldsymbol{t}$ und der Punkt, in welchem der Stab gestützt wird, können nicht vorgegeben werden. Das Drehmoment muß im Stützpunkt verschwinden, da der Stab frei drehbar ist, und die Kraft $\boldsymbol{F}$ muß in diesem Punkt zum Stab orthogonal gerichtet sein; eine Longitudinalkomponente der Kraft würde ein weiteres Gleiten des Stabendes im Stützpunkt zur Folge haben.

Analog lassen sich die Randbedingungen bei anderer Befestigungsart aufstellen womit wir uns jedoch nicht weiter aufhalten werden.

Bereits am Anfang dieses Paragraphen wurde darauf hingewiesen, daß die starke Biegung eines Stabes von beliebigem Querschnitt im allgemeinen gleichzeitig von einer Torsion begleitet wird, auch wenn keine äußeren Drehmomente wirken. Eine Ausnahme bildet die Biegung des Stabes in seinen Hauptebenen. Hierbei tritt keine Torsion auf. Bei Stäben mit rundem Querschnitt tritt bei keiner Biegung eine Torsion auf (natürlich nur, wenn keine äußeren Drehmomente wirken). Davon kann man sich auf folgende Weise überzeugen. Die Torsion wird durch die Komponente $\Omega_\zeta = (\boldsymbol{\Omega}\,\boldsymbol{t})$ des Vektors $\boldsymbol{\Omega}$ charakterisiert. Wir berechnen seine Ableitung in Richtung der Stabachse. Dazu schreiben wir $\left(\Omega_\zeta = \frac{M_\zeta}{C}\right)$

$$\frac{d}{dl}(\boldsymbol{M}\,\boldsymbol{t}) = C\frac{d\Omega_\zeta}{dl} = \frac{d\boldsymbol{M}}{dl}\boldsymbol{t} + \boldsymbol{M}\frac{d\boldsymbol{t}}{dl}.$$

Setzt man (19,3) ein, so verschwindet das erste Glied, und wir erhalten

$$C\frac{d\Omega_\zeta}{dl} = \boldsymbol{M}\frac{d\boldsymbol{t}}{dl}.$$

Für einen Stab mit rundem Querschnitt ist $I_1 = I_2 \equiv I$; man kann daher nach (18,3) und (18,6) $\boldsymbol{M}$ in der Form

$$\boldsymbol{M} = E\,I\left[\boldsymbol{t}\frac{d\boldsymbol{t}}{dl}\right] + \boldsymbol{t}\,C\,\Omega_\zeta \tag{19,7}$$

schreiben. Bei Multiplikation der Gleichung (19,7) mit $\frac{d\boldsymbol{t}}{dl}$ verschwinden beide Glieder, und wir erhalten

$$\frac{d\Omega_\zeta}{dl} = 0,$$

woraus folgt

$$\Omega_\zeta = \text{const}, \tag{19,8}$$

[1]) Wenn am freien Ende eine Punktkraft $\boldsymbol{f}$ angreift, so lautet die Randbedingung $\boldsymbol{F} = \boldsymbol{f}$ (und nicht $\boldsymbol{F} = 0$).

d. h., der Torsionswinkel ist entlang des Stabes konstant. Wenn an den Stabenden keine Drehmomente angreifen, muß Ω_ζ an den Enden verschwinden, so daß entlang des gesamten Stabes keine Torsion auftritt.

Im Falle eines Stabes mit rundem Querschnitt haben wir daher bei reiner Biegung

$$\boldsymbol{M} = E\,I\left[\boldsymbol{t}\,\frac{d\boldsymbol{t}}{dl}\right] = E\,I\left[\frac{d\boldsymbol{r}}{dl}\,\frac{d^2\boldsymbol{r}}{dl^2}\right]. \tag{19,9}$$

Setzt man diesen Ausdruck in (19,3) ein, so erhält man die Gleichung für gebogene Stäbe mit rundem Querschnitt in der Form

$$E\,I\left[\frac{d\boldsymbol{r}}{dl}\,\frac{d^3\boldsymbol{r}}{dl^3}\right] = \left[\boldsymbol{F}\,\frac{d\boldsymbol{r}}{dl}\right]. \tag{19,10}$$

Aufgaben

1. Man bestimme die Stabform bei rundem Querschnitt (elastischer Draht), wenn der Stab unter der Wirkung von Punktkräften in einer Ebene stark gebogen wird.

Lösung: Wir betrachten den Stababschnitt zwischen den Angriffspunkten der Kraft; dort ist $\boldsymbol{F}$ konstant. Die Biegungsebene sei die xy-Ebene, und die y-Achse sei zu $\boldsymbol{F}$ parallel gerichtet. θ sei der Winkel zwischen der Stabtangente und der y-Achse. Es ist dann $\frac{dx}{dl} = \sin\theta$, $\frac{dy}{dl} = \cos\theta$, wo x, y Koordinaten der Stabpunkte sind. Aus (19,10) erhalten wir die Gleichung für θ als Funktion der Bogenlänge l:

$$I\,E\,\frac{d^2\theta}{dl^2} - F\sin\theta = 0\,.$$

Die erste Integration liefert

$$\frac{I\,E}{2}\left(\frac{d\theta}{dl}\right)^2 + F\cos\theta = c_1\,,$$

und hieraus folgt

$$l = \pm\sqrt{\frac{I\,E}{2}}\int\frac{d\theta}{\sqrt{c_1 - F\cos\theta}} + c_2\,. \tag{1}$$

Die Funktion $\theta(l)$ kann hieraus durch elliptische Funktionen ausgedrückt werden. Für die Koordinaten $x = \int\sin\theta\,dl$, $y = \int\cos\theta\,dl$ erhalten wir

$$\left.\begin{aligned} x &= \pm\frac{1}{F}\sqrt{2\,I\,E}\sqrt{c_1 - F\cos\theta} + \text{const}\,,\\ y &= \pm\sqrt{\frac{I\,E}{2}}\int\frac{\cos\theta\,d\theta}{\sqrt{c_1 - F\cos\theta}} + \text{const}\,. \end{aligned}\right\} \tag{2}$$

Das Drehmoment $\boldsymbol{M}$ (19,9) zeigt in z-Richtung und ist gleich

$$M = I\,E\,\frac{d\theta}{dl}\,.$$

2. Man bestimme die Form eines stark gebogenen Stabes, dessen eines Ende eingespannt ist; auf das freie Ende wirkt eine Kraft $\boldsymbol{f}$, die senkrecht zur Achse des nichtdeformierten Stabes gerichtet sei (Abb. 15).

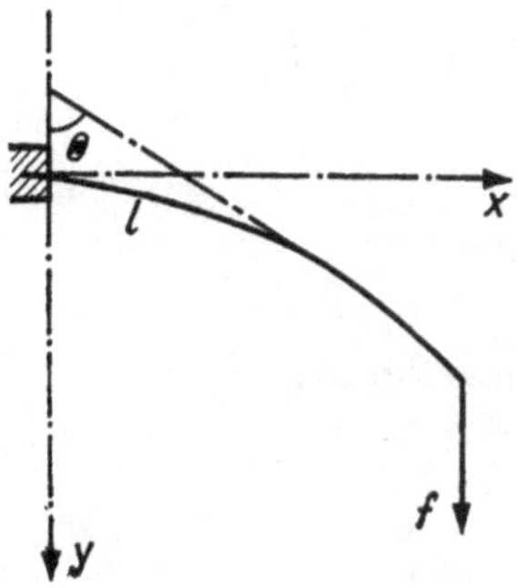

Abb. 15

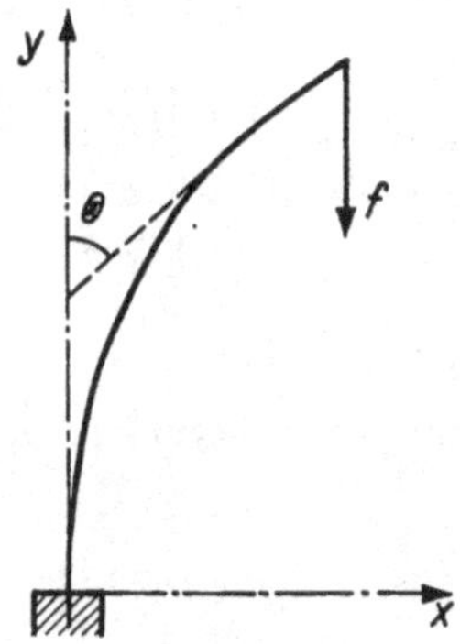

Abb. 16

Lösung. Entlang des gesamten Stabes ist $\boldsymbol{F} = \text{const} = \boldsymbol{f}$. Am eingespannten Ende ist ($l = 0$) $\theta = \pi/2$ und am freien Ende ist ($l = L$, wo L die Stablänge ist) $M = 0$, d. h. $\theta' = 0$. Mit der Bezeichnung $\theta_0 \equiv \theta(L)$ haben wir in (1) $c_1 = f \cos \theta_0$:

$$l = \sqrt{\frac{I E}{2 f}} \int\limits_{\theta}^{\pi/2} \frac{d\theta}{\sqrt{\cos \theta_0 - \cos \theta}}.$$

Hieraus erhalten wir eine Gleichung zur Bestimmung von θ_0:

$$L = \sqrt{\frac{I E}{2 f}} \int\limits_{\theta_0}^{\pi/2} \frac{d\theta}{\sqrt{\cos \theta_0 - \cos \theta}}.$$

Die Stabform ist durch die Ausdrücke

$$x = \sqrt{\frac{2 I E}{f}} \left(\sqrt{\cos \theta_0} - \sqrt{\cos \theta_0 - \cos \theta}\,\right), \qquad y = \sqrt{\frac{I E}{2 f}} \int\limits_{0}^{\pi/2} \frac{\cos \theta \, d\theta}{\sqrt{\cos \theta_0 - \cos \theta}}$$

gegeben.

3. Das gleiche wie in Aufgabe 2, wenn die Kraft $\boldsymbol{f}$ parallel zur Achse des nichtdeformierten Stabes gerichtet ist.

Lösung: Es ist $\boldsymbol{F} = -\boldsymbol{f}$ (die Koordinatenachsen sind so gewählt, wie in Abb. 16 angegeben). Randbedingungen: $\theta = 0$ bei $l = 0$; $\theta' = 0$ bei $l = L$. Wir haben

$$l = \sqrt{\frac{I E}{2 f}} \int\limits_{0}^{\theta} \frac{d\theta}{\sqrt{\cos \theta - \cos \theta_0}},$$

wo $\theta_0 = \theta(L)$ aus

$$L = \sqrt{\frac{I E}{2 f}} \int\limits_{0}^{\theta_0} \frac{d\theta}{\sqrt{\cos \theta - \cos \theta_0}}$$

bestimmt wird. Für x und y erhalten wir

$$x = \sqrt{\frac{2\,I\,E}{f}}\,(\sqrt{1-\cos\theta_0} - \sqrt{\cos\theta - \cos\theta_0})\,,$$

$$y = \sqrt{\frac{I\,E}{2\,f}} \int_0^\theta \frac{\cos\theta\,d\theta}{\sqrt{\cos\theta - \cos\theta_0}}\,.$$

Bei einer schwachen Biegung ist $\theta_0 \ll 1$, und man kann schreiben

$$L \approx \sqrt{\frac{I\,E}{f}} \int_0^{\theta_0} \frac{d\theta}{\sqrt{\theta_0^2 - \theta^2}} = \frac{\pi}{2}\sqrt{\frac{I\,E}{f}}\,,$$

d. h., θ_0 fällt heraus. Das zeigt, daß in Übereinstimmung mit dem Ergebnis der Aufgabe 3, § 21, die betrachtete Lösung nur bei $f \geqq \frac{\pi^2\,I\,E}{4\,L^2}$ existiert, d. h. nach dem Verlust der Stabilität der geradlinigen Form.

4. Das gleiche wie in 2, wenn beide Stabenden gestützt sind und in der Mitte eine Kraft f angreift; Abstand zwischen den beiden Stützpunkten: L_0.

Lösung: Die Wahl des Koordinatensystems ist in Abb. 17 angegeben. Die Kraft F ist innerhalb eines jeden der Abschnitte AB und BC konstant, wobei sie zu den Stablinien in den Punkten A bzw. C senkrecht ist. Die Differenz der Kräfte F auf AB und BC ist f, woraus folgt, daß auf AB gilt $F\sin\theta_0 = -f/2$, wo θ_0 der Winkel zwischen der y-Achse und der Linie AC ist. Im Punkt A ($l = 0$) haben wir die Bedingungen $\theta = \pi/2$ und $M = 0$, d. h. $\theta' = 0$, so daß auf AB gilt

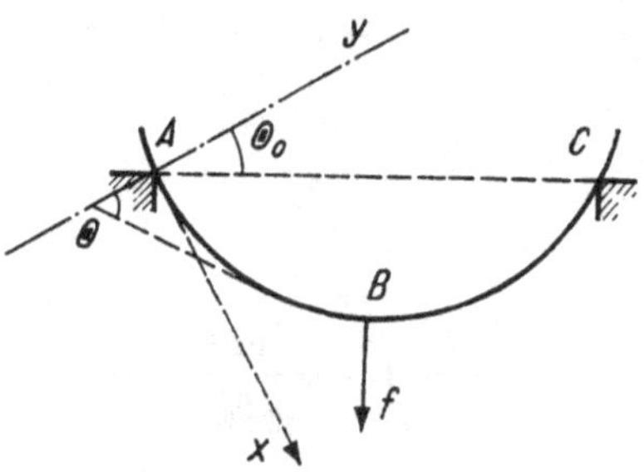

Abb. 17

$$l = \sqrt{\frac{I\,E}{f}}\sqrt{\sin\theta_0}\int_\theta^{\pi/2} \frac{d\theta}{\sqrt{\cos\theta}}\,,$$

$$x = 2\sqrt{\frac{I\,E\sin\theta_0}{f}}\sqrt{\cos\theta}\,,$$

$$y = \sqrt{\frac{I\,E\sin\theta_0}{f}}\int_0^{\pi/2}\sqrt{\cos\theta}\,d\theta$$

Den Winkel θ_0 erhält man aus der Bedingung, daß die Projektion des Abschnitts AB auf die Gerade AC gleich $L_0/2$ sein muß, woraus folgt

$$\frac{L_0}{2} = \sqrt{\frac{I\,E\sin\theta_0}{f}}\int_{\theta_0}^{\pi/2} \frac{\cos(\theta-\theta_0)}{\sqrt{\sin\theta}}\,d\theta\,.$$

Bei einem bestimmten Wert θ_0, der zwischen 0 und $\pi/2$ liegt, verschwindet die Ableitung $df/d\theta_0$ (f wird als Funktion von θ_0 aufgefaßt), und sie wird dann positiv. Einer weiteren Abnahme von θ_0, d. h. einer weiteren Verbiegung, würde eine Verkleinerung von f entsprechen. Das bedeutet, daß die gefundene Lösung instabil wird, der Stab gleitet zwischen den Stützen durch.

5. Man führe das Problem der dreidimensionalen starken Biegung eines Stabes unter der Wirkung von Punktkräften auf die Berechnung von Integralen zurück.

Lösung: Wir betrachten den Abschnitt zwischen den Angriffspunkten der Kraft, wo $\boldsymbol{F} = \text{const}$. Die Integration von (19,10) liefert

$$E\,I\left[\frac{d\boldsymbol{r}}{dl}\,\frac{d^2\boldsymbol{r}}{dl^2}\right] = [\boldsymbol{F}\,\boldsymbol{r}] + c\,\boldsymbol{F}; \tag{1}$$

die Integrationskonstante ist in der Form eines Vektors $c\,\boldsymbol{F}$ dargestellt, der in $\boldsymbol{F}$-Richtung zeigt da man durch eine entsprechende Wahl des Koordinatenursprungs, d. h. durch Hinzufügen eines konstanten Vektors zu $\boldsymbol{r}$, den zu $\boldsymbol{F}$ orthogonalen additiven Vektor ausschließen kann. Nachdem (1) skalar und vektoriell mit $\boldsymbol{r}'$ (der Strich bedeutet Differentiation nach l) multipliziert wurde, erhält man, wegen $\boldsymbol{r}'\,\boldsymbol{r}'' = 0$ (da $\boldsymbol{r}'^2 = 1$),

$$\boldsymbol{F}[\boldsymbol{r}\,\boldsymbol{r}'] + c\,\boldsymbol{F}\,\boldsymbol{r}' = 0\,, \qquad E\,I\,\boldsymbol{r}'' = [[\boldsymbol{F}\,\boldsymbol{r}]\,\boldsymbol{r}'] + c[\boldsymbol{F}\,\boldsymbol{r}']\,.$$

In Komponentenschreibweise (z-Achse in Richtung $\boldsymbol{F}$):

$$(x\,y' - y\,x') + c\,z' = 0\,, \qquad E\,I\,z'' = -\,F\,(x\,x' + y\,y')\,.$$

Nach Einführung von Zylinderkoordinaten r, φ, z haben wir

$$r^2\,\varphi' + c\,z' = 0\,, \qquad E\,I\,z'' = -\,F\,r\,r'\,. \tag{2}$$

Aus der zweiten Gleichung folgt

$$z' = \frac{F}{2\,E\,I}(A - r^2) \tag{3}$$

(wo A eine Konstante ist). Die Kombination von (2), (3) mit der Identität

$$r'^2 + r^2\,\varphi'^2 + z'^2 = 1$$

liefert

$$dl = \frac{r\,dr}{\sqrt{r^2 - (r^2 + c^2)\,(A - r^2)^2\,\dfrac{F^2}{4\,E^2\,I^2}}}\,,$$

wonach sich aus (2) und (3) ergibt

$$z = \frac{F}{2\,E\,I}\int \frac{(A - r^2)\,r\,dr}{\sqrt{r^2 - \dfrac{F^2}{4\,E^2\,I^2}(r^2 + c^2)\,(A - r^2)^2}}\,,$$

$$\varphi = -\,\frac{c\,F}{2\,E\,I}\int \frac{(A - r^2)\,dr}{r\sqrt{r^2 - \dfrac{F^2}{4\,E^2\,I^2}(r^2 + c^2)\,(A - r^2)^2}}\,,$$

wodurch die Form des gebogenen Stabes festgelegt ist.

6. Ein Stab mit rundem Querschnitt werde einer Torsion (Torsionswinkel τ) unterworfen und in eine Schraubenlinie gebogen. Man bestimme die Kraft und das Drehmoment, die an den Stabenden angelegt werden müssen, um den Stab in einem solchen Zustand zu erhalten.

Lösung: Es sei R der Radius des Zylinders, um dessen Oberfläche der Stab gewickelt ist (z-Achse = Zylinderachse) und α der Winkel zwischen der Linientangente und der zur z-Achse orthogonalen Ebene; der Schritt h der Schraubenlinie hängt mit α und R in folgender Weise zusammen: $h = 2\pi R \operatorname{tg} \alpha$. Die Gleichung der Schraubenlinie ist

$$x = R\cos\varphi\,, \qquad y = R\sin\varphi\,, \qquad z = \varphi R \operatorname{tg}\alpha$$

(φ ist der Drehwinkel um die z-Achse). das Bogenelement ist $dl = \frac{R}{\cos\alpha}\, d\varphi$. Diese Ausdrücke in (19,7) eingesetzt liefern die Komponenten des Vektors $\boldsymbol{M}$, und aus (19,3) erhalten wir die Kraft $\boldsymbol{F}$ (die entlang des gesamten Stabes konstant ist). Die Kraft $\boldsymbol{F}$ zeigt in z-Richtung und hat den Betrag

$$F_z = F = C\tau \frac{\sin\alpha}{R} - \frac{E\,I}{R^2}\cos^2\alpha\sin\alpha\,.$$

Das Drehmoment $\boldsymbol{M}$ hat folgende Komponente in der z-Richtung:

$$M_z = C\,\tau\sin\alpha + \frac{E\,I}{R}\cos^3\alpha$$

und eine Komponente M_ζ, die in jedem Stabpunkt die Richtung der Tangente zum Kreisrand des Zylinderquerschnitts besitzt mit dem Betrag $M_\zeta = F\,R$.

7. Man bestimme die Form eines flexiblen Fadens (dessen Biegewiderstand im Vergleich zum Dehnungswiderstand vernachlässigt werden kann), der sich, in zwei Punkten aufgehängt, im Schwerefeld befindet.

Lösung: Die xy-Ebene legen wir in die Fadenebene. Die y-Achse zeigte senkrecht nach unten. In der Gleichung (19,3) kann das Glied $\frac{d\boldsymbol{M}}{dl}$ vernachlässigt werden, da $\boldsymbol{M}$ zu $E\,I$ proportional ist. Dann ist $[\boldsymbol{F}\,\boldsymbol{t}] = 0$, d. h., $\boldsymbol{F}$ hat in jedem Fadenpunkt die Richtung von $\boldsymbol{t}$, und man kann schreiben $\boldsymbol{F} = F\,\boldsymbol{t}$. Die Gleichung (19,2) liefert jetzt $\frac{d}{dl}\left(F\frac{dx}{dl}\right) = 0$, $\frac{d}{dl}\left(F\frac{dy}{dl}\right) = q$ (q ist das Gewicht der Fadenlängeneinheit), woraus folgt

$$F\frac{dx}{dl} = c\,, \qquad F\frac{dy}{dl} = q\,l\,.$$

Hieraus ergibt sich $F = \sqrt{(c^2 + q^2 l^2)}$, so daß

$$\frac{dx}{dl} = \frac{A}{\sqrt{A^2 + l^2}}\,, \qquad \frac{dy}{dl} = \frac{l}{\sqrt{A^2 + l^2}}$$

(wo $A = c/q$). Die Integration liefert dann

$$x = A \operatorname{arsh}\frac{l}{A}\,, \qquad y = \sqrt{A^2 + l^2}\,,$$

und hieraus folgt

$$y = A \operatorname{ch}\frac{x}{A}\,,$$

d. h., der Faden hat die Form einer Kettenlinie. Der Koordinatenursprung und die Konstante A ergeben sich aus der Forderung, daß der Faden durch zwei vorgegebene Punkte hindurchgeht und eine vorgegebene Länge besitzt.

§ 20. Schwach gebogene Stäbe

In dem praktisch wichtigen Falle schwach gebogener Stäbe vereinfachen sich die Gleichgewichtsbedingungen wesentlich. Die Biegung ist dann schwach, wenn sich die Richtung der Tangente $\boldsymbol{t}$ entlang des Stabes nur langsam ändert, d. h., wenn die Ableitung $\frac{d\boldsymbol{t}}{dl}$ klein ist. Oder anders ausgedrückt, der Krümmungsradius des gebogenen Stabes muß in jedem Punkt im Vergleich zur Stablänge groß sein. Praktisch läuft diese Bedingung auf die Forderung nach der Kleinheit der Verbiegung im Vergleich zur Stablänge hinaus. Dabei braucht die Verbiegung im Vergleich zur Stabstärke nicht klein zu sein, wie das in der genäherten Theorie der schwachen Biegung von Platten, die in §§ 11 bis 12 dargelegt wurde, der Fall war.[1])

Wir differenzieren (19,3) nach der Länge:

$$\frac{d^2\boldsymbol{M}}{dl^2} = \left[\frac{d\boldsymbol{F}}{dl}\,\boldsymbol{t}\right] + \left[\boldsymbol{F}\,\frac{d\boldsymbol{t}}{dl}\right]. \tag{20,1}$$

Das zweite Glied enthält die kleine Größe $\frac{d\boldsymbol{t}}{dl}$ und kann gewöhnlich vernachlässigt werden (mit Ausnahme einiger Spezialfälle, die später behandelt werden). Im ersten Glied setzen wir $\frac{d\boldsymbol{F}}{dl} = -\boldsymbol{K}$ und erhalten die Gleichgewichtsbedingung in der Form

$$\frac{d^2\boldsymbol{M}}{dl^2} = [\boldsymbol{t}\,\boldsymbol{K}]\,. \tag{20,2}$$

Diese Gleichung wollen wir in Komponenten darstellen. Wir setzen daher nach (18,6) und (18,9)

$$M_x = -E\,I_1\,Y''\,, \qquad M_y = E\,I_2\,X''\,, \qquad M_z = 0 \tag{20,3}$$

ein (der Strich bedeutet die Differentiation nach z). Man kann annehmen, daß der Einheitsvektor $\boldsymbol{t}$ in z-Richtung zeigt. Aus (20,2) folgt dann

$$E\,I_2\,X'''' - K_x = 0\,, \qquad E\,I_1\,Y'''' - K_y = 0\,. \tag{20,4}$$

Diese Gleichungen bestimmen die Abhängigkeit der Biegungen X und Y von z, d. h. die Form des schwach gebogenen Stabes.

Die Kraft $\boldsymbol{F}$ der inneren Spannungen, die auf den Stabquerschnitt wirkt, kann man ebenfalls durch die Ableitungen von X und Y ausdrücken. Mit (20,3) folgt aus (19,3)

$$F_x = -E\,I_2\,X'''\,, \qquad F_y = -E\,I_1\,Y'''\,. \tag{20,5}$$

---

[1]) Die komplizierte Theorie der Biegung von Stäben, welche bereits im nichtdeformierten Zustand eine gebogene Form besitzen, wird hier (bis auf das einfache Beispiel in den Aufgaben 8, 9 dieses Abschnittes) nicht dargelegt.

Man sieht, die zweiten Ableitungen charakterisieren das Drehmoment der inneren Spannungen selbst. Die Kraft (20,5) wird *Schubkraft* genannt. Wenn die Biegung durch Punktkräfte bewirkt wird, ist die Schubkraft auf jedem der Abschnitte zwischen zwei Angriffspunkten der Kräfte konstant und besitzt in jedem Angriffspunkt einen Sprung von der Größe der angreifenden äußeren Kraft in diesem Punkt.

Die Größen $E I_2$ und $E I_1$ nennt man *Biegewiderstände* des Stabes in den Hauptebenen x, z bzw. y, z.[1])

Wenn die äußeren Kräfte nur in einer Ebene wirken, verläuft auch die Biegung in einer Ebene, die im allgemeinen aber mit der ersten Ebene nicht übereinstimmt; man kann leicht den Winkel zwischen den beiden Ebenen finden. Es sei α der Winkel zwischen der Ebene, in welcher die Kräfte wirken, und der ersten Hauptbiegungsebene (xz-Ebene). Dann haben die Gleichgewichtsbedingungen die Form

$$X'''' = \frac{\cos\alpha}{I_2 E} K, \qquad Y'''' = \frac{\sin\alpha}{I_1 E} K.$$

Sie unterscheiden sich nur durch den Koeffizienten bei K. X und Y sind daher zueinander proportional:

$$Y = X \frac{I_2}{I_1} \operatorname{tg}\alpha .$$

Der Winkel θ zwischen der Biegungsebene und der xz-Ebene wird durch die Gleichung

$$\operatorname{tg}\theta = \frac{I_2}{I_1} \operatorname{tg}\alpha \tag{20,6}$$

bestimmt. Bei einem Stab mit rundem Querschnitt ist $I_1 = I_2 = I$ und $\alpha = \theta$, d. h., die Biegung vollzieht sich in der Ebene, in der die Kräfte wirken. Das

[1]) In bestimmten Grenzfällen beschreibt die Gleichung

$$DX'''' - K_x = 0 \tag{20,4a}$$

auch die Biegung einer dünnen Platte. Eine rechteckige Platte (mit den Seiten a, b und der Stärke h) sei an den Seiten a (Richtung y) eingespannt und werde entlang der Seiten b (Richtung z) durch eine in y-Richtung homogene Belastung gebogen. Bei beliebigen a, b muß zur Bestimmung der Plattenform nach der Deformation die zweidimensionale Gleichung (12,5) mit entsprechenden Randbedingungen an den eingespannten und freien Seiten der Platte benutzt werden. Im Grenzfall $a \gg b$ kann die Deformation entlang der y-Achse als homogen angesehen werden, und die zweidimensionale Gleichgewichtsbedingung geht dann in eine Gleichung der Form (20,4a) über, wobei die Rolle des Biegewiderstandes die Größe

$$D = \frac{E h^3 a}{12(1 - \sigma^2)}$$

spielt. Die Gleichung (20,4a) ist auch im entgegengesetzten Grenzfall $a \ll b$ anwendbar, wenn man die Platte als Stab von der Länge b mit engem rechteckigem Querschnitt (Rechteck mit den Seiten a, h) betrachtet; der Biegewiderstand ist jedoch in diesem Fall durch einen anderen Ausdruck gegeben:

$$D = E I_2 = \frac{E h^3 a}{12} .$$

gleiche gilt für einen Stab mit beliebiger Querschnittsform bei $\alpha = 0$, d. h., wenn die Kräfte in der Hauptebene wirken. Der Betrag der Biegungsgröße

$$\zeta = \sqrt{X^2 + Y^2}$$

genügt der Gleichung

$$E\,I\,\zeta'''' = K\,, \qquad I = \frac{I_1\,I_2}{\sqrt{I_2^2 \cos^2\alpha + I_2^2 \sin^2\alpha}}\,. \tag{20,7}$$

Die Schubkraft $\boldsymbol{F}$ liegt in der gleichen Ebene wie $\boldsymbol{K}$ und ist gleich

$$F = -\,E\,I\,\zeta'''\,. \tag{20,8}$$

I spielt die Rolle des „effektiven" Trägheitsmoments des Stabquerschnitts.

Wir betrachten jetzt die explizite Form der Randbedingungen für die Gleichungen eines schwach gebogenen Stabes. Wenn ein Stabende eingespannt ist, so muß dort gelten $X = Y = 0$ und außerdem $X' = Y' = 0$. Somit müssen am eingespannten Stabende folgende Bedingungen erfüllt sein:

$$X = Y = 0\,, \qquad X' = Y' = 0\,. \tag{20,9}$$

Die Reaktionskraft und das Drehmoment der Reaktionskräfte in den Stützpunkten folgen dann aus den bekannten Lösungen über (20,3) und (20,5).

Bei genügend schwacher Biegung des Stabes sind die Befestigung eines Stabendes im Scharnier und seine Stützung in einem Punkt bezüglich der Randbedingungen äquivalent. Denn die longitudinale Verschiebung des Stabes im Stützpunkt ist im zweiten Falle bei schwacher Biegung eine kleine Größe höherer Ordnung im Vergleich zur Querverbiegung, und man kann sie vernachlässigen. Die Randbedingung dafür, daß die Querverschiebung und das Drehmoment verschwinden, liefert in diesen Fällen

$$X = Y = 0\,, \qquad X'' = Y'' = 0\,. \tag{20,10}$$

Die Richtung des Stabendes und die Reaktionskraft im Stützpunkt folgen dann aus der Lösung der Gleichungen.

Schließlich wirke am freien Stabende weder eine Kraft $\boldsymbol{F}$ noch ein Drehmoment $\boldsymbol{M}$. Nach (20,3) und (20,5) ergeben sich in diesem Falle die Bedingungen

$$X'' = Y'' = 0\,, \qquad X''' = Y''' = 0\,. \tag{20,11}$$

(Wenn am freien Ende eine Punktkraft angreift, muß $\boldsymbol{F}$ dieser Kraft gleich sein.)

Man kann die Gleichungen (20,4) leicht auf Stäbe mit variablem Querschnitt verallgemeinern. Bei solchen Stäben sind die Trägheitsmomente I_1 und I_2 Funktionen von z. Die Beziehungen (20,3) für die Drehmomente in jedem gegebenen Querschnitt des Stabes behalten ihre Gültigkeit. Setzt man sie in (20,2) ein, so erhält man jetzt die Gleichungen

$$E\,\frac{d^2}{dz^2}\left(I_1\,\frac{d^2 Y}{dz^2}\right) = K_y\,, \qquad E\,\frac{d^2}{dz^2}\left(I_2\,\frac{d^2 X}{dz^2}\right) = K_x\,, \tag{20,12}$$

wo I_1 und I_2 nicht mehr vor den Differentialoperator gebracht werden können. Für die Schubkraft ergibt sich

$$F_x = -E\frac{d}{dz}\left(I_2\frac{d^2X}{dz^2}\right), \qquad F_y = -E\frac{d}{dz}\left(I_1\frac{d^2Y}{dz^2}\right). \tag{20,13}$$

Wir betrachten jetzt noch einmal die Gleichungen (20,1). Die Vernachlässigung des zweiten Gliedes auf der rechten Seite ist, sogar bei schwacher Biegung, in einigen Fällen nicht zu rechtfertigen. Das sind die Fälle, wo entlang des Stabes eine große Kraft der inneren Spannungen wirkt, d. h., F_z ist sehr groß. Eine solche Kraft tritt gewöhnlich dann auf, wenn der Stab durch äußere, an den Stabenden angreifende Kräfte stark gedehnt wird. Wir bezeichnen die entlang des Stabes wirkende konstante Spannung mit $F_z = T$. Wenn der Stab stark komprimiert wird, ist T negativ. Nach der Auflösung des Vektorprodukts $\left[\boldsymbol{F}\frac{d\boldsymbol{t}}{dl}\right]$ müssen wir jetzt die Glieder, die T enthalten, berücksichtigen. Glieder mit F_x und F_y können auch jetzt wieder vernachlässigt werden. Für die Komponenten des Vektors $\frac{d\boldsymbol{t}}{dl}$ setzen wir entsprechend X'', Y'', 1 und erhalten so die Gleichgewichtsbedingungen in der Form

$$I_2 E X'''' - T X'' - K_x = 0, \qquad I_1 E Y'''' - T Y'' - K_y = 0. \tag{20,14}$$

Zu den Ausdrücken (20,5) für die Schubkraft müssen jetzt die Glieder hinzugefügt werden, die die Projektionen der in $\boldsymbol{t}$-Richtung wirkenden Kraft T auf die x- bzw. y-Achse darstellen:

$$F_x = -E I_2 X''' + T X', \qquad F_y = -E I_1 Y''' + T Y'. \tag{20,15}$$

Diese Beziehungen können natürlich auch unmittelbar aus (19,3) erhalten werden.

Eine große Kraft T kann in einigen Fällen im Ergebnis einer Biegung auftreten sogar wenn keine äußeren Dehnungskräfte angreifen. Wir betrachten einen Stab, dessen beide Enden befestigt sind oder in Scharnieren in unbeweglichen Stützen festsitzen, so daß keine longitudinalen Verschiebungen auftreten können. In einem solchen Falle wird der Stab bei einer Biegung zugleich gedehnt, weshalb im Stab eine Kraft T auftritt. Man kann leicht eine Abschätzung für die Größe der Biegung geben, bei der diese Kraft wesentlich wird. Die Länge $L + \Delta L$ des gebogenen Stabes ist gleich dem Integral

$$L + \Delta L = \int_0^L \sqrt{1 + X'^2 + Y'^2}\, dz$$

auf der Geraden zwischen den Stützpunkten. Bei schwacher Biegung kann man die Wurzel entwickeln, und man erhält für den Längenzuwachs

$$\Delta L = \frac{1}{2}\int_0^L (X'^2 + Y'^2)\, dz.$$

Die Spannkraft, welche bei einfacher Dehnung auftritt, ist gleich dem Produkt aus relativem Längenzuwachs, dem YOUNGschen Modul und der Querschnittsfläche des Stabes. Somit ist

$$T = \frac{E\,S}{2\,L} \int_0^L (X'^2 + Y'^2)\, dz\,. \tag{20,16}$$

Es sei δ die Größenordnung der Querverbiegung. Dann sind die Ableitungen X', Y' von der Größenordnung δ/L, so daß das Integral auf der rechten Seite von (20,16) von der Größenordnung $\delta^2/L^2 \cdot L = \delta^2/L$ ist, und es gilt daher $T \sim E\,S(\delta/L)^2$. Die Größenordnung der ersten und zweiten Glieder in (20,14) ist $I\,E\,\delta/L^4$ bzw. $T\,\delta/L^2 \sim E\,S\,\delta^3/L^4$. Das Trägheitsmoment I und die Querschnittsfläche S haben die Größenordnung h^4 bzw. h^2, wo h die Stabstärke ist. Hieraus erhält man durch Einsetzen, daß die ersten und zweiten Glieder in (20,14) in der Größenordnung vergleichbar werden, wenn $\delta \sim h$. Somit können die Gleichungen in der Form (20,4) nur dann auf einen gebogenen Stab mit befestigten Enden angewandt werden, wenn die Biegung im Vergleich zur Stabstärke klein ist. Wenn dagegen δ im Vergleich zu h nicht klein ist (aber $\delta \ll L$ gilt nach wie vor), so müssen die Gleichungen (20,14) benutzt werden. Dabei ist die Kraft T in diesen Gleichungen unbekannt. Bei der Lösung muß T zunächst als Paarmeter aufgefaßt werden und wird dann aus der erhaltenen Lösung nach (20,16) bestimmt, womit der Zusammenhang mit den am Stab angreifenden Kräften hergestellt ist.

Der entgegengesetzte Grenzfall liegt vor, wenn der Biegungswiderstand des Stabes im Vergleich zu seinem Dehnungswiderstand klein ist, so daß man in den Gleichungen (20,14) die ersten Glieder vernachlässigen kann. Physikalisch kann dieser Fall entweder durch eine starke Dehnung T oder bei kleinem $E\,I$ realisiert werden, was mit kleinem h in Zusammenhang gebracht werden kann (bei stark gespannten Stäben spricht man von *Saiten*). Die Gleichgewichtsbedingungen sind in diesen Fällen

$$T\,X'' + K_x = 0\,, \qquad T\,Y'' + K_y = 0\,. \tag{20,17}$$

Die Saitenenden seien eingeklemmt. Das ist so zu verstehen, daß ihre Koordinaten vorgegeben sind, d. h.

$$X = Y = 0\,. \tag{20,18}$$

Dagegen kann die Richtung der Enden nicht beliebig vorgegeben werden und ergibt sich aus der Lösung der Gleichungen.

Zum Abschluß leiten wir die Gleichgewichtsbedingungen für einen schwach gebogenen Stab mit Hilfe des Variationsprinzips ab unter Benutzung des Ausdrucks (18,10) für die elastische Energie:

$$F_{\mathrm{St}} = \frac{E}{2} \int \{I_1\, Y''^2 + I_2\, X''^2\}\, dz\,.$$

Im Gleichgewicht muß die Summe aus dieser Energie und der potentiellen Energie der äußeren Kräfte $\boldsymbol{K}$ ein Minimum bilden, d. h., es muß gelten

$$\delta F_{\mathrm{St}} - \int (K_x\,\delta X + K_y\,\delta Y)\, dz = 0\,.$$

(Das zweite Glied stellt die Arbeit der äußeren Kräfte bei einer unendlich kleinen Verschiebung der Stablinie dar.) Bei der Variation von F_{St} wird zweimal partiell integriert:

$$\frac{1}{2}\delta\int X''^2 dz = \int X''\,\delta X''\,dz = X''\,\delta X'\Big| - \int X'''\,\delta X'\,dz$$
$$= X''\,\delta X'\Big| - X'''\,\delta X\Big| + \int X''''\,\delta X\,dz$$

und analog für das Integral von Y''^2. Nach Zusammenfassung der verschiedenen Glieder erhält man

$$\int [(E\,I_1\,Y'''' - K_y)\,\delta Y + (E\,I_2\,X'''' - K_x)\,\delta X]\,dz$$
$$+ E\,I_1\,(Y''\,\delta Y' - Y'''\delta Y)| + E\,I_2\,(X''\,\delta X' - X'''\,\delta X)| = 0\,.$$

Aus dem ersten Glied im Integranden folgen, wegen beliebig zu wählender δX und δY, die Gleichungen (20,4). Die übrigen Glieder liefern die Randbedingungen zu diesen Gleichungen; so sind die Variationen $\delta X, \delta Y, \delta X', \delta Y'$ am freien Ende beliebig, und man erhält die entsprechenden Bedingungen (20,11). Gleichzeitig liefern die Koeffizienten bei δX und δY in diesen Gliedern die Ausdrücke (20,5) für die Komponenten der Schubkraft, und die Koeffizienten bei $\delta X'$ und $\delta Y'$ liefern die Ausdrücke (20,3) für die Komponenten des Drehmoments der Biegung. Schließlich erhält man die Gleichungen (20,14) bei Anwesenheit einer Dehnungskraft T auf die gleiche Weise, indem man der zu variierenden Energie die Größe

$$T\,\Delta L = \frac{T}{2}\int (X'^2 + Y'^2)\,dz$$

hinzufügt. Letztere stellt die Arbeit der Kraft T bei ihrer Verschiebung um die Strecke ΔL, den Längenzuwachs, dar.

Aufgaben

1. Man bestimme die Form eines unter dem Einfluß seines Eigengewichts gebogenen Stabes (Länge l) bei verschiedenen Befestigungsarten seiner Enden.

Lösung: Die gesuchte Form folgt aus der Lösung der Gleichung

$$\zeta'''' = \frac{q}{E\,I}$$

(q ist das Gewicht der Längeneinheit des Stabes) mit verschiedenen Randbedingungen, wie sie im Text formuliert sind. Bei den verschiedenen Befestigungsarten der Stabenden erhält man folgende Stabformen und maximale Verschiebungen (sogenannte Biegungspfeile); der Koordinatenursprung befinde sich in allen Fällen an einem der Stabenden.

a) Beide Enden sind eingespannt:

$$\zeta = \frac{q}{24\,E\,I} z^2 (z - l)^2\,, \qquad \zeta\left(\frac{l}{2}\right) = \frac{1}{384}\frac{q\,l^4}{E\,I}\,.$$

b) Beide Enden sind gestützt:

$$\zeta = \frac{q}{24\,E\,I} z\,(z^3 - 2\,l\,z^2 + l^3)\,, \qquad \zeta\left(\frac{l}{2}\right) = \frac{5}{384}\frac{q\,l^4}{E\,I}\,.$$

c) Ein Ende ist eingespannt ($z = l$), das andere ($z = 0$) ist gestützt:

$$\zeta = \frac{q}{48\,E\,I}\,z\,(2\,z^3 - 3\,l\,z^2 + l^3)\,, \qquad \zeta\,(0{,}42\,l) = 0{,}0054\,\frac{q\,l^4}{E\,I}\,.$$

d) Ein Ende ist eingespannt ($z = 0$), das andere ($z = l$) ist frei:

$$\zeta = \frac{q}{24\,E\,I}\,z^2\,(z^2 - 4\,l\,z + 6\,l^2)\,, \qquad \zeta(l) = \frac{1}{8}\,\frac{q\,l^4}{E\,I}\,.$$

2. Man bestimme die Form eines Stabes, der unter der Einwirkung einer in seiner Mitte angreifenden Punktkraft f gebogen wurde.

Lösung. Überall außer in $z = l/2$ gilt die Gleichung $\zeta'''' = 0$. Die Randbedingungen an den Stabenden ($z = 0$, $z = l$) folgen aus der Befestigungsart; im Punkt $z = l/2$ müssen ζ, ζ', ζ'' stetig sein, und die Differenz der Schubkräfte $F = -\,E\,I\,\zeta'''$ auf beiden Seiten dieses Punktes muß der Kraft f gleich sein.

Die Stabform (im Abschnitt $0 \leqq z \leqq l/2$) und die maximale Verschiebung sind durch folgende Ausdrücke gegeben:

a) Beide Stabenden sind eingespannt:

$$\zeta = \frac{f}{48\,E\,I}\,z^2\,(3\,l - 4\,z)\,, \qquad \zeta\left(\frac{l}{2}\right) = \frac{f\,l^3}{192\,E\,I}\,.$$

b) Beide Enden sind gestützt:

$$\zeta = \frac{f}{48\,E\,I}\,z\,(3\,l^2 - 4\,z^2)\,, \qquad \zeta\left(\frac{l}{2}\right) = \frac{f\,l^3}{48\,E\,I}\,.$$

Die Stabform ist bezüglich der Mitte symmetrisch, so daß man die Funktion $\zeta(z)$ auf dem Abschnitt $l/2 \leqq z < l$ hieraus einfach durch die Substitution $z \to l - z$ erhält.

3. Das gleiche wie in Aufgabe 2, wenn ein Stabende ($z = 0$) eingespannt und das andere ($z = l$) frei ist, wobei am freien Ende eine konzentrierte Kraft f angreift.

Lösung: Entlang des gesamten Stabes ist $F = \text{const} = f$, so daß $\zeta''' = -\,f/E\,I$. Mit den Bedingungen $\zeta = 0$, $\zeta' = 0$ bei $z = 0$ und $\zeta'' = 0$ bei $z = l$ erhalten wir

$$\zeta = \frac{f}{6\,E\,I}\,z^2\,(3\,l - z), \qquad \zeta(l) = \frac{f\,l^3}{3\,E\,I}\,.$$

4. Man bestimme die Form eines an beiden Enden eingespannten Stabes, in dessen Mitte ein Paar von Punktkräften angreift.

Lösung: Entlang des gesamten Stabes ist $\zeta'''' = 0$, und im Punkt $z = l/2$ besitzt das Drehmoment $M = E\,I\,\zeta''$ einen Sprung von der Größe des Drehmoments m des angreifenden Kräftepaars. Mit den entsprechenden Randbedingungen an den Stabenden erhalten wir:

a) Beide Stabenden sind eingespannt:

$$\zeta = \frac{m}{8\,E\,I\,l}\,z^2\,(l - 2\,z) \quad \text{für} \quad 0 \leqq z \leqq l/2\,,$$

$$\zeta = -\,\frac{m}{8\,E\,I\,l}\,(l - z)^2\,[l - 2\,(l - z)] \quad \text{für} \quad l/2 \leqq z \leqq l\,.$$

b) Beide Stabenden sind in Scharnieren gelagert:

$$\zeta = \frac{m}{24\,E\,I\,l}\,z\,(l^2 - 4\,z^2) \quad \text{für} \quad 0 \leqq z \leqq l/2\,,$$

$$\zeta = -\frac{m}{24\,E\,I\,l}\,(l - z)\,[l^2 - 4\,(l - z)^2] \quad \text{für} \quad l/2 \leqq z \leqq l\,.$$

Auf den beiden Seiten des Punktes $z = l/2$ ist der Stab in verschiedene Richtungen gebogen.

5. Das gleiche wie in 4, wenn das Kräftepaar am freien Stabende angreift; das andere Ende sei eingespannt.

Lösung: Entlang des gesamten Stabes gilt $M = E\,I\,\zeta'' = m$, und in $z = 0$ ist $\zeta = 0$, $\zeta' = 0$. Die Stabform ist durch

$$\zeta = \frac{m}{2\,E\,I}\,z^2$$

gegeben.

6. Man bestimme die Form eines Stabes mit rundem Querschnitt, dessen Enden in Scharnieren gelagert sind. Der Stab werde durch eine Kraft T gedehnt und durch eine in seiner Mitte angreifende Kraft f gebogen.

Lösung: Auf dem Abschnitt $0 \leqq z \leqq l/2$ ist die Schubkraft gleich $f/2$, so daß (20,15) die Gleichung

$$\zeta''' - \frac{T}{E\,I}\,\zeta' = -\frac{f}{2\,E\,I}$$

liefert. Die Randbedingungen sind $\zeta = 0$, $\zeta' = 0$ für $z = 0$; für $z = l/2$ muß $\zeta' = 0$ gelten (wegen der Stetigkeit von ζ'). Für die Stabform (im Abschnitt $0 \leqq z \leqq l/2$) erhalten wir den Ausdruck

$$\zeta = \frac{f}{2\,T}\left(z - \frac{\operatorname{sh} k\,z}{k \operatorname{ch} \frac{k\,l}{2}}\right), \qquad k = \sqrt{\frac{T}{E\,I}}\,.$$

Für kleine k geht dieser Ausdruck in das Ergebnis der Aufgabe 2b über. Für große k dagegen erhalten wir

$$\zeta = \frac{f}{2\,T}\,z\,,$$

d. h., in Übereinstimmung mit der Gleichung (20,17) nimmt der bewegliche Faden unter der Wirkung der Kraft f eine Form an, die aus zwei Geraden besteht, welche sich im Punkt $z = l/2$ schneiden.

Wenn die Kraft T ihrerseits als Ergebnis einer Dehnung des Stabes durch eine Querkraft auftritt, so muß zu ihrer Bestimmung die Beziehung (20.16) benutzt werden. Wenn wir den erhaltenen Ausdruck dort einsetzen, erhalten wir die Gleichung

$$\frac{1}{k^6}\left[\frac{3}{2} + \frac{1}{2}\operatorname{th}^2\frac{k\,l}{2} - \frac{3}{k\,l}\operatorname{th}\frac{k\,l}{2}\right] = \frac{8\,E^2\,I^3}{f^2\,S}\,,$$

welche in impliziter Form T als Funktion von f bestimmt.

7. Ein Stab (runder Querschnitt) von unendlicher Länge liege auf einem elastischen Untergrund, d. h., bei seiner Biegung wirke auf ihn die Kraft $K = -\alpha\,\zeta$. Man bestimme die Stabform unter der Einwirkung einer Punktkraft f.

Lösung: Der Angriffspunkt der Kraft f sei Koordinatenursprung. Überall, außer in $z = 0$, gilt die Gleichung

$$E I \zeta'''' = -\alpha \zeta .$$

Die Lösung muß folgenden Bedingungen genügen: $\zeta = 0$ für $z = \pm \infty$, und für $z = 0$ müssen ζ' und ζ'' stetig sein; die Differenz der Schubkraft $F = -E I \zeta'''$ für $z \to +0$ und $z \to -0$ muß gleich f sein. Eine solche Lösung ist

$$\zeta = \frac{f}{8 \beta^3 E I} e^{-\beta |z|} [\cos \beta |z| + \sin \beta |z|], \qquad \beta = \left(\frac{\alpha}{4 E I}\right)^{1/4}.$$

8. Man leite die Gleichgewichtsbedingungen für einen schwach gebogenen Stab (runder Querschnitt) ab; er habe im natürlichen Zustand die Form eines Kreisbogens und werde in seiner Ebene durch äußere Radialkräfte gebogen.

Lösung: Den Ursprung der Polarkoordinaten legen wir in das Kreiszentrum. Die Gleichung der deformierten Stablinie schreiben wir in der Form $r = a + \zeta(\varphi)$, wo a der Radius des Kreisbogens ist und ζ kleine radiale Verschiebungen darstellt. Mit Hilfe des bekannten Ausdrucks für den Krümmungsradius in Polarkoordinaten erhalten wir bis auf Glieder höherer Ordnung in ζ:

$$\frac{1}{R} = \frac{r^2 - r r'' + 2 r'^2}{(r^2 + r'^2)^{3/2}} \approx \frac{1}{a} - \frac{\zeta + \zeta''}{a^2}$$

(Strich bedeutet Differenzieren nach φ). Mit Hilfe von (18,11) erhalten wir die elastische Energie

$$F_{\mathrm{St}} = \frac{E I}{2} \int_0^{\varphi_0} \left(\frac{1}{R} - \frac{1}{a}\right)^2 a \, d\varphi = \frac{E I}{2 a^3} \int_0^{\varphi_0} (\zeta + \zeta'')^2 \, d\varphi$$

(φ_0 – Zentralwinkel des Kreisbogens). Die Gleichgewichtsbedingung folgt aus dem Variationsprinzip

$$\delta F_{\mathrm{St}} - \int_0^{\varphi_0} \delta\zeta \, K_r \, a \, d\varphi = 0$$

(K_r ist die auf eine Längeneinheit bezogene äußere Radialkraft) unter der zusätzlichen Bedingung

$$\int_0^{\varphi_0} \zeta \, d\varphi = 0 ,$$

welche in betrachteter Näherung die Konstanz der Gesamtlänge des Stabbogens ausdrückt, d. h. die Bedingung, daß keine allgemeine Dehnung auftritt. Nach der Methode von LAGRANGE bringen wir folgende Summe zum Verschwinden:

$$\delta F_{\mathrm{St}} - \int_0^{\varphi_0} a \, K_r \, \delta\zeta \, d\varphi + a \alpha \int_0^{\varphi_0} \delta\zeta \, d\varphi = 0 ,$$

wo α eine Konstante ist. Nach Variation im Integranden von F_{St} und nach einer zweifachen partiellen Integration des Gliedes mit $\delta\zeta''$ erhalten wir

$$\int \left[\frac{E I}{a^3} (\zeta + 2 \zeta'' + \zeta'''') - a K_r + \alpha a\right] \delta\zeta \, d\varphi$$
$$+ \frac{E I}{a^3} (\zeta + \zeta'') \, \delta\zeta' \Big| - \frac{E I}{a^3} (\zeta' + \zeta''') \, \delta\zeta \Big| = 0 .$$

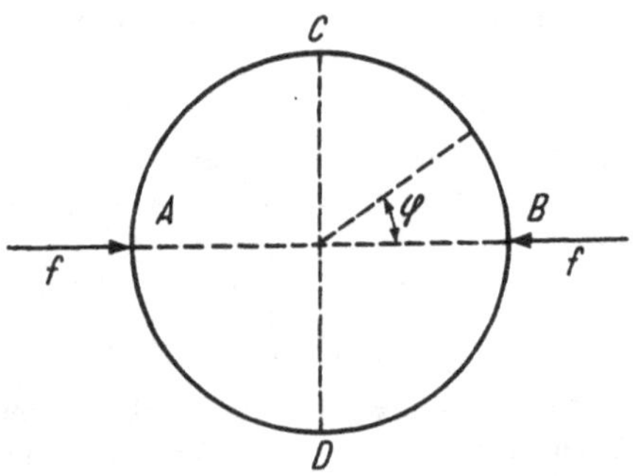

Abb. 18

Hieraus folgt die Gleichung[1])

$$\frac{EI}{a^4}(\zeta'''' + 2\zeta'' + \zeta) - K_r + \alpha = 0\,, \qquad (1)$$

der Ausdruck für die Schubkraft

$$F = -\frac{EI}{a^3}(\zeta' + \zeta''')$$

und der Ausdruck für das Biegungsdrehmoment

$$M = \frac{EI}{a^2}(\zeta + \zeta'')$$

(vgl. Ende des § 20). Die Konstante α wird aus der Bedingung bestimmt, daß keine allgemeine Dehnung auftritt.

9. Man bestimme die Deformation eines kreisförmigen Ringes unter der Wirkung zweier Punktkräfte f, die in entgegengesetzten Punkten in Radialrichtung wirken (Abb. 18).

Lösung: Die Integration der Gleichung (1) über den gesamten Ringbogen führt auf

$$2\pi\alpha a = \int K_r\, a\, d\varphi = 2f\,.$$

Überall, außer in den Punkten $\varphi = 0, \pi$, gilt die Gleichung (1) mit $K_r = 0$:

$$\zeta'''' + 2\zeta'' + \zeta + \frac{f a^3}{\pi E I} = 0\,.$$

Die gesuchte Ringdeformation ist bezüglich der Durchmesser AB und CD symmetrisch, weswegen in den Punkten A, B, C, D $\zeta' = 0$ gelten muß. Die Differenz der Schubkräfte für $\varphi \to \pm 0$ muß gleich f sein. Die diesen Bedingungen genügende Lösung ist

$$\zeta = \frac{f a^3}{EI}\left(\frac{1}{\pi} + \frac{1}{4}\varphi\cos\varphi - \frac{\pi}{8}\cos\varphi - \frac{1}{4}\sin\varphi\right), \qquad 0 \leqq \varphi \leqq \pi\,.$$

Die Punkte A und B nähern sich einander um den Betrag

$$|\zeta(0) + \zeta(\pi)| = \frac{f a^3}{EI}\left(\frac{\pi}{4} - \frac{2}{\pi}\right).$$

§ 21. Stabilität elastischer Systeme

Das einfachste Beispiel für die bedeutungsvolle Erscheinung der zuerst von L. Euler entdeckten *elastischen Instabilität* stellt das Verhalten eines Stabes dar, welcher sich unter der Einwirkung longitudinaler Kompressionskräfte befindet.

Bei Abwesenheit äußerer Querkräfte K_y, K_x, welche eine Biegung hervorrufen, haben die Gleichungen eines komprimierten Stabes (20,14) die triviale Lösung

[1]) Wenn keine äußeren Kräfte wirken, ist $K_r = 0$ und $\alpha = 0$; die nichttrivialen Lösungen der sich ergebenden homogenen Gleichung entsprechen einer einfachen Translation bzw. Drehung des Gesamtstabes.

$X = Y = 0$, entsprechend dem Fall, wo der Stab unter der Wirkung der longitudinalen Kraft $|T|$ geradlinig bleibt. Diese Lösung entspricht jedoch nur solange einem stabilen Gleichgewicht, wie die komprimierende Kraft $|T|$ einen kritischen Wert T_{kr} nicht überschreitet. Bei $|T| < T_{kr}$ ist die geradlinige Form des Stabes bezüglich beliebiger kleiner Störungen stabil. Mit anderen Worten, wenn der Stab unter dem Einfluß irgendeiner kleinen Wirkung schwach gebogen wird, so strebt er nach dem Aufhören der Wirkung in seine Anfangslage zurück. Umgekehrt bei $|T| > T_{kr}$ entspricht die geradlinige Form einem instabilen Gleichgewicht. Bereits eine unendlich kleine Wirkung (im Sinne einer Biegung) genügt, um das Gleichgewicht zu stören, wonach der Stab stark gebogen wird. Es ist klar, daß unter solchen Bedingungen komprimierte, nicht gebogene Stäbe real nicht existieren können.

Das Verhalten des Stabes nach dem Stabilitätsverlust wird durch die Gleichungen für starke Biegungen beschrieben. Jedoch kann die kritische Belastung T_{kr} mit Hilfe der Gleichungen für schwache Biegungen berechnet werden. Bei $|T| = T_{kr}$ entspricht die geradlinige Stabform einem indifferenten Gleichgewicht. D. h., neben der trivialen Lösung $Y = X = 0$ müssen noch Zustände schwacher Biegung existieren, die ebenfalls Gleichgewichtszustände sind. Man kann daher den kritischen Wert T_{kr} als ein solches $|T|$ definieren, bei dem die Lösung der Gleichungen

$$E I_2 X'''' + |T| X'' = 0 , \qquad E I_1 Y'''' + |T| Y'' = 0 \tag{21,1}$$

nicht trivial wird. Die Lösung selbst bestimmt auch den Charakter der Deformation, welche sich unmittelbar nach dem Stabilitätsverlust im Stab einstellt.

Aufgaben

1. Man bestimme die kritische Kompressionskraft für einen Stab, dessen Enden in Scharnieren gelagert seien.

Lösung: Da uns nur der kleinste Wert von $|T|$ interessiert, der in den Gleichungen (21,1) eine von Null verschiedene Lösung liefert, genügt es, nur die eine der beiden Gleichungen zu betrachten, welche den kleineren Wert der beiden Größen I_1, I_2 enthält; es sei $I_2 < I_1$. Wir suchen die Lösung der Gleichung $E I_2 X'''' + |T| X'' = 0$ in der Form

$$X = A + B z + C \sin k z + D \cos k z$$

mit $k = \sqrt{\frac{|T|}{E I_2}}$. Eine von Null verschiedene Lösung, die den Bedingungen $X = 0$, $X'' = 0$ bei $z = 0$ und $z = l$ genügt, ist

$$X = C \sin k z ,$$

wobei gelten muß $\sin k l = 0$. Hieraus folgt die gesuchte kritische Kraft

$$T_{kr} = \frac{\pi^2 E I_2}{l^2} .$$

Nach dem Stabilitätsverlust nimmt der Stab die in Abb. 19a dargestellte Form an.

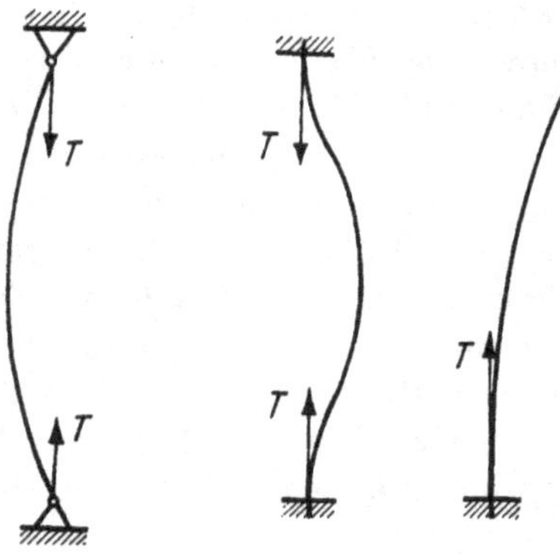

a) b) c)

Abb. 19

2. Das gleiche wie in Aufgabe 1, für einen Stab mit eingespannten Enden (Abb. 19b)

Lösung:

$$T_{\mathrm{kr}} = \frac{4\pi^2 E I_2}{l^2}.$$

3. Das gleiche wie in Aufgabe 1, wenn ein Ende eingespannt und das andere Ende frei ist (Abb. 19c).

Lösung:

$$T_{\mathrm{kr}} = \frac{\pi^2 E I_2}{4 l^2}.$$

4. Man bestimme die kritische Kompressionskraft für einen Stab (runder Querschnitt), dessen Enden in Scharnieren gelagert seien und der auf elastischem Untergrund ruhe.

Lösung: Anstelle der Gleichungen (21,1) muß hier die Gleichung

$$E I X'''' + |T| X'' + \alpha X = 0$$

herangezogen werden. Eine analoge Untersuchung führt auf die Lösung

$$X = A \sin \frac{n\pi}{l} z, \qquad T_{\mathrm{kr}} = \frac{\pi^2 E I}{l^2}\left(n^2 + \frac{\alpha l^4}{n^2 \pi^4 E I}\right),$$

wobei ein solches ganzzahliges n genommen werden muß, bei dem T_{kr} minimal wird. Bei genügend großen α ist $n > 1$, d. h., nach dem Stabilitätsverlust nimmt der Stab eine Form mit einigen „Bäuchen" an.

5. Ein Stab mit rundem Querschnitt wird einer Torsion unterworfen. Seine Enden seien eingespannt. Man bestimme die kritische Größe der Torsionskraft, nach deren Erreichen die geradlinige Stabform instabil wird.

Lösung: Der kritische Torsionswinkel wird durch das Auftreten nichttrivialer Lösungen der Gleichungen für eine schwache Biegung des verdrehten Stabes bestimmt. Um diese Gleichungen abzuleiten, setzen wir den Ausdruck (19,7)

$$\boldsymbol{M} = E I \left[\boldsymbol{t} \frac{d\boldsymbol{t}}{dl}\right] + C \tau \boldsymbol{t}$$

(τ ist der konstante Torsionswinkel) in die Gleichung (19,3) ein; das liefert

$$E I \left[\boldsymbol{t} \frac{d^2\boldsymbol{t}}{dl^2}\right] + C\tau \frac{d\boldsymbol{t}}{dl} - [\boldsymbol{F}\,\boldsymbol{t}] = 0.$$

Wir differenzieren diese Gleichung. Wegen der schwachen Biegung kann $\boldsymbol{t}$ beim Differenzieren des ersten und des dritten Gliedes als konstant angesehen werden: $\boldsymbol{t} = \boldsymbol{t}_0$. $\boldsymbol{t}_0$ besitzt die Richtung der Stabachse (z-Achse). Da $\frac{d\boldsymbol{F}}{dl} = 0$ ist (es sind keine äußeren Longitudinalkräfte vorhanden), erhalten wir

$$E I \left[\boldsymbol{t}_0 \frac{d^3\boldsymbol{t}}{dl^3}\right] + C\tau \frac{d^2\boldsymbol{t}}{dl^2} = 0$$

oder, in Komponentenschreibweise,

$$Y'''' - \varkappa X''' = 0, \qquad X'''' + \varkappa Y''' = 0,$$

wo $\varkappa = \frac{C\tau}{EI}$. Als Unbekannte führen wir die Funktion $\xi = X + iY$ ein und erhalten die Gleichung $\xi'''' - i\varkappa\xi''' = 0$. Wir suchen die Lösung, die den Bedingungen $\xi = 0$, $\xi' = 0$ bei $z = 0$, $z = l$ genügt, in der Form $\xi = a(1 + i\varkappa z - e^{i\varkappa z}) + b z^2$ und erhalten als Bedingung dafür, daß die erhaltenen Gleichungen für a und b widerspruchslos sind, die Beziehung $e^{i\varkappa l} = \frac{2 + i\varkappa l}{2 - i\varkappa l}$, woraus folgt $\frac{\varkappa l}{2} = \operatorname{tg}\frac{\varkappa l}{2}$. Die kleinste Wurzel dieser Gleichung ist $\frac{\varkappa l}{2} = 4{,}49$, und wir erhalten

$$\tau_{\mathrm{kr}} = \frac{8{,}98\,EI}{Cl}.$$

6. Das gleiche wie in Aufgabe 5 für einen Stab, dessen Enden in Scharnieren gelagert seien.

Lösung: Hier erhalten wir $\xi = a\left(1 - e^{i\varkappa z} - \frac{\varkappa^2 z^2}{2}\right) + b z$, wobei $\varkappa$ aus der Gleichung $e^{i\varkappa l} = 1$ folgt, d. h. $\varkappa l = 2\pi$. Der gesuchte kritische Torsionswinkel ist daher

$$\tau_{\mathrm{kr}} = \frac{2\pi EI}{Cl}.$$

7. Man bestimme die Stabilitätsgrenze eines senkrecht aufgestellten Stabes mit eingespanntem unterem Ende unter der Wirkung des Eigengewichtes.

Lösung: Wenn sich die longitudinale Zugspannung $F_z \equiv T$ entlang des Stabes ändert, so ist im ersten Glied in (20,1) $\frac{dF_z}{dl} \neq 0$, und wir erhalten anstelle der Gleichungen (20,14)

$$I_2 E X'''' - (T X')' - K_x = 0\,, \qquad I_1 E Y'''' - (T Y')' - K_y = 0\,.$$

Im gegebenen Fall sind keine Querkräfte vorhanden, und es gilt $T = -q(l - z)$, wo q das Gewicht der Längeneinheit ist und der Ursprung von z sich am unteren Stabende befindet. Wir nehmen an, daß $I_2 < I_1$, und betrachten die Gleichung

$$I_2 E X''' = T X' = -q(l - z) X'$$

(für $z = l$ haben wir automatisch $X''' = 0$). Das allgemeine Integral dieser Gleichung für die Funktion $u = X'$ ist

$$u = \eta^{1/3}\left[a J_{-1/3}(\eta) + b J_{1/3}(\eta)\right]$$

mit

$$\eta = \frac{2}{3}\sqrt{\frac{q}{EI_2}(l - z)^3}\,.$$

Die Randbedingungen $X' = 0$ für $z = 0$ und $X'' = 0$ für $z = l$ liefern für die Funktion $u(\eta)$ die Bedingungen

$$u = 0 \quad \text{für} \quad \eta = \eta_0 \equiv \frac{2}{3}\sqrt{\frac{q l^3}{EI_2}}, \qquad u'\eta^{1/3} = 0 \quad \text{für} \quad \eta = 0\,.$$

Um diesen Bedingungen zu genügen, muß man $b = 0$ setzen, wobei $J_{-1/3}(\eta_0) = 0$ ist. Die kleinste Wurzel dieser Gleichung ist $\eta_0 = 1{,}87$, woraus für die kritische Stablänge folgt

$$l_{\mathrm{kr}} = 1{,}98\sqrt[3]{\frac{EI_2}{q}}\,.$$

8. Der Stab besitze eine ausgezogene Querschnittsform, so daß $I_2 \gg I_1$. Ein Stabende sei eingespannt, während am anderen Ende eine Kraft f angreife, die den Stab in der Hauptebene x, z (wo der Biegewiderstand den Wert EI_2 besitzt) biege. Man bestimme den

kritischen Wert f_{kr}, wonach die ebene Form der Biegung instabil wird und der Stab in eine Seitenrichtung abbiegt (in der yz-Ebene), wobei gleichzeitig eine Torsion auftritt.

Lösung: Da der Widerstand $E\,I_2$ im Vergleich zu $E\,I_1$ (und zum Torsionswiderstand C)[1]) groß ist, tritt die Instabilität bezüglich einer starken Seitenabbiegung dann auf, wenn die Biegung in der xz-Ebene noch schwach ist. Um den Zeitpunkt des Auftretens der Instabilität zu bestimmen, müssen die Gleichungen für eine schwache Seitenabbiegung des Stabes hingeschrieben werden, wobei die Glieder, die dem Produkt aus der in der xz-Ebene wirkenden Kraft f und kleinen Verschiebungen proportional sind, beibehalten werden müssen. Da die Punktkraft nur am freien Stabende angreift, gilt entlang des gesamten Stabes $\boldsymbol{F} = \boldsymbol{f}$, und am freien Ende ($z = 0$) verschwindet das Drehmoment $\boldsymbol{M} = 0$; aus (19,6) erhalten wir die Komponenten des Drehmoments bezüglich des festen Koordinatensystems x, y, z:

$$M_x = 0\,, \qquad M_y = (l - z)\,f\,, \qquad M_z = (Y - Y_0)\,f\,,$$

wo $Y_0 = Y(l)$. Diese Drehmomente projizieren wir auf die jedem Stabpunkt zugeordneten Koordinatenachsen ξ, ζ, η; bis auf Glieder höherer Ordnung in den Verschiebungen erhalten wir

$$M_\xi = \varphi\,(l - z)\,f\,, \qquad M_\eta = (l - z)\,f\,, \qquad M_\zeta = (l - z)\,f\,\frac{dY}{dz} + f\,(Y - Y_0)\,,$$

wo φ der volle Winkel der Querschnittsdrehung bei der Stabtorsion ist (der Torsionswinkel $\tau = \frac{d\varphi}{dz}$ ist hier nicht konstant). Andererseits gilt nach (18,6) und (18,9) bei schwacher Biegung

$$M_\xi = -\,E\,I_1\,Y''\,, \qquad M_\eta = E\,I_2\,X''\,, \qquad M_\zeta = C\,\varphi'\,.$$

Setzt man diese Ausdrücke gleich, so erhält man die Gleichgewichtsbedingungen

$$E\,I_2\,X'' = (l - z)\,f\,, \quad E\,I_1\,Y'' = -\,\varphi\,(l - z)\,f\,, \quad C\,\varphi' = (l - z)\,f\,Y' + (Y - Y_0)\,f\,.$$

Die erste Gleichung beschreibt die Hauptbiegung des Stabes in der xz-Ebene. Gesucht wird die Größe von f, bei der eine nichttriviale Lösung der zweiten und dritten Gleichungen auftritt. Indem man Y eliminiert, erhält man aus diesen Gleichungen

$$\varphi'' + k^2\,(l - z)^2\,\varphi = 0\,, \qquad k^2 = \frac{f^2}{E\,I_1\,C}\,.$$

Das allgemeine Integral dieser Gleichung ist

$$\varphi = a\,\sqrt{l - z}\;J_{1/4}\left(\frac{k}{2}\,(l - z)^2\right) + b\,\sqrt{l - z}\;J_{-1/4}\left(\frac{k}{2}\,(l - z)^2\right).$$

Am eingespannten Ende ($z = 0$) muß gelten $\varphi = 0$, und am freien Ende verschwindet das Torsionsmoment: $C\,\varphi' = 0$. Aus der zweiten Bedingung folgt $a = 0$, und die erste Bedingung liefert $J_{-1/4}\left(\frac{k\,l^2}{2}\right) = 0$. Die kleinste Wurzel dieser Gleichung ist $\frac{k\,l^2}{2} = 2{,}006$, woraus folgt

$$f_{\text{kr}} = \frac{4{,}01\,\sqrt{E\,I_1\,C}}{l^2}\,.$$

---

[1]) So haben wir bei einem engen rechteckigen Querschnitt von der Breite h und der Höhe $b \gg h$:

$$E\,I_1 = \frac{b\,h^3}{12}\,E\,, \qquad E\,I_2 = \frac{b^3\,h}{12}\,E\,, \qquad C = \frac{b\,h^3}{3}\,\mu\,.$$

KAPITEL III

ELASTISCHE WELLEN

§ 22. Elastische Wellen im isotropen Medium

Wenn im deformierten Körper eine Bewegung vor sich geht, so bleibt die Körpertemperatur im allgemeinen nicht konstant, sondern sie ändert sich sowohl zeitlich als auch von Punkt zu Punkt. Dieser Umstand kompliziert sehr die exakten Bewegungsgleichungen im allgemeinen Falle beliebiger Bewegungen.

Gewöhnlich jedoch wird die Situation durch die Tatsache vereinfacht, daß die Wärmeübertragung (mittels einfacher Wärmeleitung) von Abschnitt zu Abschnitt nur sehr langsam vor sich geht. Wenn die Zeitintervalle, in denen praktisch die Wärme ausgetauscht wird, größer sind als die Perioden der Schwingungsbewegungen im Körper, dann kann jeder Körperabschnitt als wärmeisoliert betrachtet werden, d. h., die Bewegung wird adiabatisch verlaufen. Bei adiabatischen Deformationen jedoch läßt sich σ_{ik} durch u_{ik} auf die übliche Weise ausdrücken, nur müssen anstelle der gewöhnlichen („isothermen") Größen E, σ ihre adiabatischen Werte benutzt werden (vgl. § 6). Im weiteren wird diese Bedingung als erfüllt angesehen, und wir werden in diesem Kapitel unter E und σ ihre adiabatischen Werte verstehen.

Um die Bewegungsgleichungen für ein elastisches Medium zu erhalten, muß die Kraft der inneren Spannungen $\frac{\partial \sigma_{ik}}{\partial x_k}$ dem Produkt aus der Beschleunigung $\ddot{u}_i$ und der Masse der Volumeneinheit, d. h. der Dichte ϱ, gleichgesetzt werden:

$$\varrho\, \ddot{u}_i = \frac{\partial \sigma_{ik}}{\partial x_k}. \tag{22,1}$$

Das ist die allgemeine Form der Bewegungsgleichungen.

Im besonderen kann man die Bewegungsgleichungen für ein isotropes elastisches Medium analog zu den Gleichungen (7,2) hinschreiben. Wir haben

$$\varrho\, \ddot{\boldsymbol{u}} = \frac{E}{2(1+\sigma)} \Delta \boldsymbol{u} + \frac{E}{2(1+\sigma)(1-2\sigma)} \operatorname{grad} \operatorname{div} \boldsymbol{u}. \tag{22,2}$$

Da sämtliche Deformationen als klein angenommen werden, stellen die in der Elastizitätstheorie untersuchten Bewegungen kleine, sogenannte *elastische Schwingungen* oder *Wellen* dar. Wir beginnen mit der Betrachtung einer elastischen ebenen Welle im unendlich ausgedehnten elastischen Medium, d. h. einer Welle, wo die Deformation $\boldsymbol{u}$ nur von einer Koordinate, z. B. x (und von der Zeit), abhängt. Sämtliche Ableitungen nach y und z in den Gleichungen (22,2) verschwinden, und wir erhalten für die einzelnen Komponenten des Vektors $\boldsymbol{u}$ folgende Gleichungen:

$$\frac{\partial^2 u_x}{\partial x^2} - \frac{1}{c_l^2}\frac{\partial^2 u_x}{\partial t^2} = 0\,, \qquad \frac{\partial^2 u_y}{\partial x^2} - \frac{1}{c_t^2}\frac{\partial^2 u_y}{\partial t^2} = 0 \tag{22,3}$$

(die Gleichung für u_z sieht genauso aus wie die für u_y) mit den Bezeichnungen[1])

$$c_l = \sqrt{\frac{E(1-\sigma)}{\varrho(1+\sigma)(1-2\sigma)}}\,, \qquad c_t = \sqrt{\frac{E}{2\varrho(1+\sigma)}}\,. \tag{22,4}$$

Die Gleichungen (22,3) sind gewöhnliche eindimensionale Wellengleichungen, und die in ihnen enthaltenen Größen c_l und c_t stellen die Ausbreitungsgeschwindigkeiten der Wellen dar. Man sieht, die Ausbreitungsgeschwindigkeit der Komponente u_x unterscheidet sich von jener der Komponenten u_y, u_z.

Eine elastische Welle besteht somit aus zwei sich voneinander unabhängig ausbreitenden Wellen. In einer dieser Wellen ist die Verschiebung (u_x) in der Ausbreitungsrichtung gelegen; eine solche Welle heißt *Longitudinalwelle* und breitet sich mit der Geschwindigkeit c_l aus. In der anderen Welle liegt die Verschiebung (u_y, u_z) in einer zur Ausbreitungsrichtung senkrechten Ebene; eine solche Welle heißt *Transversalwelle* und breitet sich mit der Geschwindigkeit c_t aus. Wie man aus (22,4) ersieht, ist die Ausbreitungsgeschwindigkeit der Longitudinalwellen stets größer als die der Transversalwellen. Stets gilt die Ungleichung[2])

$$c_l > c_t\sqrt{\frac{4}{3}}\,. \tag{22,5}$$

Die Geschwindigkeiten c_l und c_t werden oft *longitudinale* bzw. *transversale Schallgeschwindigkeit* genannt.

Wie wir wissen, wird die Volumenänderung bei der Deformation durch die Summe der diagonalen Elemente des Verzerrungstensors ausgedrückt, d. h. durch die Größe $u_{ii} \equiv \operatorname{div} \boldsymbol{u}$. Die Transversalwelle enthält nur die Komponenten u_y, u_z, und da diese weder von y noch von z abhängen, gilt für eine solche Welle $\operatorname{div} \boldsymbol{u} = 0$. Die Transversalwellen stehen somit in keinem Zusammenhang mit der Volumenänderung der einzelnen Körperabschnitte. Für die Longitudinalwellen dagegen ist $\operatorname{div} \boldsymbol{u} \neq 0$; diese Wellen werden von Kompressionen und Ausdehnungen im Körper begleitet.

---

[1]) Die Ausdrücke, in denen c_l und c_t durch Kompressions-, Scherungsmodul und LAMÉ-Koeffizienten ausgedrückt werden, sind

$$c_l = \sqrt{\frac{3K + 4\mu}{3\varrho}} = \sqrt{\frac{\lambda + 2\mu}{\varrho}}\,, \qquad c_t = \sqrt{\frac{\mu}{\varrho}}\,.$$

[2]) Da sich σ praktisch in den Grenzen von 0 bis 1/2 ändert (vgl. Fußnote 1 auf Seite 16), gilt stets die stärkere Ungleichung

$$c_l > c_t\sqrt{2}\,.$$

Die Zerlegung einer Welle in zwei Wellen, welche sich unabhängig voneinander mit verschiedenen Geschwindigkeiten ausbreiten, kann auch im allgemeinen Falle einer beliebigen (nicht ebenen) elastischen Welle im unbegrenzten Medium durchgeführt werden.

Wir formen die Gleichung (22,2) um, indem wir in sie die Geschwindigkeiten c_l und c_t einführen:

$$\ddot{\boldsymbol{u}} = c_t^2 \Delta \boldsymbol{u} + (c_l^2 - c_t^2) \operatorname{grad} \operatorname{div} \boldsymbol{u} . \tag{22,6}$$

Der Vektor $\boldsymbol{u}$ wird in zwei Teile zerlegt:

$$\boldsymbol{u} = \boldsymbol{u}_l + \boldsymbol{u}_t , \tag{22,7}$$

von denen der eine Teil der Bedingung

$$\operatorname{div} \boldsymbol{u}_t = 0 \tag{22,8}$$

und der andere Teil der Bedingung

$$\operatorname{rot} \boldsymbol{u}_l = 0 \tag{22,9}$$

genügt. Eine solche Zerlegung ist immer möglich, denn es ist die Darstellung eines Vektors als Summe der Rotation eines bestimmten Vektors und des Gradienten eines bestimmten Skalars.

Setzt man (22,7) in (22,6) ein, so erhält man

$$\ddot{\boldsymbol{u}}_l + \ddot{\boldsymbol{u}}_t = c_t^2 \Delta (\boldsymbol{u}_l + \boldsymbol{u}_t) + (c_l^2 - c_t^2) \operatorname{grad} \operatorname{div} \boldsymbol{u}_l . \tag{22,10}$$

Auf diese Gleichung wenden wir den Operator div an. Wegen $\operatorname{div} \boldsymbol{u}_t = 0$ erhalten wir

$$\operatorname{div} \ddot{\boldsymbol{u}}_l = c_t^2 \Delta \operatorname{div} \boldsymbol{u}_l + (c_l^2 - c_t^2) \Delta \operatorname{div} \boldsymbol{u}_l$$

oder

$$\operatorname{div} (\ddot{\boldsymbol{u}}_l - c_l^2 \Delta \boldsymbol{u}_l) = 0 .$$

Andererseits verschwindet auch die Rotation des Klammerausdrucks nach (22,9). Wenn jedoch die Rotation und die Divergenz eines Vektors im gesamten Raum verschwinden, so ist der Vektor ein Nullvektor. Somit haben wir

$$\frac{\partial^2 \boldsymbol{u}_l}{\partial t^2} - c_l^2 \Delta \boldsymbol{u}_l = 0 . \tag{22,11}$$

Analog wenden wir auf die Gleichung (22,10) den Operator rot an. Aus $\operatorname{rot} \boldsymbol{u}_l = 0$ und $\operatorname{rot} \operatorname{grad} \equiv 0$ folgt dann

$$\operatorname{rot} (\ddot{\boldsymbol{u}}_t - c_t^2 \Delta \boldsymbol{u}_t) = 0 .$$

Da die Divergenz des Klammerausdrucks ebenfalls verschwindet, erhalten wir wiederum eine Gleichung von der Form (22,11):

$$\frac{\partial^2 \boldsymbol{u}_t}{\partial t^2} - c_t^2 \Delta \boldsymbol{u}_t = 0 . \tag{22,12}$$

(22,11) und (22,12) stellen gewöhnliche (dreidimensionale) Wellengleichungen dar. Jede entspricht der Ausbreitung einer elastischen Welle mit der Geschwindigkeit c_l bzw. c_t. Die eine ($\boldsymbol{u}_t$) hängt nicht mit Volumenänderungen zusammen (wegen div $\boldsymbol{u}_t = 0$), während die andere ($\boldsymbol{u}_l$) von Kompressionen und Ausdehnungen im Körper begleitet wird.

In einer monochromatischen elastischen Welle hat der Verschiebungsvektor die Form

$$\boldsymbol{u} = \text{Re}\,\{\boldsymbol{u}_0(\boldsymbol{r})\, e^{-i\omega t}\}\,, \tag{22,13}$$

wo $\boldsymbol{u}_0$ eine Koordinatenfunktion ist. Diese Funktion genügt der Gleichung

$$c_t^2\, \Delta \boldsymbol{u}_0 + (c_l^2 - c_t^2)\,\text{grad div}\,\boldsymbol{u}_0 + \omega^2\, \boldsymbol{u}_0 = 0\,, \tag{22,14}$$

welche man erhält, wenn man (22,13) in (22,6) einsetzt. Der Longitudinal- bzw. Transversalteil der Welle genügen den Gleichungen

$$\Delta \boldsymbol{u}_l + k_l^2\, \boldsymbol{u}_l = 0\,, \qquad \Delta \boldsymbol{u}_t + k_t^2\, \boldsymbol{u}_t = 0\,, \tag{22,15}$$

wo $k_l = \frac{\omega}{c_l}$, $k_t = \frac{\omega}{c_t}$ die entsprechenden Wellenvektoren sind.

Abschließend untersuchen wir die Reflexion und Brechung einer ebenen monochromatischen elastischen Welle an der Grenze zwischen zwei verschiedenen elastischen Medien. Dabei muß man im Auge behalten, daß der Wellencharakter bei der Reflexion und der Brechung im allgemeinen geändert wird. Wenn auf die Grenze zwischen zwei verschiedenen elastischen Medien eine reine Transversal- oder eine reine Longitudinalwelle fällt, so haben wir im Ergebnis gemischte Wellen, die sowohl transversale als auch longitudinale Komponenten enthalten. Der Wellencharakter ändert sich nur dann nicht (das folgt aus Symmetrieüberlegungen), wenn die Welle senkrecht auf die Trennfläche fällt oder wenn die Schwingungen einer Transversalwelle, die unter beliebigem Winkel einfällt, zur Trennebene parallel sind.

Die Beziehungen für die Ausbreitungsrichtungen der reflektierten bzw. gebrochenen Wellen können unmittelbar aus der Konstanz der Frequenz und der Tangentialkomponente des Wellenvektors[1]) zur Trennfläche erhalten werden. Es seien Θ und Θ' der Einfalls- bzw. Reflexionswinkel (oder Brechungswinkel) und c, c' die Geschwindigkeiten der betrachteten Wellen. Dann gilt

$$\frac{\sin\Theta}{\sin\Theta'} = \frac{c}{c'}\,. \tag{22,16}$$

Die einfallende Welle sei z. B. transversal, dann ist $c = c_{t1}$ die Geschwindigkeit der Transversalwellen im ersten Medium. Für die reflektierte Transversalwelle gilt ebenfalls $c' = c_{t1}$ und (22,16) liefert daher

$$\Theta = \Theta'\,,$$

d. h., der Einfallswinkel ist gleich dem Reflexionswinkel.

---

[1]) Vgl. Band VI, Hydrodynamik", § 65. Alle dortigen Betrachtungen behalten auch hier ihre volle Gültigkeit.

Für die reflektierte Longitudinalwelle haben wir $c' = c_{l1}$ und daher

$$\frac{\sin \Theta}{\sin \Theta'} = \frac{c_{t1}}{c_{l1}}.$$

Beim Transversalteil der gebrochenen Welle ist $c' = c_{t2}$, und bei einer einfallenden Transversalwelle gilt dann

$$\frac{\sin \Theta}{\sin \Theta'} = \frac{c_{t1}}{c_{t2}}.$$

Analog haben wir für die gebrochen Longitudinalwelle

$$\frac{\sin \Theta}{\sin \Theta'} = \frac{c_{t1}}{c_{l2}}.$$

Aufgaben

1. Man bestimme den Reflexionskoeffizienten einer longitudinalen monochromatischen Welle, die unter irgendeinem Winkel auf die Grenzfläche zwischen Körper und Vakuum einfalle.[1])

Lösung: Bei der Reflexion unter beliebigem Winkel entstehen sowohl eine Longitudinal- als auch eine Transversalwelle. Aus Symmetriegründen folgt sofort, daß der Verschiebungsvektor der reflektierten Transversalwelle ganz und gar in der Einfallsebene liegen wird (Abb. 20; $\boldsymbol{n}_0$, $\boldsymbol{n}_l$, $\boldsymbol{n}_t$ sind Einheitsvektoren in den Ausbreitungsrichtungen der einfallenden und longitudinalen bzw. transversalen reflektierten Wellen, und $\boldsymbol{u}_0$, $\boldsymbol{u}_l$, $\boldsymbol{u}_t$ sind die entsprechenden Verschiebungsvektoren). Die Gesamtverschiebung im Körper ist gleich der Summe (der gemeinsame Faktor $e^{-i\omega t}$ ist fortgelassen)

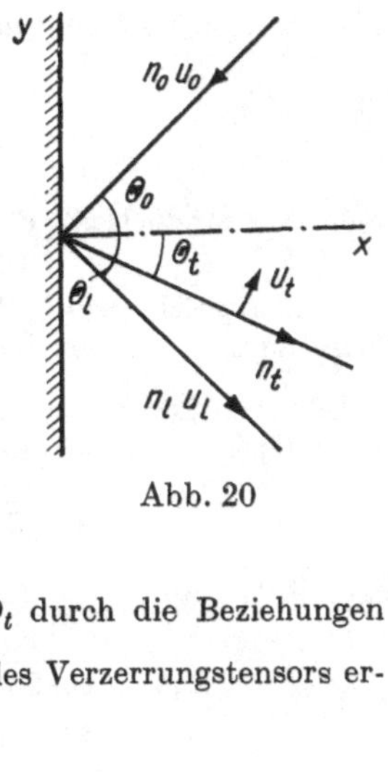

Abb. 20

$$\boldsymbol{u} = A_0\,\boldsymbol{n}_0\,e^{i\boldsymbol{k}_0\boldsymbol{r}} + A_l\,\boldsymbol{n}_l\,e^{i\boldsymbol{k}_l\boldsymbol{r}} + A_t\,[\boldsymbol{a}\,\boldsymbol{n}_t]\,e^{i\boldsymbol{k}_t\boldsymbol{r}}$$

($\boldsymbol{a}$ ein ist zur Einfallsfläche orthogonaler Einheitsvektor). Die Beträge der Wellenvektoren sind $k_0 = k_l = \frac{\omega}{c_l}$, $k_t = \frac{\omega}{c_t}$, und der Einfallswinkel Θ_0 ist mit den Reflexionswinkeln Θ_l und Θ_t durch die Beziehungen $\Theta_l = \Theta_0$, $\sin\Theta_t = \sin\Theta_0\,\frac{c_t}{c_l}$ gekoppelt. Für die Komponenten des Verzerrungstensors erhalten wir am Körperrand

$$u_{xx} = i\,k_0\,(A_0 + A_l)\cos^2\Theta_0 + i\,A_t\,k_t\cos\Theta_t\sin\Theta_t\,, \qquad u_{ll} = i\,k_0\,(A_0 + A_l)\,,$$

$$u_{xy} = i\,k_0\,(A_0 - A_l)\sin\Theta_0\cos\Theta_0 + \frac{i}{2}\,A_t\,k_t\,(\cos^2\Theta_t - \sin^2\Theta_t)$$

[1]) Zu dem allgemeineren Fall der Reflexion von Schallwellen an der Grenzfläche zwischen einem Festkörper und einer Flüssigkeit sowie auch der analogen Aufgabe der Reflexion von Schallwellen, die aus einer Flüssigkeit auf einen Festkörper auftreffen siehe L. M. Brechowskich, Wellen in geschichteten Medien. Verlag der Akad. d. Wiss. d. UdSSR, 1957, § 4.

(die gemeinsamen Exponentialfaktoren sind fortgelassen). Die Komponenten des Spannungstensors berechnen wir nach der allgemeinen Beziehung (5,11), welche wir bequemerweise hier in der Form

$$\sigma_{ik} = 2\,\varrho\, c_t^2\, u_{ik} + \varrho\,(c_l^2 - 2\,c_t^2)\, u_{ll}\, \delta_{ik}$$

schreiben. Die Randbedingungen auf der freien Körperfläche lauten $\sigma_{ik}\, n_k = 0$, woraus folgt $\sigma_{xx} = \sigma_{yx} = 0$, und sie liefern zwei Gleichungen, mit deren Hilfe A_l, A_t durch A_0 ausgedrückt werden können. Das Ergebnis der Berechnung ist

$$A_l = A_0 \frac{c_t^2 \sin 2\,\Theta_t \sin 2\,\Theta_0 - c_l^2 \cos^2 2\,\Theta_t}{c_t^2 \sin 2\,\Theta_t \sin 2\,\Theta_0 + c_l^2 \cos^2 2\,\Theta_t},$$

$$A_t = -\,A_0 \frac{2\,c_l\, c_t \sin 2\,\Theta_0 \cos 2\,\Theta_t}{c_t^2 \sin 2\,\Theta_t \sin 2\,\Theta_0 + c_l^2 \cos^2 2\,\Theta_t}.$$

Für $\Theta_0 = 0$ haben wir $A_l = -\,A_0$, $A_t = 0$, d. h., die Welle wird vollständig als Longitudinalwelle reflektiert. Das Verhältnis der zur Oberfläche des Körpers orthogonalen Komponente der Dichte des Energiestromes in der Longitudinalwelle zum gleichen Strom in der einfallenden Welle ist

$$R_l = \left|\frac{A_l}{A_0}\right|^2.$$

Die analoge Beziehung für die reflektierte Transversalwelle ist

$$R_i = \frac{c_t \cos \Theta_t}{c_l \cos \Theta_0} \left|\frac{A_t}{A_0}\right|^2.$$

Selbstverständlich gilt die Beziehung $R_l + R_t = 1$.

2. Das gleiche wie in Aufgabe 1, wenn die einfallende Welle transversal ist (und ihre Schwingungen in der einfallenden Fläche liegen).[1]

Lösung: Die Welle wird in transversaler und longitudinaler Form reflektiert, wobei $\Theta_t = \Theta_0$, $c_t \sin \Theta_l = c_l \sin \Theta_0$. Der resultierende Verschiebungsvektor ist

$$\boldsymbol{u} = [\boldsymbol{a}\,\boldsymbol{n}_0]\, A_0\, e^{i\,\boldsymbol{k}_0 \boldsymbol{r}} + \boldsymbol{n}_l\, A_l\, e^{i\,\boldsymbol{k}_l \boldsymbol{r}} + [\boldsymbol{a}\,\boldsymbol{n}_t]\, A_t\, e^{i\,\boldsymbol{k}_t \boldsymbol{r}}\,.$$

Für die Amplituden der reflektierten Wellen erhalten wir die Ausdrücke

$$\frac{A_t}{A_0} = \frac{c_t^2 \sin 2\,\Theta_l \sin 2\,\Theta_0 - c_l^2 \cos^2 2\,\Theta_0}{c_t^2 \sin 2\,\Theta_l \sin 2\,\Theta_0 + c_l^2 \cos^2 2\,\Theta_0}, \qquad \frac{A_l}{A_0} = \frac{2\,c_l\, c_t \sin 2\,\Theta_0 \cos 2\,\Theta_0}{c_t^2 \sin 2\,\Theta_l \sin 2\,\Theta_0 + c_l^2 \cos^2 2\,\Theta_0}.$$

3. Man bestimme die Frequenzen der radialen Eigenschwingungen einer elastischen Kugel vom Radius R.

Lösung: Wir wählen Kugelkoordinaten mit dem Ursprung im Kugelmittelpunkt. Im Falle von Radialschwingungen hat $\boldsymbol{u}$ die Richtung des Radius und hängt nur von r (und t) ab. Aus diesem Grunde ist $\operatorname{rot} \boldsymbol{u} = 0$. Wir führen das „Verschiebungspotential“ φ ein

---

[1]) Wenn die Schwingungen senkrecht zur Einfallsebene stattfinden, so wird die Welle totalreflektiert, d. h., es ist $R_t = 1$.

durch die Beziehung $u_r = u = \partial\varphi/\partial r$. Über die durch φ ausgedrückte Bewegungsgleichung kommen wir zu der Wellengleichung $c_l^2\, \Delta\varphi = \ddot{\varphi}$, d. h. zu zeitlich periodischen Schwingungen ($\sim e^{-i\omega t}$):

$$\Delta\varphi \equiv \frac{1}{r^2}\frac{\partial}{\partial r}\left(r^2\frac{\partial\varphi}{\partial r}\right) = -k^2\varphi\,, \qquad k = \frac{\omega}{c_l}\,. \tag{1}$$

Eine im gesamten Kugelvolumen einschließlich dem Zentrum endliche Lösung ist

$$\varphi = A\,\frac{\sin k\,r}{r}$$

(den Zeitfaktor lassen wir weg). Für die Radialspannungen erhalten wir

$$\sigma_{rr} = \varrho\,\{(c_l^2 - 2\,c_t^2)\,u_{i\,i} + 2\,c_t^2\,u_{rr}\} = \varrho\,\{(c_l^2 - 2\,c_t^2)\,\Delta\varphi + 2\,c_t^2\,\varphi''\}$$

oder unter Benutzung von Gleichung (1)

$$\frac{1}{\varrho}\,\sigma_{rr} = -\,\omega^2\,\varphi - 4\,c_t^2\,\frac{1}{r}\,\varphi'\,. \tag{2}$$

Die Grenzbedingung $\sigma_{rr}(R) = 0$ führt zu der Gleichung

$$\frac{\operatorname{tg} k\,R}{k\,R} = \frac{1}{1 - (k\,R\,c_l/2\,c_t)^2}\,. \tag{3}$$

Ihre Wurzeln bestimmen die Frequenzen der Eigenschwingungen $\omega_l = c_l\,k$.

4. Man bestimme die Eigenfrequenzen der Radialschwingungen eines kugelförmigen Hohlraumes in einem unbegrenzten elastischen Medium, in dem $c_l \gg c_t$ ist (M. A. Isakowitsch, 1949).

Lösung: Im unbegrenzten Medium sind die Radialschwingungen von einer Abstrahlung von Schallwellen begleitet, was zu Energieverlusten und damit Dämpfung der Schwingungen führt. Im Falle $c_l \gg c_t$ (d. h. $k \gg M$) ist die Abstrahlung schwach, und man kann wegen des kleinen Dämpfungsfaktors von Eigenfrequenzen sprechen.

Wir suchen eine Lösung von (1), Aufgabe 3, in Form auslaufender Kugelwellen:

$$\varphi = A\,\frac{e^{i\,k\,r}}{r}\,, \qquad k = \frac{\omega}{c_l}\,.$$

Mit Hilfe von (2) erhalten wir aus der Randbedingung $\sigma_{rr}(R) = 0$

$$\left(k\,R\,\frac{c_l}{c_t}\right)^2 = 4\,(1 - i\,k\,R)\,.$$

Daraus folgt (bei $c_l \gg c_t$)

$$\omega = \frac{2\,c_t}{R}\left(1 - i\,\frac{c_t}{c_l}\right).$$

Der Realteil von ω ist die Eigenfrequenz der Schwingungen, der Imaginärteil der Dämpfungsfaktor. Im inkompressiblen Medium ($c_l \to \infty$) wäre natürlich keine Dämpfung vorhanden. Diese Schwingungen sind ein spezifisches Resultat des Widerstandes gegenüber einer Translation ($\mu \neq 0$). Wir machen darauf aufmerksam, daß für sie $k\,R = 2\,c_t/c_l \ll 1$ gilt, d. h., die Wellenlänge der Schwingungen ist groß gegenüber R. (Es ist interessant, dieses Ergebnis mit den Schwingungen einer elastischen Kugelfläche zu vergleichen, für die bei $c_l \gg c_t$ die Grundfrequenz nach (3) durch $k\,R = \pi$ bestimmt ist.)

§ 23. Elastische Wellen in Kristallen

Die Ausbreitung elastischer Wellen in anisotropen Medien, d. h. in Kristallen, unterliegt komplizierteren Gesetzmäßigkeiten als die Ausbreitung von Wellen in isotropen Körpern. Um solche Wellen untersuchen zu können, müssen wir von der allgemeinen Bewegungsgleichung

$$\varrho\, \ddot{u}_i = \frac{\partial \sigma_{i\,k}}{\partial x_k}$$

ausgehen und für $\sigma_{i\,k}$ den allgemeinen Ausdruck (10,3) benutzen:

$$\sigma_{i\,k} = \lambda_{i\,k\,l\,m}\, u_{l\,m}\,.$$

Unter $\lambda_{i\,k\,l\,m}$ ist überall der adiabatische Wert der Elastizitätsmoduln zu verstehen.

Wir setzen $\sigma_{i\,k}$ in die Bewegungsgleichungen ein und erhalten

$$\varrho\, \ddot{u}_i = \lambda_{i\,k\,l\,m} \frac{\partial u_{l\,m}}{\partial x_k} = \frac{\lambda_{i\,k\,l\,m}}{2} \frac{\partial}{\partial x_k}\left(\frac{\partial u_l}{\partial x_m} + \frac{\partial u_m}{\partial x_l}\right) = \frac{1}{2}\lambda_{i\,k\,l\,m} \frac{\partial^2 u_l}{\partial x_k\, \partial x_m} + \frac{1}{2}\lambda_{i\,k\,l\,m} \frac{\partial^2 u_m}{\partial x_k\, \partial x_l}\,.$$

Der Tensor $\lambda_{i\,k\,l\,m}$ ist in den Indizes l und m symmetrisch. Wenn wir daher im zweiten Glied die Summationsindizes l und m vertauschen, sehen wir, daß das erste und das zweite Glied identisch sind. Somit erhalten wir die Bewegungsgleichungen in der Form

$$\varrho\, \ddot{u}_i = \lambda_{i\,k\,l\,m} \frac{\partial^2 u_m}{\partial x_k\, \partial x_l}\,. \tag{23,1}$$

Wir betrachten jetzt eine monochromatische elastische Welle im Kristall. Dazu suchen wir die Lösung der Bewegungsgleichungen in der Form

$$u_i = u_{0\,i}\, e^{i(\boldsymbol{k}\boldsymbol{r} - \omega t)}$$

($u_{0\,i}$ sind Konstanten), wobei die Beziehung zwischen dem Wellenvektor $\boldsymbol{k}$ und der Frequenz ω so bestimmt werden muß, daß die hingeschriebene Funktion tatsächlich der Gleichung (23,1) genügt. Differenzieren von u_i nach der Zeit führt zur Multiplikation mit $-i\,\omega$, und Differenzieren nach x_k führt zur Multiplikation mit $i\,k_k$. Die Gleichung (23,1) geht daher über in

$$\varrho\, \omega^2\, u_i = \lambda_{i\,k\,l\,m}\, k_k\, k_l\, u_m\,.$$

Mit Hilfe von $u_i = \delta_{i\,m}\, u_m$ schreiben wir diese Gleichung so:

$$(\varrho\, \omega^2\, \delta_{i\,m} - \lambda_{i\,k\,l\,m}\, k_k\, k_l)\, u_m = 0\,. \tag{23,2}$$

Dieses ist ein homogenes System von drei Gleichungen erster Ordnung bezüglich der Unbekannten u_x, u_y, u_z. Ein solches System hat bekanntlich nur dann eine nichttriviale Lösung, wenn die Determinante der Koeffizienten bei u_m verschwindet. Es muß daher folgende Bedingung erfüllt sein:

$$|\lambda_{i\,k\,l\,m}\, k_k\, k_l - \varrho\, \omega^2\, \delta_{i\,m}| = 0\,. \tag{23,3}$$

Das ist eine Gleichung dritter Ordnung in ω^2. Sie hat im allgemeinen drei verschiedene Wurzeln. Jede dieser Wurzeln liefert die Frequenz ω als Funktion des Wellenvektors k_i.[1]) Setzt man die Wurzeln nacheinander wieder in die Gleichungen (23,2) ein, so erhält man die Komponenten der entsprechenden Verschiebung u_i (da die Gleichungen homogen sind, werden nur die Verhältnisse zwischen den drei Komponenten u_i bestimmt, nicht aber ihre absoluten Beträge, so daß alle u_i noch mit einem gemeinsamen konstanten Faktor multipliziert werden können).

Die Ausbreitungsgeschwindigkeit der Welle (*Gruppengeschwindigkeit*) ergibt sich aus der Ableitung der Frequenz nach dem Wellenvektor. Im isotropen Körper ist die Frequenz dem Betrag von $\boldsymbol{k}$ proportional; deshalb stimmt die Richtung der Geschwindigkeit $\boldsymbol{U} = \frac{\partial \omega}{\partial \boldsymbol{k}}$ mit der Richtung von $\boldsymbol{k}$ überein. In Kristallen gibt es diesen linearen Zusammenhang nicht; die Ausbreitungsrichtung der Welle unterscheidet sich daher von der Richtung des Wellenvektors.

Aus der Gleichung (23,3) ist ersichtlich, daß ω eine homogene Funktion erster Ordnung der Komponenten k_i des Vektors $\boldsymbol{k}$ ist (wenn man das Verhältnis ω/k als unbekannte Größe einführt, hängen die Koeffizienten der Gleichung nicht mehr von $\boldsymbol{k}$ ab). Die Ausbreitungsgeschwindigkeit $\frac{\partial \omega}{\partial \boldsymbol{k}}$ ist daher eine homogene Funktion nullter Ordnung von k_i. Die Wellengeschwindigkeit als Funktion ihrer Richtung ist somit von der Frequenz unabhängig.

Da drei verschiedene Abhängigkeiten zwischen ω und $\boldsymbol{k}$ existieren, gibt es für jede Richtung im Kristall im allgemeinen drei verschiedene Ausbreitungsgeschwindigkeiten elastischer Wellen. Lediglich in einigen ausgezeichneten Richtungen können diese Geschwindigkeiten übereinstimmen.

Im isotropen Medium entsprachen zwei verschiedenen Ausbreitungsgeschwindigkeiten reine Longitudinal- bzw. reine Transversalwellen. Im Gegensatz dazu entspricht im Kristall jeder Ausbreitungsgeschwindigkeit eine Welle, deren Verschiebungsvektor sowohl zur Ausbreitungsrichtung parallele als auch orthogonale Komponenten besitzt.

Abschließend weisen wir noch auf folgenden Umstand hin. Zu jedem gegebenen Wellenvektor $\boldsymbol{k}$ können im Kristall drei Wellen existieren (mit verschiedenen Frequenzen und Ausbreitungsgeschwindigkeiten). Man kann sich leicht davon überzeugen, daß die Verschiebungsvektoren $\boldsymbol{u}$ dieser drei Wellen zueinander orthogonal sind. Man kann nämlich (23,3) bei vorgegebenem $\boldsymbol{k}$ als Bestimmungsgleichung für die Hauptwerte $\varrho\, \omega^2$ des (in den Indizes i, m) symmetrischen Tensors zweiten Ranges $\lambda_{iklm}\, k_k\, k_l$ betrachten.[2]) Die Gleichungen (23,2) bestimmen dann die Hauptachsen dieses Tensors, und diese sind bekanntlich zueinander orthogonal.

---

[1]) Im isotropen Körper würde diese Gleichung zum bekannten Ergebnis führen: zu einer Lösung $\omega^2 = c_l^2\, k^2$ und zwei gleichen Lösungen $\omega^2 = c_t^2\, k^2$.

[2]) Wegen der Symmetrie des Tensors λ_{iklm} gilt

$$\lambda_{iklm}\, k_k\, k_l = \lambda_{kiml}\, k_k\, k_l = \lambda_{mlki}\, k_k\, k_l \,.$$

Der letzte Ausdruck unterscheidet sich von $\lambda_{mkli}\, k_k\, k_l$ nur durch die Bezeichnung der Summationsindizes k und l, d. h., der Tensor $\lambda_{iklm}\, k_k\, k_l$ ist wirklich symmetrisch.

Aufgabe

Man bestimme die Abhängigkeit der Frequenz vom Wellenvektor für elastische Wellen im hexagonalen Kristall.

Lösung: Die von Null verschiedenen Komponenten des Tensors λ_{iklm} im System x, y, z hängen mit seinen Komponenten im System ξ, η, z (vgl. § 10, Fußnote [1]) S. 44) über die Beziehungen

$$\lambda_{xxxx} = \lambda_{yyyy} = a + b\,, \qquad \lambda_{xxyy} = a - b\,, \qquad \lambda_{xyxy} = b\,,$$

$$\lambda_{xxzz} = \lambda_{yyzz} = c\,, \qquad \lambda_{xzxz} = \lambda_{yzyz} = d\,, \qquad \lambda_{zzzz} = f$$

zusammen, wo folgende Bezeichnungen eingeführt sind:

$$\lambda_{\xi\eta\xi\eta} = \frac{1}{4}a\,, \qquad \lambda_{\xi\xi\eta\eta} = \frac{1}{2}b\,, \qquad \lambda_{\xi\eta zz} = \frac{1}{2}c\,, \qquad \lambda_{\xi z\eta z} = \frac{1}{2}d\,.$$

Die z-Achse liegt in der Symmetrieachse 6. Ordnung; die Richtungen der x- bzw. y-Achse können beliebig sein. Wir wählen die xz-Ebene so, daß sie den Wellenvektor $\boldsymbol{k}$ enthält. Dann ist

$$k_x = k \sin\vartheta\,, \qquad k_y = 0\,, \qquad k_z = k\cos\vartheta\,,$$

wo ϑ der Winkel zwischen $\boldsymbol{k}$- und z-Achse ist. Wir stellen die Gleichung (23,3) auf und lösen sie. Das liefert drei verschiedene Abhängigkeiten ω von $\boldsymbol{k}$:

$$\omega_1^2 = \frac{k^2}{\varrho}\,(b\sin^2\vartheta + d\cos^2\vartheta)\,,$$

$$\omega_{2,3}^2 = \frac{k^2}{2\varrho}\,\{(a+b)\sin^2\vartheta + f\cos^2\vartheta + d$$
$$\pm \sqrt{[(a+b-d)\sin^2\vartheta + (d-f)\cos^2\vartheta]^2 + 4\,(c+d)^2\sin^2\vartheta\cos^2\vartheta}\,\}\,.$$

§ 24. Oberflächenwellen

Eine besondere Erscheinungsform elastischer Wellen sind solche, die sich in der Nähe der Körperoberfläche ausbreiten, ohne in das Innere des Körpers einzudringen (Rayleigh-Wellen).

Wir schreiben die Bewegungsgleichungen in der Form (22,11) und (22,12),

$$\frac{\partial^2 u}{\partial t^2} - c^2 \Delta u = 0\,, \tag{24,1}$$

(wo u irgendeine Komponente der Vektoren $\boldsymbol{u}_l$, $\boldsymbol{u}_t$ ist und c die entsprechende Geschwindigkeit c_l bzw. c_t) und suchen die Lösungen, welche solchen Oberflächenwellen entsprechen. Die Oberfläche des elastischen Körpers sei eben (und unbegrenzt) und stelle die xy-Ebene dar. Für Gebiete innerhalb des Körpers sei $z < 0$.

Wir betrachten eine ebene monochromatische Oberflächenwelle, die sich in x-Richtung ausbreitet. Dementsprechend suchen wir u in der Form

$$u = e^{i(kx - \omega t)}\,f(z)\,.$$

Diesen Ausdruck setzen wir in (24,1) ein und erhalten für die Funktion $f(z)$ die Gleichung

$$\frac{d^2f}{dz^2} = \left(k^2 - \frac{\omega^2}{c^2}\right) f .$$

Für $k^2 - \frac{\omega^2}{c^2} < 0$ liefert diese Gleichung eine periodische Funktion f, d. h., wir erhalten eine ebene Welle, die nirgends im Körpervolumen verschwindet. Daher müssen wir fordern $k^2 - \frac{\omega^2}{c^2} > 0$. Dann erhalten wir für f Lösungen von der Form

$$f(z) = \text{const} \cdot e^{\pm z \sqrt{k^2 - \frac{\omega^2}{c^2}}} .$$

Die Lösung mit negativem Vorzeichen im Exponenten hat keinen physikalischen Sinn, denn sie bedeutet ein unbegrenztes Anwachsen der Deformation ins Innere des Körpers ($z < 0$). Im Exponenten muß daher das positive Vorzeichen stehen.

Somit haben wir folgende Lösung der Bewegungsgleichungen:

$$u = \text{const} \cdot e^{i(kx - \omega t)}\, e^{\varkappa z} \tag{24,2}$$

mit

$$\varkappa = \sqrt{k^2 - \frac{\omega^2}{c^2}} . \tag{24,3}$$

Sie entspricht einer im Körperinnern rasch (exponentiell) abklingenden Welle, d. h. einer solchen, die sich nur in Oberflächennähe ausbreitet. $\varkappa$ charakterisiert die Abklinglänge.

Der eigentliche Verschiebungsvektor $\boldsymbol{u}$ der Welle besteht aus der Summe der Vektoren $\boldsymbol{u}_l$ und $\boldsymbol{u}_t$, deren jede Komponente der Gleichung (24,1) mit der Geschwindigkeit $c = c_l$ bzw. $c = c_t$ genügt. Im Falle von Volumenwellen im unbegrenzten Medium breiten sich diese beiden Wellenanteile unabhängig voneinander aus. Bei Oberflächenwellen ist eine solche Zerlegung in zwei voneinander unabhängige Teile (wegen der Randbedingungen) nicht möglich. Der Verschiebungsvektor $\boldsymbol{u}$ muß als lineare Kombination der Vektoren $\boldsymbol{u}_l$ und $\boldsymbol{u}_t$ dargestellt werden. Letztere lassen sich hier nicht mehr anschaulich als zur Ausbreitungsrichtung parallele bzw. orthogonale Verschiebungen interpretieren.

Um eine lineare Kombination der Vektoren $\boldsymbol{u}_l$ und $\boldsymbol{u}_t$ so zu bestimmen, daß sie den wahren Verschiebungsvektor $\boldsymbol{u}$ liefert, muß man die Grenzbedingungen am Körperrand benutzen. Hieraus ergibt sich auch die Beziehung zwischen dem Wellenvektor $\boldsymbol{k}$ und der Frequenz ω, und folglich auch die Ausbreitungsgeschwindigkeit der Welle. Auf der freien Oberfläche müssen folgende Bedingungen erfüllt sein: $\sigma_{ik}\, n_k = 0$. Da die Normale $\boldsymbol{n}$ in z-Richtung zeigt, folgt hieraus die Bedingung

$$\sigma_{xz} = \sigma_{yz} = \sigma_{zz} = 0 ,$$

und daraus ergibt sich

$$u_{xz} = 0 , \qquad u_{yz} = 0 , \qquad \sigma(u_{xx} + u_{yy}) + (1 - \sigma)\, u_{zz} = 0 . \tag{24,4}$$

Da keine der Größen von y abhängt, liefert die zweite der Gleichungen

$$u_{yz} = \frac{1}{2}\left(\frac{\partial u_y}{\partial z} + \frac{\partial u_z}{\partial y}\right) = \frac{1}{2}\frac{\partial u_y}{\partial z} = 0 .$$

Unter Berücksichtigung von (24,2) folgt hieraus

$$u_y = 0 . \tag{24,5}$$

Der Verschiebungsvektor der Oberflächenwelle liegt somit in einer Ebene, welche die Ausbreitungsrichtung „schneidet“ und zur Oberfläche orthogonal ist.

Der „Transversalanteil“ der Welle $\boldsymbol{u}_t$ muß der Bedingung (22,8) $\operatorname{div} \boldsymbol{u}_t = 0$ genügen oder

$$\frac{\partial u_{tx}}{\partial x} + \frac{\partial u_{tz}}{\partial z} = 0 .$$

Die Abhängigkeit der u_{tx} und u_{tz} von x und z ist durch den Faktor $e^{ikx+\varkappa_t z}$ bestimmt, wo $\varkappa_t$ durch (24,3) mit $c = c_t$ gegeben ist, d. h.

$$\varkappa_t = \sqrt{k^2 - \frac{\omega^2}{c_t^2}} .$$

Die hingeschriebene Bedingung führt daher auf die Gleichung

$$i\,k\,u_{tx} + \varkappa_t\,u_{tz} = 0$$

oder

$$\frac{u_{tx}}{u_{tz}} = -\frac{\varkappa_t}{i\,k} .$$

Wir können daher schreiben

$$u_{tx} = \varkappa_t\,a\,e^{ikx+\varkappa_t z - i\omega t}, \qquad u_{tz} = -\,i\,k\,a\,e^{ikx+\varkappa_t z - i\omega t}, \tag{24,6}$$

wo a eine Konstante ist.

Der „Longitudinalanteil“ $\boldsymbol{u}_l$ genügt der Bedingung (22,9) $\operatorname{rot} \boldsymbol{u}_l = 0$ oder

$$\frac{\partial u_{lx}}{\partial z} - \frac{\partial u_{lz}}{\partial x} = 0 ,$$

woraus folgt

$$i\,k\,u_{lz} - \varkappa_l\,u_{lx} = 0 \qquad \left(\varkappa_l = \sqrt{k^2 - \frac{\omega^2}{c_l^2}}\right).$$

Es muß somit gelten

$$u_{lx} = k\,b\,e^{ikx+\varkappa_l z - i\omega t}, \qquad u_{lz} = -\,i\,\varkappa_l\,b\,e^{ikx+\varkappa_l z - i\omega t}, \tag{24,7}$$

wo b eine Konstante ist.

Jetzt benutzen wir die erste und dritte der Bedingungen (24,4). Die u_{ik} drücken wir durch Ableitungen von u_i aus, und nachdem wir die Geschwindigkeiten c_l und c_t eingeführt haben, schreiben wir diese Bedingungen in der Form

$$\frac{\partial u_x}{\partial z} + \frac{\partial u_z}{\partial x} = 0 , \qquad c_l^2\,\frac{\partial u_z}{\partial z} + (c_l^2 - 2\,c_t^2)\,\frac{\partial u_x}{\partial x} = 0 . \tag{24,8}$$

Hierin muß

$$u_x = u_{lx} + u_{tx}\,, \qquad u_z = u_{lz} + u_{tz}$$

eingesetzt werden. Im Ergebnis liefert die erste der Bedingungen (24,8) die Gleichung

$$a\,(k^2 + \varkappa_t^2) + 2\,b\,k\,\varkappa_l = 0\,. \tag{24,9}$$

Die zweite führt auf die Gleichung

$$2\,a\,c_t^2\,\varkappa_t\,k + b\,[c_l^2\,(\varkappa_l^2 - k^2) + 2\,c_t^2\,k^2] = 0\,.$$

Diese Gleichung dividieren wir durch c_t^2 und setzen in sie

$$\varkappa_l^2 - k^2 = -\frac{\omega^2}{c_l^2} = -(k^2 - \varkappa_t^2)\frac{c_t^2}{c_l^2}$$

ein. Sie erhält dann die Form

$$2\,a\,\varkappa_t\,k + b\,(k^2 + \varkappa_t^2) = 0\,. \tag{24,10}$$

Die Bedingung für die Widerspruchsfreiheit der homogenen Gleichungen (24,9) und (24,10) liefert die Beziehung

$$(k^2 + \varkappa_t^2)^2 = 4\,k^2\,\varkappa_t\,\varkappa_l$$

oder, wenn man letztere quadriert und $\varkappa_t^2 = k^2 - \frac{\omega^2}{c_t^2}$, $\varkappa_l^2 = k^2 - \frac{\omega^2}{c_l^2}$ einsetzt,

$$\left(2\,k^2 - \frac{\omega^2}{c_t^2}\right)^4 = 16\,k^4\left(k^2 - \frac{\omega^2}{c_t^2}\right)\left(k^2 - \frac{\omega^2}{c_l^2}\right). \tag{24,11}$$

Aus dieser Gleichung erhält man eine Beziehung zwischen ω und k. Dazu setzen wir

$$\omega = c_t\,k\,\xi\,. \tag{24,12}$$

k^8 kürzt sich auf beiden Seiten weg, und wir erhalten nach Auflösung der Klammern für ξ die Gleichung

$$\xi^6 - 8\,\xi^4 + 8\,\xi^2\left(3 - 2\frac{c_t^2}{c_l^2}\right) - 16\left(1 - \frac{c_t^2}{c_l^2}\right) = 0\,. \tag{24,13}$$

Man sieht, ξ hängt nur von dem Verhältnis c_t/c_l ab, welches eine für jeden Stoff charakteristische Konstante ist und seinerseits nur vom Poisson-Koeffizienten abhängt:

$$\frac{c_t}{c_l} = \sqrt{\frac{1 - 2\,\sigma}{2\,(1 - \sigma)}}\,.$$

Die Größe ξ muß natürlich positiv reell sein, und außerdem muß gelten $\xi < 1$ (so daß $\varkappa_t$, $\varkappa_l$ reell bleiben). Die Gleichung (24,13) hat nur eine Wurzel, die diesen Bedingungen genügt, so daß man zu jedem gegebenen c_t/c_l nur ein bestimmtes ξ erhält.

Somit ist die Frequenz der Oberflächenwellen, ebenso wie die der Volumenwellen, zum Wellenvektor proportional. Der Proportionalitätsfaktor stellt die Ausbreitungsgeschwindigkeit der Welle dar:

$$U = c_t\,\xi\,. \tag{24,14}$$

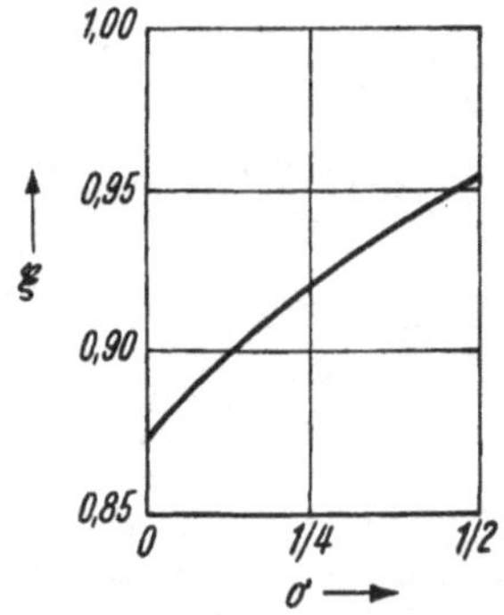

Abb. 21

Damit ist die Ausbreitungsgeschwindigkeit der Oberflächenwellen durch die Geschwindigkeiten c_t und c_l der transversalen bzw. longitudinalen Volumenwellen ausgedrückt. Das Amplitudenverhältnis des Transversalteils und des Longitudinalteils läßt sich durch ξ über

$$\frac{a}{b} = -\frac{2-\xi^2}{2\sqrt{1-\xi^2}} \tag{24,15}$$

ausdrücken.

Das Verhältnis c_t/c_l ändert sich praktisch für die verschiedenen Stoffe in den Grenzen von $1/\sqrt{2}$ bis 0, was einer Änderung von σ in den Grenzen von 0 bis 1/2 entspricht; dabei ändert sich ξ von 0,874 bis 0,955. In Abb. 21 ist die Abhängigkeit ξ von σ dargestellt.

Aufgabe

Eine planparallele Platte (Medium 1) von der Stärke h liege auf einem elastischen Halbraum (Medium 2). Man bestimme die Abhängigkeit der Frequenz vom Wellenvektor für Transversalwellen in der Platte, deren Schwingungsrichtung zu den Plattengrenzflächen parallel ist.

Lösung: Die Grenzfläche zwischen der Platte und dem Halbraum sei die xy-Ebene, im elastischen Halbraum sei $z < 0$, und in der Platte sei $h \leqq z \leqq 0$. In der Platte gilt

$$u_{x1} = u_{z1} = 0\,, \qquad u_{y1} = f(z)\, e^{i(kx-\omega t)}\,,$$

und im Medium 2 schreiben wir für die mit wachsender Tiefe abklingende Welle

$$u_{x2} = u_{z2} = 0\,, \qquad u_{y2} = A\, e^{\varkappa_2 z}\, e^{i(kx-\omega t)}\,, \qquad \varkappa_2 = \sqrt{k^2 - \frac{\omega^2}{c_{t2}^2}}.$$

Die Funktion $f(z)$ genügt der Gleichung

$$\frac{d^2 f}{dz^2} + \varkappa_1 f^2 = 0\,, \qquad \varkappa_1 = \sqrt{\frac{\omega^2}{c_{t1}^2} - k^2}$$

(wir werden sehen, daß $\varkappa_1^2 > 0$ sein muß), woraus folgt

$$f(z) = B \sin \varkappa_1 z + C \cos \varkappa_1 z\,.$$

Auf der freien Grenzfäche der Platte ($z = h$) muß $\sigma_{zy} = 0$ sein, d. h. $\dfrac{\partial u_{y1}}{\partial z} = 0.$

An der Berührungsfläche zwischen den beiden Medien ($z = 0$) haben wir die Bedingungen

$$u_{y1} = u_{y2}\,, \qquad \mu_1 \frac{\partial u_{y1}}{\partial z} = \mu_2 \frac{\partial u_{y2}}{\partial z}$$

(μ_1, μ_2 sind die Scherungsmoduln der beiden Medien). Aus diesen Bedingungen erhalten wir drei Gleichungen für A, B, C. Die Bedingung für ihre Widerspruchsfreiheit liefert dann

$$\operatorname{tg} \varkappa_1 h = \frac{\mu_2 \varkappa_2}{\mu_1 \varkappa_1}.$$

Diese Gleichung bestimmt implizit die Abhängigkeit des ω von k, sie besitzt nur für reelle $\varkappa_1$, $\varkappa_2$ Lösungen, so daß stets gelten muß

$$c_{t2} > \frac{\omega}{k} > c_{t1}\,.$$

Hieraus folgt, daß eine Ausbreitung der betrachteten Wellen nur bei $c_{t2} > c_{t1}$ möglich ist.

§ 25. Schwingungen von Stäben und Platten

Wellen, die sich in dünnen Platten und Stäben ausbreiten, unterscheiden sich wesentlich von den Wellen, die sich im unendlich ausgedehnten Medium ausbreiten. Dabei meinen wir Wellen, deren Wellenlänge im Vergleich zur Platten- bzw. Stabstärke groß ist. Im entgegengesetzten Grenzfall, wenn die Wellenlänge klein gegenüber dieser Dicke ist, kann man den Stab bzw. die Platte als unendlich ausgedehnt betrachten, und man erhielte die bereits abgeleiteten Beziehungen.

Man muß Wellen, deren Schwingungen in Achsrichtung des Stabes bzw. in der Plattenebene vor sich gehen, von Wellen mit orthogonalen Schwingungen unterscheiden. Wir beginnen mit der Untersuchung von Longitudinalwellen in Stäben.

Die longitudinale (im Stabquerschnitt homogene) Deformation eines Stabes, auf dessen Seitenflächen keine äußeren Kräfte wirken, ist eine einfache Dehnung oder Kompression. Longitudinalwellen im Stab stellen daher die Ausbreitung einfacher Dehnungen und Kompressionen dar. Bei einfacher Dehnung ist nur die Komponente σ_{zz} des Spannungstensors von Null verschieden (die z-Achse liegt in der Stabachse). Sie hängt mit dem Verzerrungstensor durch die Beziehung (vgl. § 5).

$$\sigma_{zz} = E\, u_{zz} = E\,\frac{\partial u_z}{\partial z}$$

zusammen. Setzt man diesen Ausdruck in die Bewegungsgleichung

$$\varrho\, \ddot{u}_z = \frac{\partial \sigma_{z\,k}}{\partial x_k}$$

ein, so erhält man

$$\frac{\partial^2 u_z}{\partial z^2} - \frac{\varrho}{E}\,\frac{\partial^2 u_z}{\partial t^2} = 0\,. \tag{25,1}$$

Das ist die Gleichung der Longitudinalschwingungen in Stäben. Sie hat die Form einer gewöhnlichen Wellengleichung. Die Ausbreitungsgeschwindigkeit der Longitudinalwellen in Stäben ist

$$\sqrt{\frac{E}{\varrho}}\,. \tag{25,2}$$

Der Vergleich mit dem Ausdruck (22,4) für c_l zeigt, daß sie kleiner ist als die Ausbreitungsgeschwindigkeit longitudinaler Wellen in unbegrenzten Medien.

Wir betrachten jetzt Longitudinalwellen in dünnen Platten. Die Bewegungsgleichungen für solche Schwingungen lassen sich sofort hinschreiben, indem man in die Gleichungen (13,4) anstelle von P_x und P_y die Ausdrücke $-\varrho\, h \frac{\partial^2 u_x}{\partial t^2}$ bzw. $-\varrho\, h \frac{\partial^2 u_y}{\partial t^2}$ einsetzt:

$$\left.\begin{aligned}\frac{\varrho}{E}\frac{\partial^2 u_x}{\partial t^2} &= \frac{1}{1-\sigma^2}\frac{\partial^2 u_x}{\partial x^2} + \frac{1}{2(1+\sigma)}\frac{\partial^2 u_x}{\partial y^2} + \frac{1}{2(1-\sigma)}\frac{\partial^2 u_y}{\partial x\,\partial y}\,,\\ \frac{\varrho}{E}\frac{\partial^2 u_y}{\partial t^2} &= \frac{1}{1-\sigma^2}\frac{\partial^2 u_y}{\partial y^2} + \frac{1}{2(1+\sigma)}\frac{\partial^2 u_y}{\partial x^2} + \frac{1}{2(1-\sigma)}\frac{\partial^2 u_x}{\partial x\,\partial y}\,,\end{aligned}\right\} \tag{25,3}$$

Wir untersuchen eine „ebene" Welle in Richtung der x-Achse, d. h. eine solche Welle, in der die Deformation nur von x abhängt. Die Gleichungen (25,3) vereinfachen sich dann sehr und nehmen die folgende Form an:

$$\frac{\partial^2 u_x}{\partial t^2} - \frac{E}{\varrho(1-\sigma^2)}\frac{\partial^2 u_x}{\partial x^2} = 0\,, \qquad \frac{\partial^2 u_y}{\partial t^2} - \frac{E}{2\varrho(1+\sigma)}\frac{\partial^2 u_y}{\partial x^2} = 0\,. \tag{25,4}$$

Wir haben somit wiederum einfache Wellengleichungen. Die Koeffizienten darin sind für u_x und u_y verschieden. Die Ausbreitungsgeschwindigkeit der Welle mit parallelen Schwingungen zur Ausbreitungsrichtung (u_x) ist

$$\sqrt{\frac{E}{\varrho(1-\sigma^2)}}\,. \tag{25,5}$$

Dagegen ist die Geschwindigkeit der Welle (u_y) mit orthogonalen Schwingungen (die aber in der Plattenebene liegen) der Geschwindigkeit c_t der Transversalwellen im unbegrenzten Medium gleich.

Wir sehen also, daß die „Longitudinalwellen" in Stäben und Platten den gleichen Charakter besitzen wie Wellen im unbegrenzten Medium und sich nur durch die Geschwindigkeit unterscheiden, welche nach wie vor nicht von der Frequenz abhängt.

Gänzlich andere Beziehungen erhält man für sogenannte *Biegewellen* in Platten und Stäben, wo die Schwingungen eine zur Stabachse bzw. Plattenebene orthogonale Richtung besitzen, d. h. eine Biegung hervorrufen.

Die Gleichungen der freien Schwingungen in der Platte können unmittelbar auf der Grundlage der Gleichung (12,5) erhalten werden. Dazu muß in ihr P durch das Produkt aus $\ddot{\zeta}$ und der Masse $\varrho\, h$ der Flächeneinheit der Platte ersetzt werden. Dann erhält man

$$\varrho\frac{\partial^2 \zeta}{\partial t^2} + \frac{h^2 E}{12(1-\sigma^2)}\Delta^2 \zeta = 0 \tag{25,6}$$

(Δ ist der zweidimensionale Laplace-Operator).

Wir betrachten eine monochromatische elastische Welle und suchen die Lösung der Gleichung (25,6) in der Form

$$\zeta = \text{const} \cdot e^{i(\boldsymbol{k}\boldsymbol{r} - \omega t)} \tag{25,7}$$

(der Wellenvektor $\boldsymbol{k}$ hat natürlich nur zwei Komponenten k_x und k_y). In (25,6) eingesetzt liefert das

$$-\varrho\,\omega^2 + \frac{h^2 E}{12(1-\sigma^2)} k^4 = 0\,.$$

Hieraus ergibt sich folgende Beziehung zwischen der Frequenz und dem Wellenvektor:

$$\omega = k^2 \sqrt{\frac{h^2 E}{12\,\varrho\,(1-\sigma^2)}}\,. \tag{25,8}$$

Somit ist die Frequenz dem Quadrat des Betrages des Wellenvektors proportional, während sie im unbegrenzten Medium vom Wellenvektor linear abhängt.

Jetzt man kann die Ausbreitungsgeschwindigkeit der Welle bestimmen:

$$\boldsymbol{U} = \frac{\partial \omega}{\partial \boldsymbol{k}}\,.$$

Die Ableitungen von k^2 nach den Komponenten k_x bzw. k_y sind gleich $2\,k_x$ bzw. $2\,k_y$. Die Ausbreitungsgeschwindigkeit der Welle ist daher

$$\boldsymbol{U} = \sqrt{\frac{h^2 E}{3\,\varrho\,(1-\sigma^2)}}\;\boldsymbol{k}\,. \tag{25,9}$$

Sie ist zum Wellenvektor proportional und nicht konstant, wie bei Wellen in unbegrenzten dreidimensionalen Medien.[1])

Analoge Ergebnisse erhält man für Biegungswellen in dünnen Stäben. Die Biegeschwingungen selbst werden als klein angenommen. Die Bewegungsgleichungen erhalten wir, indem wir in den Gleichungen (20,4) für einen schwach gebogenen Stab $-K_x$, $-K_y$ durch die Produkte aus $\ddot{X}$ bzw. $\ddot{Y}$ und der Masse $\varrho\,S$ der Längeneinheit des Stabes (S ist seine Querschnittsfläche) ersetzen. Wir haben dann

$$\varrho\,S\,\ddot{X} = E\,I_y\,\frac{\partial^4 X}{\partial z^4}\,, \qquad \varrho\,S\,\ddot{Y} = E\,I_x\,\frac{\partial^4 Y}{\partial z^4}\,. \tag{25,10}$$

Die Lösung dieser Gleichungen suchen wir wiederum in der Form

$$X = \text{const} \cdot e^{i(kz-\omega t)}\,, \qquad Y = \text{const} \cdot e^{i(kz-\omega t)}\,.$$

Setzt man sie in (25,10) ein, so erhält man folgende Beziehungen zwischen der Frequenz und dem Wellenvektor:

$$\omega = \sqrt{\frac{E\,I_y}{\varrho\,S}}\;k^2\,, \qquad \omega = \sqrt{\frac{E\,I_x}{\varrho\,S}}\;k^2 \tag{25,11}$$

(für die Schwingungen in x- bzw. y-Richtung). Die entsprechenden Ausbreitungsgeschwindigkeiten sind

$$U^{(x)} = 2\sqrt{\frac{E\,I_y}{\varrho\,S}}\;k\,, \qquad U^{(y)} = 2\sqrt{\frac{E\,I_x}{\varrho\,S}}\;k\,. \tag{25,12}$$

---

[1]) Der Wellenvektor ist $k = \dfrac{2\pi}{\lambda}$, wo λ die Wellenlänge ist. Die Ausbreitungsgeschwindigkeit müßte daher unbegrenzt wachsen, wenn λ gegen Null geht. Daß dies physikalisch unsinnig ist, hängt damit zusammen, daß (25,9) für Wellen mit kleinem λ nicht mehr gilt.

Abschließend betrachten wir eine Spezialform der Schwingungen im Stab, die sogenannten *Torsionsschwingungen.* Die Bewegungsgleichungen für einen so schwingenden Stab erhält man, indem man $C\frac{\partial\tau}{\partial z}$ (vgl. § 18) der Ableitung des Drehimpulses pro Längeneinheit nach der Zeit gleichsetzt. Dieser Drehimpuls ist gleich $\varrho I \frac{\partial\varphi}{\partial t}$, wo $\frac{\partial\varphi}{\partial t}$ die Winkelgeschwindigkeit darstellt (φ ist der Drehwinkel des gegebenen Querschnitts) und $I = \int (x^2 + y^2)\, df$ das Trägheitsmoment des Querschnitts bezüglich seines Schwerpunkts ist (bei reinen Torsionsschwingungen vollführt jeder Querschnitt Drehschwingungen um seinen Schwerpunkt, welcher ruht). Mit $\tau = \frac{\partial\varphi}{\partial z}$ erhalten wir die Bewegungsgleichungen in der Form

$$C\frac{\partial^2\varphi}{\partial z^2} = \varrho I \frac{\partial^2\varphi}{\partial t^2}. \tag{25,13}$$

Hieraus folgt für die Ausbreitungsgeschwindigkeit der Torsionsschwingungen im Stab

$$\sqrt{\frac{C}{\varrho I}}. \tag{25,14}$$

Aufgaben

1. Man bestimme die Frequenzen der longitudinalen Eigenschwingungen eines Stabes (Länge l), dessen eines Ende eingespannt und dessen anderes frei sei.

Lösung: Am eingespannten Ende ($z = 0$) muß $u_z = 0$ sein und am freien Ende ($z = l$): $\sigma_{zz} = E\, u_{zz} = 0$, d. h. $\frac{\partial u_z}{\partial z} = 0$. Die Lösung der Gleichung (25,1) suchen wir in der Form $u_z = A \cos(\omega t + \alpha) \sin k z$ mit $k = \omega \sqrt{\varrho/E}$. Aus der Bedingung bei $z = l$ folgt $\cos k l = 0$, und hieraus ergibt sich für die Eigenfrequenzen der Ausdruck

$$\omega = \sqrt{\frac{E}{\varrho}}\,\frac{\pi}{2l}(2n + 1)$$

(n sind ganze Zahlen).

2. Das gleiche wie in 1 für einen Stab, dessen beide Enden eingespannt oder frei seien.

Lösung: In beiden Fällen ist

$$\omega = \sqrt{\frac{E}{\varrho}}\,\frac{\pi}{l}\,n.$$

3. Man bestimme die Eigenschwingungen einer Saite (Länge l).

Lösung: Die Bewegungsgleichung einer Saite ist

$$\frac{\partial^2 X}{\partial z^2} - \frac{\varrho S}{T}\frac{\partial^2 X}{\partial t^2} = 0$$

(vgl. Gleichung (20,17)). Die Randbedingungen sind $X = 0$ für $z = 0, l$. Für die Eigenschwingungen ergibt sich

$$\omega = \sqrt{\frac{T}{\varrho S}}\,\frac{n\pi}{l}.$$

4. Man bestimme die transversalen Eigenschwingungen eines Stabes (Länge l) mit eingespannten Enden.

Lösung: Setzt man in die Gleichung (25,10) den Ausdruck

$$X = X_0(z) \cos(\omega t + \alpha)$$

ein, so erhält sie die Form

$$\frac{d^4 X_0}{dz^4} = \varkappa^4 X_0 , \qquad \varkappa^4 = \omega^2 \frac{\varrho S}{E I_y} .$$

Das allgemeine Integral dieser Gleichung ist

$$X_0 = A \cos \varkappa z + B \sin \varkappa z + C \operatorname{ch} \varkappa z + D \operatorname{sh} \varkappa z .$$

Die Konstanten A, B, C, D werden aus den Randbedingungen $X = 0$, $\frac{dX}{dz} = 0$ für $z = 0, l$ bestimmt. Das Ergebnis ist

$$X_0 = A \{(\sin \varkappa l - \operatorname{sh} \varkappa l)(\cos \varkappa z - \operatorname{ch} \varkappa z) - (\cos \varkappa l - \operatorname{ch} \varkappa l)(\sin \varkappa z - \operatorname{sh} \varkappa z)\}$$

und die Gleichung

$$\cos \varkappa l \operatorname{ch} \varkappa l = 1 ,$$

aus deren Wurzeln sich die Eigenfrequenzen ergeben. Die kleinste Eigenfrequenz ist

$$\omega_{\min} = \frac{22{,}4}{l^2} \sqrt{\frac{E I_y}{\varrho S}} .$$

5. Das gleiche wie in 4 für einen Stab mit gestützten Enden.

Die Lösung ist analog zur Lösung der Aufgabe 4. Das Ergebnis ist

$$X_0 = A \sin \varkappa z ,$$

und die Frequenzen werden aus $\sin \varkappa l = 0$ bestimmt, d. h.

$$\varkappa = \frac{n \pi}{l} \qquad (n = 1, 2, \ldots) .$$

Die kleinste Frequenz ist

$$\omega_{\min} = \frac{9{,}87}{l^2} \sqrt{\frac{E I_y}{\varrho S}} .$$

6. Das gleiche wie in 4 für einen Stab, der an einem Ende befestigt und am anderen Ende frei ist.

Lösung: Für die Verschiebung erhalten wir

$$X_0 = A \{ \cos \varkappa l + \operatorname{ch} \varkappa l)(\cos \varkappa z - \operatorname{ch} \varkappa z) + (\sin \varkappa l - \operatorname{sh} \varkappa l)(\sin \varkappa z - \operatorname{sh} \varkappa z)\}$$

(das eingespannte Ende ist $z = 0$, das freie Ende $z = l$) und die Gleichung

$$\cos \varkappa l \operatorname{ch} \varkappa l + 1 = 0$$

für die Eigenschwingungen. Die kleinste Frequenz ist

$$\omega_{\min} = \frac{3{,}52}{l^2} \sqrt{\frac{E I_y}{\varrho S}} .$$

7. Man bestimme die Eigenschwingungen einer rechteckigen Platte (Seitenlängen a, b) mit gestützten Rändern.

Lösung: Wenn man in die Gleichungen (25,6) den Ausdruck

$$\zeta = \zeta_0(x, y) \cos(\omega t + \alpha)$$

einsetzt, erhält sie die Form

$$\Delta\Delta\zeta_0 - \varkappa^4 \zeta_0 = 0\,, \qquad \varkappa^4 = \omega^2 \frac{12\,\varrho\,(1-\sigma^2)}{h^2 E}\,.$$

Die Plattenseiten wählen wir als Koordinatenachsen. Die Randbedingungen (12,11) werden zu

$$x = 0, a\colon \quad \zeta = 0\,, \quad \frac{\partial^2\zeta}{\partial x^2} = 0; \quad y = 0, b\colon \quad \zeta = 0\,, \quad \frac{\partial^2\zeta}{\partial y^2} = 0\,.$$

Die dazugehörige Lösung ist

$$\zeta_0 = A \sin\frac{m\,\pi\,x}{a}\sin\frac{n\,\pi\,y}{b}$$

(m, n sind ganze Zahlen), wobei wir für die Frequenzen erhalten

$$\omega = h\sqrt{\frac{E}{12\,\varrho\,(1-\sigma^2)}}\,\pi^2\left[\left(\frac{m}{a}\right)^2 + \left(\frac{n}{b}\right)^2\right].$$

8. Man bestimme die Eigenschwingungen einer rechteckigen Membran (mit den Seitenlängen a und b).

Lösung: Die Schwingungsgleichung für eine Membran ist

$$T\,\Delta\zeta = \varrho\,h\,\ddot{\zeta}$$

(vgl. Gleichung (14,9)). Die Ränder der Membran sollen eingespannt sein, so daß $\zeta = 0$ gilt. Die entsprechende Lösung für eine rechteckige Membran ist

$$\zeta = A\sin\frac{m\,\pi\,x}{a}\sin\frac{n\,\pi\,y}{b}\cos\omega\,t\,,$$

wo die Eigenschwingungen die Form

$$\omega^2 = \frac{T}{\varrho\,h}\,\pi^2\left(\frac{m^2}{a^2} + \frac{n^2}{b^2}\right)$$

(m, n sind ganze Zahlen) haben.

9. Man bestimme die Ausbreitungsgeschwindigkeit von Torsionsschwingungen in Stäben mit kreisförmigem, elliptischem und einem Querschnitt in Form eines gleichseitigen Dreiecks sowie in einem Stab von der Form einer langen rechteckigen dünnen Platte.

Lösung: Beim kreisförmigen Querschnitt (Radius R) ist das Trägheitsmoment $I = \dfrac{\pi R^4}{2}$; mit C aus der Aufgabe 1, § 16, erhalten wir für die Geschwindigkeit den Wert $\sqrt{\dfrac{\mu}{\varrho}}$, welcher mit der Geschwindigkeit c_t übereinstimmt.

Analog (mit Hilfe der Ergebnisse der Aufgaben 2—4, § 16) erhalten wir für einen elliptischen Querschnitt die Geschwindigkeit

$$\frac{2\,a\,b}{a^2+b^2}\sqrt{\frac{\mu}{\varrho}}\,;$$

für einen Querschnitt in Form eines gleichseitigen Dreiecks

$$\sqrt{\frac{3\,\mu}{5\,\varrho}}\,;$$

für einen Stab in Form einer rechteckigen Platte

$$2\frac{h}{d}\sqrt{\frac{\mu}{\varrho}}\,.$$

Alle diese Geschwindigkeiten sind kleiner als c_t.

10. Die Oberfläche einer tiefen inkompressiblen Flüssigkeit sei mit einer dünnen elastischen Platte bedeckt. Man bestimme die Beziehung zwischen dem Wellenvektor und der Frequenz der Wellen, welche sich gleichzeitig in der Platte und in der Oberflächenschicht der Flüssigkeit ausbreiten.

Lösung: Die Plattenebene sei die Ebene $z = 0$, und die x-Achse zeige in Ausbreitungsrichtung der Welle; im Flüssigkeitsbereich sei $z < 0$. Die Bewegungsgleichung für eine kräftefreie Platte ist

$$\varrho_0 h \frac{\partial^2\zeta}{\partial t^2} = -\frac{h^3 E}{12(1-\sigma^2)}\frac{\partial^4\zeta}{\partial x^4}$$

(ϱ_0 ist die Dichte des Plattenmaterials). Bei Anwesenheit einer Flüssigkeit muß auf der rechten Seite dieser Gleichung noch die Kraft, die von seiten der Flüssigkeit auf 1 cm² Plattenoberfläche wirkt (Druck p der Flüssigkeit), hinzugefügt werden. Der Druck in einer Welle läßt sich aber durch das Geschwindigkeitspotential über $p = -\varrho\frac{d\varphi}{dt}$ (das Gravitationsfeld wird vernachlässigt) ausdrücken. Wir erhalten daher die Gleichung

$$\varrho_0 h \frac{\partial^2\zeta}{\partial t^2} = -\frac{h^3 E}{12(1-\sigma^2)}\frac{\partial^4\zeta}{\partial x^4} - \varrho\left.\frac{\partial\varphi}{\partial t}\right|_{z=0}. \tag{1}$$

Die Normalkomponente der Flüssigkeitsgeschwindigkeit auf der Oberfläche der Flüssigkeit muß mit der Geschwindigkeit der Plattenpunkte übereinstimmen, woraus folgende Bedingung folgt:

$$\frac{\partial\zeta}{\partial t} = \left.\frac{\partial\varphi}{\partial z}\right|_{z=0}. \tag{2}$$

Das Potential φ muß im gesamten Flüssigkeitsvolumen der Gleichung

$$\frac{\partial^2\varphi}{\partial x^2} + \frac{\partial^2\varphi}{\partial z^2} = 0 \tag{3}$$

genügen. ζ hat die Form einer laufenden Welle $\zeta = \zeta_0\, e^{ikx - i\omega t}$; dementsprechend suchen wir die Lösung der Gleichung (3) in Form einer mit der Flüssigkeitstiefe abklingenden Oberflächenwelle $\varphi = \varphi_0\, e^{i(kx-\omega t)} \cdot e^{kz}$. Setzt man diese Ausdrücke in (1) und (2) ein, so erhält man zwei Gleichungen für φ_0 und ζ_0, aus deren Widerspruchsfreiheit

$$\omega^2 = \frac{h^3 E}{12(1-\sigma^2)}\,\frac{k^5}{\varrho + h\varrho_0 k}$$

folgt.

§ 26. Anharmonische Schwingungen

Die dargelegte Theorie der elastischen Schwingungen ist eine genäherte Theorie, und zwar in dem Sinne, in welchem die auf dem Hookeschen Gesetz basierende Elastizitätstheorie überhaupt eine Näherung darstellt. Die Grundlage dieser Theorie bildeten die Entwicklung der elastischen Energie nach Potenzen des

Verzerrungstensors und die Vernachlässigung aller Glieder von höherer als zweiter Ordnung. Dementsprechend sind die Komponenten des Spannungstensors lineare Funktionen der Komponenten des Verzerrungstensors, und die Bewegungsgleichungen sind linear.

Die charakteristischste Besonderheit elastischer Wellen in dieser Näherung ist, daß man sie als Überlagerung, d. h. als lineare Kombinationen einzelner monochromatischer Wellen, darstellen kann. Jede dieser monochromatischen Wellen breitet sich unabhängig von den anderen aus und kann auch allein für sich, ohne Gegenwart irgendwelcher äußerer Bewegungen existieren. Man kann sagen, daß die verschiedenen monochromatischen Wellen, die sich in einem Medium gleichzeitig ausbreiten, miteinander „nicht wechselwirken".

Alle diese Eigenschaften verschwinden jedoch beim Übergang zur nächsten Näherungsstufe. Wenn auch die Effekte der nächsten Näherung klein sind, so können sie doch in einigen Erscheinungen eine wesentliche Rolle spielen. Diese Effekte nennt man gewöhnlich *anharmonische*, da die entsprechenden Bewegungsgleichungen nichtlinear sind und keine einfachen periodischen (harmonischen) Lösungen zulassen.

Wir betrachten hier anharmonische Effekte dritter Ordnung, die von kubischen Deformationsgliedern in der elastischen Energie herrühren. Es wäre langwierig, die entsprechenden Bewegungsgleichungen in allgemeiner Form hinzuschreiben. Man kann aber den allgemeinen Charakter der auftretenden Effekte mit Hilfe folgender Überlegungen erkennen. Die kubischen Glieder in der elastischen Energie liefern quadratische Glieder im Spannungstensor und daher auch in den Bewegungsgleichungen. Man denke sich in diesen Gleichungen alle linearen Glieder auf die linke Seite und alle quadratischen Glieder auf die rechte Seite der Gleichung gebracht. Wendet man jetzt die Methode der sukzessiven Näherung an, so müssen die quadratischen Glieder in erster Näherung vernachlässigt werden. Dann bleiben aber gewöhnliche lineare Gleichungen, deren Lösung $\boldsymbol{u}_0$ als Überlagerung monochromatischer laufender Wellen const $\cdot\, e^{i(\boldsymbol{k}\boldsymbol{r}-\omega t)}$ mit bestimmter Beziehung zwischen ω und $\boldsymbol{k}$ dargestellt werden kann. Beim Übergang zur zweiten Näherung muß man $\boldsymbol{u} = \boldsymbol{u}_0 + \boldsymbol{u}_1$ setzen, wobei man auf der rechten Seite der Gleichungen (in den quadratischen Gliedern) nur die Glieder mit $\boldsymbol{u}_0$ beläßt. Da $\boldsymbol{u}_0$ definitionsgemäß homogenen linearen Gleichungen (ohne rechte Seite) genügt, heben sich die Glieder mit $\boldsymbol{u}_0$ auf der linken Seite gegenseitig auf. Wir erhalten dann für die Komponenten des Vektors $\boldsymbol{u}_1$ ein System inhomogener linearer Gleichungen, wo auf der rechten Seite bekannte Funktionen der Koordinaten und der Zeit stehen. Diese Funktionen, die man durch Einsetzen von $\boldsymbol{u}_0$ in die rechten Seiten der Ausgangsgleichungen erhält, stellen eine Summe dar, deren jedes Glied zu einem Faktor $e^{i[(\boldsymbol{k}_1-\boldsymbol{k}_2)\boldsymbol{r}-(\omega_1-\omega_2)t]}$ bzw. $e^{i[(\boldsymbol{k}_1+\boldsymbol{k}_2)\boldsymbol{r}-(\omega_1+\omega_2)t]}$ proportional ist, wo ω_1, ω_2 und $\boldsymbol{k}_1$, $\boldsymbol{k}_2$ die Frequenzen bzw. Wellenvektoren zweier beliebiger monochromatischer Wellen der ersten Näherung darstellen.

Bekanntlich besteht das spezielle Integral solcher linearer Gleichungen aus einer Summe von Gliedern mit den gleichen Exponentialfaktoren, wie sic in den Inhomogenitäten (rechten Seiten) der Gleichungen mit entsprechend ausgewählten

Koeffizienten stehen. Jedes dieser Glieder entspricht einer laufenden Welle mit der Frequenz $\omega_1 \pm \omega_2$ und dem Wellenvektor $\boldsymbol{k}_1 \pm \boldsymbol{k}_2$ (die Summe bzw. Differenz der Frequenzen der Ausgangswellen nennt man *Kombinationsfrequenzen*).

Die anharmonischen Effekte dritter Ordnung führen somit dazu, daß die monochromatischen Hauptwellen (mit den Frequenzen $\omega_1, \omega_2, \ldots$ und den Wellenvektoren $\boldsymbol{k}_1, \boldsymbol{k}_2, \ldots$) von gewissen anderen „Wellen" schwacher Intensität mit den Kombinationsfrequenzen $\omega_1 \pm \omega_2$ und den Wellenvektoren $\boldsymbol{k}_1 \pm \boldsymbol{k}_2$ überlagert werden. Wir sprechen hier nur bedingt von Wellen und meinen damit, daß es sich nur um einen Korrektionseffekt handelt und daß diese Wellen für sich allein nicht existieren können (ausgenommen einige Spezialfälle, siehe unten). Zwischen $\omega_1 \pm \omega_2$ und $\boldsymbol{k}_1 \pm \boldsymbol{k}_2$ gelten im allgemeinen nicht die Beziehungen, denen die Frequenzen und Wellenvektoren der gewöhnlichen monochromatischen Wellen genügen.

Natürlich kann man auch solche spezielle $\omega_1, \boldsymbol{k}_1$ und $\omega_2, \boldsymbol{k}_2$ auswählen, wo zwischen $\omega_1 + \omega_2$ und $\boldsymbol{k}_1 + \boldsymbol{k}_2$ (der Bestimmtheit wegen sprechen wir von den Summen und nicht von den Differenzen) eine der Beziehungen für monochromatische Wellen im gegebenen Medium gilt. Wenn man die Bezeichnungen $\omega_3 = \omega_1 + \omega_2, \boldsymbol{k}_3 = \boldsymbol{k}_1 + \boldsymbol{k}_2$ einführt, kann man sagen: $\omega_3, \boldsymbol{k}_3$ entsprechen in solchen Fällen Wellen, die homogenen linearen Bewegungsgleichungen (ohne rechte Seite) in erster Näherung genügen. Wenn die rechte Seite der Bewegungsgleichungen in zweiter Näherung Glieder enthält, die zu $e^{i(\boldsymbol{k}_3 \boldsymbol{r} - \omega_3 t)}$ mit solchen $\omega_3, \boldsymbol{k}_3$ proportional sind, so stellt das spezielle Integral dieser Gleichungen eine Welle mit dieser Frequenz dar, deren Amplitude zeitlich unbegrenzt wächst.

Die Überlagerung zweier monochromatischer Wellen $\omega_1, \boldsymbol{k}_1$ und $\omega_2, \boldsymbol{k}_2$, deren Summe $\omega_3, \boldsymbol{k}_3$ der erwähnten Bedingung genügt, führt somit im Ergebnis des anharmonischen Effekts zur Resonanzerscheinung; es entsteht eine richtige monochromatische Welle $\omega_3, \boldsymbol{k}_3$, deren Amplitude zeitlich wächst und schließlich nicht mehr als klein angesehen werden kann. Nehmen wir an, daß bei der Überlagerung der Wellen $\omega_1, \boldsymbol{k}_1$ und $\omega_2, \boldsymbol{k}_2$ die Welle $\omega_3, \boldsymbol{k}_3$ entsteht. Dann führt die Überlagerung der Wellen $\omega_1, \boldsymbol{k}_1$ und $\omega_3, \boldsymbol{k}_3$ ebenfalls zur Resonanz, und es entsteht die Welle $\omega_2 = \omega_3 - \omega_1, \boldsymbol{k}_2 = \boldsymbol{k}_3 - \boldsymbol{k}_1$, während bei der Überlagerung der Wellen $\omega_2, \boldsymbol{k}_2$ und $\omega_3, \boldsymbol{k}_3$ die Welle $\omega_1, \boldsymbol{k}_1$ entsteht.

Im isotropen Körper hängt ω mit $\boldsymbol{k}$ über die spezielle Beziehung $\omega = c_t\, k$ bzw. $\omega = c_l\, k$ zusammen $(c_l > c_t)$. Man sieht leicht, in welchen Fällen eine dieser Bedingungen für jede der drei Wellen $\omega_1, \boldsymbol{k}_1$; $\omega_2, \boldsymbol{k}_2$ und $\omega_3 = \omega_1 + \omega_2, \boldsymbol{k}_3 = \boldsymbol{k}_1 + \boldsymbol{k}_2$ erfüllt ist. Wenn die Richtungen von $\boldsymbol{k}_1$ und $\boldsymbol{k}_2$ verschieden sind, ist $k_3 < k_1 + k_2$; es ist klar, daß die Resonanz bei solchen $\boldsymbol{k}_1$, $\boldsymbol{k}_2$ nur in den folgenden zwei Fällen möglich ist: 1. Die Wellen $\omega_1, \boldsymbol{k}_1$ und $\omega_2, \boldsymbol{k}_2$ sind transversal, und die Welle $\omega_3, \boldsymbol{k}_3$ ist longitudinal; 2. eine der Wellen, $\omega_1, \boldsymbol{k}_1$ oder $\omega_2, \boldsymbol{k}_2$, ist longitudinal, die andere transversal, und die Welle $\omega_3, \boldsymbol{k}_3$ ist longitudinal. Wenn dagegen die Vektoren $\boldsymbol{k}_1$ und $\boldsymbol{k}_2$ die gleiche Richtung besitzen, so kann eine Resonanz auftreten, wenn alle drei Wellen entweder longitudinal oder transversal sind.

Ein anharmonischer Effekt mit Resonanz tritt nicht nur bei der Überlagerung einiger monochromatischer Wellen auf, sondern auch dann, wenn nur eine einzige

Welle ω_1, $\boldsymbol{k}_1$ vorhanden ist. In diesem Falle enthält die rechte Seite der Bewegungsgleichungen zu $e^{2i(\boldsymbol{k}_1\boldsymbol{r}-\omega_1 t)}$ proportionale Glieder. Wenn aber zwischen ω_1 und $\boldsymbol{k}_1$ die gewöhnliche Beziehung besteht, so besteht sie auch (weil diese Beziehung homogen und von erster Ordnung ist) zwischen $2\,\omega_1$ und $2\,\boldsymbol{k}_1$. Somit führt der anharmonische Effekt dazu, daß neben den vorhandenen monochromatischen Wellen ω_1, $\boldsymbol{k}_1$ auch noch Wellen $2\,\omega_1$, $2\,\boldsymbol{k}_1$ auftreten, wobei die Amplitude dieser Wellen zeitlich wächst.

Abschließend betrachten wir kurz die Bewegungsgleichungen unter Berücksichtigung der anharmonischen Glieder. Der Verzerrungstensor wird jetzt durch den vollständigen Ausdruck (1,3) beschrieben:

$$u_{ik} = \frac{1}{2}\left(\frac{\partial u_i}{\partial x_k} + \frac{\partial u_k}{\partial x_i} + \frac{\partial u_l}{\partial x_i}\,\frac{\partial u_l}{\partial x_k}\right), \tag{26,1}$$

wo die in u_i quadratischen Glieder nicht vernachlässigt werden dürfen. Weiter muß der Ausdruck für die Energiedichte $\mathscr{E}$[1]) bei Körpern mit gegebener Symmetrie als Skalar geschrieben werden, der aus den Komponenten des Tensors u_{ik} und aus gewissen für den jeweiligen Stoff charakteristischen konstanten Tensoren aufgebaut ist, und der Glieder bis zur gewünschten Potenz in u_{ik} enthält. Setzt man dann (26,1) für u_{ik} ein und vernachlässigt alle Glieder von zu hoher Ordnung in u_i, so erhält man die Energie $\mathscr{E}$ als Funktion der Ableitungen $\frac{\partial u_i}{\partial x_k}$ mit gewünschtem Genauigkeitsgrad.

Die Bewegungsgleichungen kann man auf folgende Weise erhalten. Die Variation $\delta\mathscr{E}$ kann in der Form

$$\delta\mathscr{E} = \frac{\partial\mathscr{E}}{\partial\left(\frac{\partial u_i}{\partial x_k}\right)}\,\delta\,\frac{\partial u_i}{\partial x_k}$$

geschrieben werden oder, mit der Bezeichnung

$$\sigma_{ik} = \frac{\partial\mathscr{E}}{\partial\left(\frac{\partial u_i}{\partial x_k}\right)}, \tag{26,2}$$

in der Form

$$\delta\mathscr{E} = \sigma_{ik}\,\frac{\partial\delta u_i}{\partial x_k} = \frac{\partial}{\partial x_k}(\sigma_{ik}\,\delta u_i) - \delta u_i\,\frac{\partial\sigma_{ik}}{\partial x_k}\,.$$

Die Koeffizienten bei $-\delta u_i$ stellen die Komponenten der auf eine Volumeneinheit bezogenen Kraft dar. Sie haben formal das übliche Aussehen, so daß die Bewegungsgleichungen in der üblichen Form geschrieben werden können:

$$\varrho_0\,\ddot{u}_i = \frac{\partial\sigma_{ik}}{\partial x_k}, \tag{26,3}$$

[1]) Wir sprechen hier von der inneren Energie $\mathscr{E}$, nicht von der freien Energie F, da es sich um adiabatische Schwingungen handelt.

wo ϱ_0 die Dichte des nichtdeformierten Körpers ist; die Komponenten σ_{ik} werden jetzt durch (26,2) bestimmt mit einem in der gewünschten Genauigkeit berechneten $\mathcal{E}$. Der Tensor σ_{ik} ist nicht symmetrisch.[1])

Aufgabe

Man gebe den allgemeinen Ausdruck für die elastische Energie eines isotropen Körpers in dritter Näherung an.

Lösung: Aus den Komponenten eines symmetrischen Tensors zweiten Ranges kann man zwei quadratische (u_{ik}^2 und u_{ll}^2) und drei kubische Skalare (u_{ll}^3, $u_{ll}\,u_{ik}^2$, $u_{ik}\,u_{il}\,u_{kl}$) aufbauen. Die allgemeinste Form eines skalaren Ausdrucks, der Glieder zweiter und dritter Ordnung in u_{ik} und skalare Koeffizienten (isotroper Körper) enthält, ist daher

$$\mathcal{E} = \mu\, u_{ik}^2 + \left(\frac{K}{2} - \frac{\mu}{3}\right) u_{ll}^2 + \frac{A}{3} u_{ik}\, u_{il}\, u_{kl} + B\, u_{ik}^2\, u_{ll} + \frac{C}{3} u_{ll}^3$$

(die Koeffizienten bei u_{ik}^2 und u_{ll}^2 sind durch die Kompressions- und Scherungsmoduln ausgedrückt; A, B, C sind drei neue Konstanten). Setzt man jetzt (26,1) ein und beläßt Glieder bis zur dritten Ordnung einschließlich, so erhält man die elastische Energie in der Form

$$\begin{aligned}\mathcal{E} = {} & \frac{\mu}{4}\left(\frac{\partial u_i}{\partial x_k} + \frac{\partial u_k}{\partial x_i}\right)^2 + \left(\frac{K}{2} - \frac{\mu}{3}\right)\left(\frac{\partial u_l}{\partial x_l}\right)^2 + \left(\mu + \frac{A}{4}\right)\frac{\partial u_i}{\partial x_k}\frac{\partial u_l}{\partial x_i}\frac{\partial u_l}{\partial x_k} \\ & + \left(\frac{B+K}{2} - \frac{\mu}{3}\right)\frac{\partial u_l}{\partial x_l}\left(\frac{\partial u_i}{\partial x_k}\right)^2 + \frac{A}{12}\frac{\partial u_i}{\partial x_k}\frac{\partial u_k}{\partial x_l}\frac{\partial u_l}{\partial x_i} \\ & + \frac{B}{2}\frac{\partial u_i}{\partial x_k}\frac{\partial u_k}{\partial x_i}\frac{\partial u_l}{\partial x_l} + \frac{C}{3}\left(\frac{\partial u_l}{\partial x_l}\right)^3.\end{aligned}$$

---

[1]) σ_{ik} bedeutet jetzt nicht die Impulsstromdichte (Spannungstensor). In der gewöhnlichen Theorie ergab sich eine solche Interpretation aus der Integration der Dichte der Volumenkraft $\frac{\partial \sigma_{ik}}{\partial x_k}$ über das Körpervolumen. Dabei war wesentlich, daß bei der Integration Körperpunkte vor und nach der Deformation nicht unterschieden wurden, d. h., der Unterschied zwischen beiden wurde vernachlässigt. Beim Übergang zu höheren Näherungen ist aber eine solche Vernachlässigung nicht mehr zulässig, und die Fläche, welche das Integrationsgebiet umschließt, unterscheidet sich von der realen Fläche des betrachteten Körperabschnittes nach der Deformation.

In Paragraph 2 wurde gezeigt, daß die Symmetrie des Tensors σ_{ik} mit der Erhaltung des Drehimpulses zusammenhängt. Dies gilt jetzt nicht mehr, da die „Drehimpulsdichte“ nicht in der Form $x_i\,\dot{u}_k - x_k\,\dot{u}_i$, sondern in der Form

$$(x_i + u_i)\,\dot{u}_k - (x_k + u_k)\,\dot{u}_i$$

geschrieben werden muß.

KAPITEL IV

VERSETZUNGEN[1])

§ 27. Elastische Deformationen bei Anwesenheit von Versetzungen

Elastische Deformationen im Kristall müssen nicht immer durch äußere Krafteinwirkung hervorgerufen sein, sie können auch infolge innerer Strukturdefekte im Kristall auftreten. Die wichtigste Form solcher, die mechanischen Eigenschaften von Kristallen wesentlich beeinflussenden Defekte sind die sogenannten *Versetzungen*. Die Untersuchung der Eigenschaften von Versetzungen vom mikroskopischen, atomaren Standpunkt aus geht natürlich über den Rahmen dieses Buches hinaus; wir wollen hier nur die makroskopischen Aspekte dieser Erscheinung vom Standpunkt der Elastizitätstheorie aus betrachten. Zum besseren Verständnis des physikalischen Inhalts der im weiteren abgeleiteten Beziehungen sei jedoch zunächst an zwei einfachen Beispielen gezeigt, worin das Wesen von Versetzungsdefekten aus der Sicht der Struktur des Kristallgitters besteht.

Wir wollen uns vorstellen, daß in ein Kristallgitter (Abb. 22 zeigt einen Schnitt durch dieses Gitter) eine „überflüssige" (in der Abbildung mit der oberen yz-Halbebene zusammenfallende) Kristallhalbfläche eingeschoben ist. Die Kantenlinie dieser Halbfläche bezeichnet man in diesem Falle als *Stufenversetzung*. Die Störung der Gitterstruktur in unmittelbarer Nähe der Versetzung ist groß, aber bereits in Abständen von einigen Gitterperioden schließen sich die Kristallflächen wieder in nahezu richtiger Weise aneinander an. Die Deformation ist jedoch auch in großer Entfernung von der Versetzung vorhanden. Dies kommt klar zum Ausdruck, wenn man einen Umlauf um den Koordinatenursprung längs einer geschlossenen Linie in der xy-Ebene durch die Gitterknotenpunkte ausführt. Definiert man die

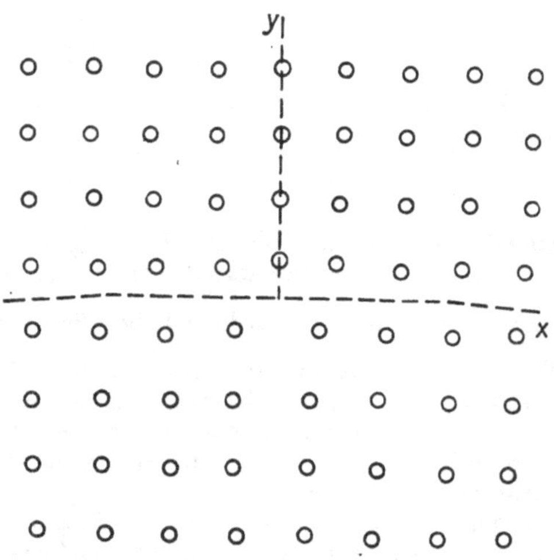

Abb. 22

[1]) Dieses Kapitel wurde zusammen mit A. M. Kosewitsch verfaßt.

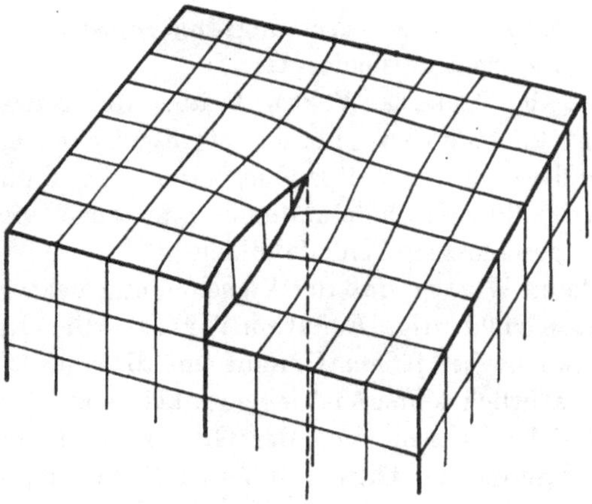

Abb. 23

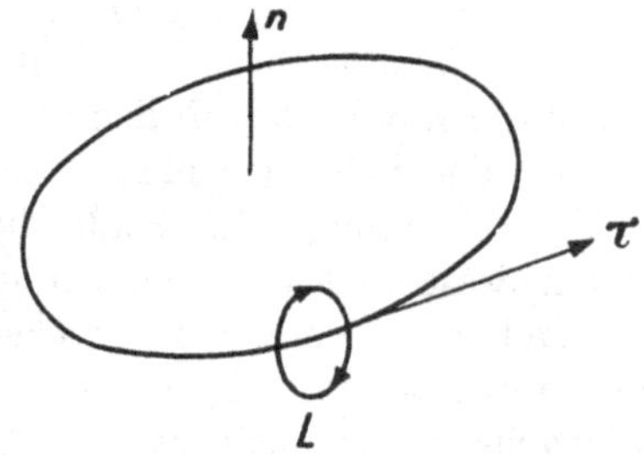

Abb. 24

Lage jedes Knotenpunktes im idealen Gitter durch den Vektor $\boldsymbol{u}$, so ist der Zuwachs dieses Vektors bei einem Umlauf verschieden von Null und gleich einer Periode in Richtung der x-Achse.

Einen anderen Versetzungstyp kann man sich anschaulich als Ergebnis eines „Schnittes" durch eine Halbebene des Gitters vorstellen, der zur Folge hat, daß sich Teile des Gitters beiderseitig des Schnittes um eine Gitterperiode parallel zum Rand des Einschnittes (der in diesem Falle als *Schraubenversetzung* bezeichnet wird) aufeinander zu bewegen. Die Anwesenheit solch einer Versetzung bewirkt, daß die Kristallflächen des Gitters die Form schraubenförmiger Flächen annehmen (ähnlich einer Wendeltreppe ohne Stufen). Bei einem Umlauf um die Versetzungslinie (die Achse der Schraubenfläche) erhält der Verschiebungsvektor der Knotenpunkte einen Zuwachs von einer Periode parallel zu dieser Achse. In Abb. 23 ist ein Einschnitt der oben beschriebenen Art schematisch dargestellt.

Vom makroskopischen Standpunkt aus besitzt eine Versetzungsdeformation in einem als Kontinuum aufgefaßten Kristall im allgemeinen folgende Eigenschaften: Beim Umlauf längs einer beliebigen geschlossenen, die Versetzungslinie D umfassenden Linie L erhält der Vektor der elastischen Verschiebung $\boldsymbol{u}$ einen bestimmten endlichen Zuwachs $\boldsymbol{b}$, der (nach Betrag und Richtung) gleich einer der Gitterperioden ist; ein konstanter Vektor $\boldsymbol{b}$ wird als Burgers-*Vektor* der betrachteten Deformation bezeichnet. Diese Eigenschaft kann man in der Form

$$\int_L du_i = \oint_L \frac{\partial u_i}{\partial x_k} dx_k = -b_i \tag{27,1}$$

aufschreiben, wobei angenommen wird, daß die Umlaufrichtung der Linie durch die Schraubenregel mit einer gewählten Richtung des Tangentenvektors $\boldsymbol{\tau}$

zur Versetzungslinie verknüpft ist (Abb. 24).[1]) Die Versetzungslinie selbst stellt dabei eine Linie singulärer Punkte des Deformationsfeldes dar.

Es ist unmittelbar einzusehen, daß der BURGERS-Vektor $\boldsymbol{b}$ über die ganze Länge der Versetzungslinie unbedingt konstant ist. Ferner ist offensichtlich, daß die Versetzungslinie nicht irgendwo im Kristall enden kann. Sie muß entweder mit beiden Enden in die Kristalloberfläche einmünden oder aber (wie es in realen Fällen gewöhnlich ist) eine geschlossene Schleife bilden.

Die Bedingung (27,1) heißt mit anderen Worten, daß der Verschiebungsvektor bei Anwesenheit von Versetzungen eine vieldeutige Funktion der Koordinaten ist, indem er einen vorgegebenen Zuwachs bei jedem Umlauf um die Versetzungslinie erhält. Physikalisch liegt natürlich keinerlei Vieldeutigkeit vor: Der Zuwachs von $\boldsymbol{b}$ bedeutet eine zusätzliche Verschiebung der Gitterpunkte um eine der Gitterperioden, wodurch der Zustand des Gitters in keiner Weise geändert wird.

Es ist zweckmäßig, die Bezeichnung

$$w_{ik} = \frac{\partial u_k}{\partial x_i} \tag{27,2}$$

einzuführen, mit deren Hilfe die Bedingung (27,1) die Form

$$\oint_L w_{ik}\, dx_i = -\, b_k \tag{27,3}$$

annimmt.

Der (unsymmetrische) Tensor w_{ik} wird gewöhnlich als *Distorsionstensor* bezeichnet. Sein symmetrischer Teil ergibt den gewöhnlichen Deformationstensor

$$u_{ik} = 1/2\,(w_{ik} + w_{ki})\,. \tag{27,4}$$

Aus dem Gesagten folgt, daß die Tensoren w_{ik} und u_{ik} (und mit ihnen auch der Spannungstensor σ_{ik}) eindeutige Funktionen der Koordinaten sind, im Gegensatz zu der mehrdeutigen Funktion $\boldsymbol{u}(\boldsymbol{r})$. Die Bedingung (27,3) kann auch in differentieller Form angegeben werden. Zu diesem Zweck formen wir das Integral über die Linie L in ein Integral über irgendeine auf der Linie L basierende Fläche S_L um [2]):

$$\int_L w_{mk}\, dx_m = \int_{S_L} e_{ilm} \frac{\partial w_{mk}}{\partial x_l}\, df_i\,.$$

---

[1]) Den oben erwähnten einfachen Fällen von Stufen- und Schraubenversetzungen entsprechen gerade Linien D, längs derer $\boldsymbol{\tau} \perp \boldsymbol{b}$ oder $\boldsymbol{\tau} \parallel \boldsymbol{b}$ ist. Weiterhin sei angemerkt, daß sich in der Darstellung von Abb. 22 Stufenversetzungen mit entgegengesetzter Richtung von $\boldsymbol{b}$ dadurch unterscheiden, daß die „zusätzliche“ Halbfläche entweder oberhalb oder unterhalb der Ebene xz eingeschoben ist (man spricht von Versetzungen verschiedenen Vorzeichens).

[2]) Die Umformung wird nach dem STOKESschen Satz durch Ersetzen von dx_m durch den Operator $dx_m = df_i\, e_{ilm} \dfrac{\partial}{\partial x_l}$ mit dem antisymmetrischen Einheitsoperator e_{ilm} bewerkstelligt.

Wir stellen weiterhin den Vektor b_k in Form eines Integrals über dieselbe Oberfläche mit Hilfe der zweidimensionalen δ-Funktion dar:

$$b_k = \int_{S_L} \tau_i b_k \delta(\xi) \, df_i . \tag{27,5}$$

Darin bedeutet ξ einen zweidimensionalen Radiusvektor mit dem Ursprung auf der Versetzungsachse in der zum Vektor $\boldsymbol{\tau}$ senkrechten Ebene durch den gegebenen Punkt. Da die Kurve L willkürlich gewählt ist, folgt aus der Gleichheit der Integrale die Gleichheit der unter dem Integralzeichen stehenden Ausdrücke:

$$e_{iem} \frac{\partial w_{mk}}{\partial x_e} = -\tau_i b_k \delta(\xi) . \tag{27,6}$$

Dies ist die gesuchte differentielle Schreibweise.[1])

Das Verschiebungsfeld $\boldsymbol{u}(\boldsymbol{r})$ um die Versetzung herum kann in allgemeiner Form angegeben werden, wenn der Greensche Tensor $G_{ik}(\boldsymbol{r})$ der Gleichgewichtsbedingung des gegebenen anisotropen Mediums bekannt ist, d. h. die Funktion durch welche die Komponente u_i derjenigen Verschiebung bestimmt wird, die durch eine im unbegrenzten Medium im Koordinatenursprung angreifende Punktkraft mit Richtung der Achse x_k (siehe S. 31) hervorgerufen wird. Dies kann man leicht mit Hilfe des folgenden formalen Schrittes erreichen.

Anstatt die vieldeutigen Lösungen der Gleichgewichtsbedingung aufzusuchen, sehen wir $\boldsymbol{u}(\boldsymbol{r})$ als eindeutige Funktion an, indem wir vereinbaren, daß sie einen vorgegebenen Sprung $\boldsymbol{b}$ auf der willkürlich gewählten, auf der Versetzungsschleife D basierenden Fläche S_D erleidet. Der formal durch (27,4) definierte Deformationstensor besitzt dann auf der *Sprungfläche* eine δ-artige Singularität:

$$u_{ik}^{(S)} = 1/2 \, (n_i b_k + n_k b_i) \, \delta(\zeta) . \tag{27,7}$$

Darin bedeutet ζ eine Koordinate, die von der Oberfläche S_D längs der Normalen $\boldsymbol{n}$ (die zu $\boldsymbol{\tau}$ die in Abb. 24 angegebene Richtung besitzt) gemessen wird.

Da in der Umgebung der Versetzung in Wirklichkeit keine physikalische Singularität vorhanden ist, muß der Spannungstensor, wie bereits angedeutet wurde, eine eindeutige, überall im Raum stetige Funktion sein. Der Deformationstensor (27,7) ist mit dem Spannungstensor formal durch die Beziehung $\sigma_{ik} = \lambda_{iklm} u_{lm}^{(S)}$ verknüpft. Letzterer besitzt ebenfalls eine Singularität auf der Oberfläche S_D. Um sie zu eliminieren, müssen wir fiktive Volumenkräfte einführen, die mit bestimmter Dichte $f^{(s)}$ über die Fläche S_D verteilt sind. Die Gleichgewichtsbedingung bei Anwesenheit von Volumenkräften hat die Form $\frac{\partial \sigma_{ik}}{\partial x_k} + f_i^{(s)} = 0$ (siehe (2,7)). Daraus ist zu ersehen, daß man

$$f_i^{(s)} = -\frac{\partial \sigma_{ik}^{(s)}}{\partial x_k} = -\lambda_{iklm} \frac{\partial u_{lm}^{(s)}}{\partial x_k} \tag{27,8}$$

annehmen muß. Damit ist die Aufgabe der Auffindung der vieldeutigen Funktion $\boldsymbol{u}(\boldsymbol{r})$ auf die Suche nach einer eindeutigen aber unstetigen Funktion bei An-

---

[1]) Um Mißverständnisse vorzubeugen sei angemerkt, daß auf der Versetzungslinie ($\xi \to 0$) als Linie singulärer Punkte die Darstellung von w_{ik} in Form von Ableitungen (27,2) ihren Sinn verliert.

wesenheit von durch die Formeln (27,7) und (27,8) bestimmten Volumenkräften zurückgeführt. Wir können uns jetzt der Formel

$$u_i(\boldsymbol{r}) = \int G_{ij}(\boldsymbol{r} - \boldsymbol{r}') f_j^{(s)}(\boldsymbol{r}')\, dV'$$

bedienen. Wir setzen (27,8) ein und integrieren partiell; die δ-Funktion kann dann trivial integriert werden, und es ergibt sich

$$u_i(\boldsymbol{r}) = -\lambda_{jklm} b_m \int_S n_l \frac{\partial}{\partial x_k} G_{ij}(\boldsymbol{r} - \boldsymbol{r}')\, df'. \tag{27,9}$$

Damit ist die gestellte Aufgabe gelöst.[1])

Die einfachste Form besitzt die Deformation (27,9) in großer Entfernung von einer geschlossenen Versetzungsschleife. Legt man die Schleife in die Nähe des Koordinatenursprunges, so gilt in (gegenüber den linearen Abmessungen der Schleife) großer Entfernung r

$$u_i(\boldsymbol{r}) = -\lambda_{jklm} d_{lm} \frac{\partial G_{ij}(\boldsymbol{r})}{\partial x_k} \tag{27,10}$$

mit

$$d_{ik} = S_i b_k, \quad S_i = \int_{S_D} n_i\, df = 1/2\, e_{ikl} \oint_D x_k\, dx_l \tag{27,11}$$

und e_{ikl} = antisymmetrischer Einheitstensor.

Die Komponenten des axialen Vektors S_i sind den Flächen der Projektionen der Schleife D auf die zu den entsprechenden Koordinatenachsen senkrechten Ebenen gleich; den Tensor d_{ik} wird man naheliegenderweise als *Versetzungsmoment* bezeichnen. Die Komponenten des Tensors G_{ij} sind homogene Funktionen 1. Ordnung der Koordinaten x, y, z. Man kann darum leicht erkennen, daß $u_i \sim 1/r^2$ ist. Für das Spannungsfeld hingegen gilt $\sigma_{ik} \sim 1/r^3$.

Auch für eine geradlinige Versetzung kann man den Charakter der $\boldsymbol{r}$-Abhängigkeit der elastischen Spannungen leicht erkennen. In Zylinderkoordinaten z, r, φ (mit der z-Achse in Richtung der Versetzungslinie) hängt die Deformation nur von r und φ ab. Der Wert des Integrals (27,3) darf sich im speziellen bei einer beliebigen ähnlichen Veränderung der Abmessungen einer willkürlichen Kurve in der xy-Ebene nicht ändern. Das ist offensichtlich nur dann möglich, wenn alle $w_{ik} \sim 1/r$ sind. Die gleiche r-Abhängigkeit besitzt auch der Tensor u_{ik} und damit der Spannungstensor $\sigma_{ik} \sim 1/r$.[2])

---

[1]) Der Tensor G_{ij} für anisotrope Medienw urde in der auf S. 32 angeführten Arbeit von I. M. Lifschitz und L. N. Rosenzweig abgeleitet. Dieser Tensor ist im allgemeinen sehr kompliziert. Im Falle einer geradlinigen Versetzung, in dem eine ebene Aufgabe der Elastizitätstheorie vorliegt, kann es sich als einfacher erweisen, die Gleichgewichtsbedingung unmittelbar zu lösen.

[2]) Wir machen auf eine gewisse Analogie zwischen dem Spannungsfeld einer elastischen Deformation in der Umgebung einer Versetzungslinie und dem Magnetfeld eines linearen stromdurchflossenen Leiters aufmerksam. Die Rolle der Stromstärke spielt hier der Burgers-Vektor (seine Konstanz längs der Versetzungslinie ist ebenso selbstverständlich wie die Konstanz der Stromstärke). Ähnliche Analogien kann man auch in den später dargelegten Beziehungen erkennen. Jedoch haben sie, abgesehen von der völlig verschiedenen Natur beider physikalischer Erscheinungen keine tiefere Bedeutung wegen des unterschiedlichen Tensorcharakters der entsprechenden Größen.

Die abgeleiteten Beziehungen gelten, obwohl im Vorangegangenen nur von Versetzungen gesprochen wurde, auch für Deformationen, die durch andere Defekte der Kristallstruktur hervorgerufen werden. Die Versetzungen sind lineare Strukturdefekte. Daneben gibt es aber auch Defekte, bei denen sich die Störung der idealen Gitterstruktur auf Bereiche in der Umgebung bestimmter Flächen ausbreitet.[1])

Aus makroskopischer Sicht kann ein derartiger Defekt als Sprungfläche des Vektors $\boldsymbol{u}$ beschrieben werden (dagegen bleibt die Spannung σ_{ik} wegen der Gleichgewichtsbedingungen stetig). Wenn auf der ganzen Fläche die Größe des Sprunges $\boldsymbol{b}$ konstant ist, so unterscheidet sich solch eine Diskontinuität bezüglich der durch sie erzeugten Deformation nicht wesentlich von einer Versetzung (die längs ihres Randes verläuft). Der einzige Unterschied besteht darin, daß der Vektor $\boldsymbol{b}$ im allgemeinen nicht gleich einer Gitterperiode ist. Die Lage der oben erwähnten Fläche S_D ist aber nicht mehr willkürlich, sondern sie muß mit der tatsächlichen Lage der physikalischen Diskontinuität zusammenfallen. Mit einer derartigen Diskontinuitätsfläche ist eine bestimmte zusätzliche Energie verbunden, die durch Einführung eines entsprechenden Oberflächenspannungskoeffizienten berücksichtigt werden kann.

Aufgaben

1. Es sind die Differentialgleichungen für das Gleichgewicht einer Versetzungsdeformation, ausgedrückt durch den Verschiebungsvektor, herzuleiten.[2])

Lösung: Ausgedrückt durch den Spannungstensor oder den Deformationstensor lauten die Gleichgewichtsbedingungen in allgemeiner Form $\frac{\partial \sigma_{ik}}{\partial x_k} = 0$ oder, nach Einsetzen von σ_{ik} aus (5,11),

$$\frac{\partial u_{ik}}{\partial x_k} + \frac{\sigma}{1-2\sigma} \frac{\partial u_{ll}}{\partial x_i} = 0 \,. \tag{1}$$

Beim Übergang zum Vektor $\boldsymbol{u}$ ist die differentielle Beziehung (27,6) zu berücksichtigen, Durch Multiplikation von (27,6) mit e_{ikn} und *Verjüngung* nach i, k erhalten wir[3])

$$\frac{\partial w_{nk}}{\partial x_k} - \frac{\partial w_{kk}}{\partial x_n} = -\,[\boldsymbol{\tau}\,\boldsymbol{b}]_n\,\delta(\xi) \,. \tag{2}$$

Wir schreiben (1) um in die Form

$$\frac{1}{2}\frac{\partial w_{ik}}{\partial x_k} + \frac{1}{2}\frac{\partial w_{ki}}{\partial x_k} + \frac{\sigma}{1-2\sigma}\frac{\partial w_{ll}}{\partial x_i} = 0$$

---

[1]) Ein bekanntes Beispiel für Defekte dieser Art sind die Zwillingsgrenzen (двойниковая прослойка) in Kristallen.

[2]) Der physikalische Sinn dieser Aufgabe und überhaupt all derer, in denen ein isotropes Medium zu Grunde gelegt wird, ist bedingt, da reale Versetzungen ihrem Wesen nach nur Kristallen eigen sein können, d. h. anisotropen Medien. Jedoch besitzen diese Aufgaben einigen illustrativen Wert.

[3]) Wir erinnern an die Formel

$$e_{ilm}\,e_{ikn} = \delta_{lk}\,\delta_{mn} - \delta_{ln}\,\delta_{mk} \,.$$

und setzen (2) in diese Beziehung ein. Es wird

$$\frac{\partial w_{ki}}{\partial x_k} + \frac{1}{1-2\sigma}\frac{\partial w_{ll}}{\partial x_i} = [\boldsymbol{\tau}\,\boldsymbol{b}]_i\,\delta(\xi)\,.$$

Nachdem wir somit die Bedingungen auf der Versetzungslinie berücksichtigt haben, können wir über (27,2) zu $\boldsymbol{u}$ übergehen und erhalten die gesuchte Gleichung in der Form

$$\Delta\boldsymbol{u} + \frac{1}{1-2\sigma}\nabla\operatorname{div}\boldsymbol{u} = [\boldsymbol{\tau}\,\boldsymbol{b}]\,\delta(\xi)\,. \tag{3}$$

2. Es ist die Deformation in der Umgebung einer linearen Schraubenversetzung im isotropen Medium zu bestimmen.

Lösung: Wir wählen Zylinderkoordinaten z, r, φ mit der z-Achse in Richtung der Versetzungslinie; der Burgers-Vektor hat die Komponenten $b_x = b_y = 0$, $b_z = b$. Aus Symmetriegründen ist offensichtlich, daß die Verschiebung $\boldsymbol{u}$ parallel zur z-Achse und unabhängig von der z-Koordinate ist. Die Gleichgewichtsbedingung (3) aus Aufgabe 1 reduziert sich auf $\Delta u_z = 0$. Die der Bedingung (27,1) genügende Lösung lautet[1])

$$u_z = \frac{b}{2\pi}\varphi\,.$$

Von den Tensoren u_{ik} und σ_{ik} sind lediglich die Komponenten

$$u_{z\varphi} = \frac{b}{4\pi r}, \qquad \sigma_{z\varphi} = \frac{\mu b}{2\pi r}$$

verschieden von Null, so daß die Deformation eine reine Translation darstellt. Die freie Energie der Versetzung (bezogen auf die Längeneinheit) ist durch das Integral

$$F = \frac{1}{2}\int 2\,u_{z\varphi}\,\sigma_{z\varphi}\,dV = \frac{\mu b^2}{4\pi}\int\frac{dr}{r}$$

gegeben, das an beiden Grenzen logarithmisch divergiert. Als untere Grenze ist eine Größe von der Größenordnung der Atomabstände ($\sim b$) zu wählen, da unterhalb dieser Größe die Deformation groß und die makroskopische Theorie nicht anwendbar ist. Als obere Grenze hat man einen Betrag von der Größenordnung der Länge L der Versetzung einzusetzen. Dann wird

$$F = \frac{\mu b^2}{4\pi}\ln\frac{L}{b}\,.$$

Die Energie im „Kern" der Versetzung, d. h. in der Nähe ihrer Achse (in einem Gebiet mit der Schnittfläche $\sim b^2$), ist näherungsweise durch μb^2 gegeben. Bei $\ln(L/b) \gg 1$ ist diese Energie klein gegenüber der Energie des elastischen Spannungsfeldes.[2])

3. Es sind die inneren Spannungen im anisotropen Medium in der Umgebung einer Schraubenversetzung senkrecht zur Symmetrieachse des Kristalls zu bestimmen.

---

[1]) In allen Aufgaben über lineare Versetzungen wählen wir als Richtung von $\boldsymbol{\tau}$ die Richtung der negativen z-Achse.

[2]) Diese Abschätzungen haben allgemeinen Charakter und sind größenordnungsmäßig für beliebige (nicht nur schraubenförmige) Versetzungen richtig.

Es ist zu beachten, daß gewöhnlich die tatsächlichen Werte von $\ln(L/b)$ nicht so groß sind, daß die Energie des „Kernes" einen vernachlässigbaren Teil der Gesamtenergie der Verletzung darstellt.

Lösung: Wir wählen das Koordinatensystem x, y, z so, daß die z-Achse mit der Versetzungslinie zusammenfällt (dann ist wieder $b_z = b$). Der Vektor $\boldsymbol{u}$ hat wiederum nur die Komponente $u_z = u(x, y)$. Da die Symmetrieebene in die xy-Ebene fällt, verschwinden alle Komponenten des Tensors λ_{iklm} in deren Index z in ungerader Anzahl auftritt. Aus diesem Grunde sind nur zwei Komponenten des Tensors σ_{ik} verschieden von Null.

$$\sigma_{xz} = \lambda_{xzxz} \frac{\partial u}{\partial x} + \lambda_{xzyz} \frac{\partial u}{\partial y}, \qquad \sigma_{yz} = \lambda_{yzxz} \frac{\partial u}{\partial x} + \lambda_{yzyz} \frac{\partial u}{\partial y}.$$

Wir führen nun den zweidimensionalen Vektor $\boldsymbol{\sigma}$ und den Tensor $\lambda_{\alpha\beta}$ ein: $\sigma_\alpha = \sigma_{\alpha z}$, $\lambda_{\alpha\beta} = \lambda_{\alpha z \beta z}$ $(\alpha = 1,2)$. Dann ist

$$\sigma_\alpha = \lambda_{\alpha\beta} \frac{\partial u}{\partial x_\beta},$$

und die Gleichgewichtsbedingung nimmt die Form $\operatorname{div} \boldsymbol{\sigma} = 0$ an. Die gesuchte Lösung dieser Gleichung muß der Bedingung (27,1) genügen: $\oint \nabla u \, d\boldsymbol{l} = b$.

In dieser Form ist die Aufgabe identisch mit dem Problem der Bestimmung von Induktion und Spannung des Magnetfeldes (denen im vorliegenden Falle $\boldsymbol{\sigma}$ bzw. ∇u entsprechen) im anisotropen Medium (mit der Permeabilität $\lambda_{\alpha\beta}$) in der Umgebung eines vom Strom $I = c\, b/2\pi$ durchflossenen linearen Leiters. Unter Verwendung der aus der Elektrodynamik bekannten Lösung dieser Aufgabe erhalten wir[1])

$$\sigma_{\alpha z} = -\frac{b}{2\pi} \frac{\lambda_{\alpha\beta}\, e_{\beta\gamma z}\, x_\gamma}{\sqrt{|\lambda|}\, \lambda^{-1}_{\alpha'\beta'}\, x_{\alpha'}\, x_{\beta'}}$$

mit $|\lambda|$ = Determinante des Tensors $\lambda_{\alpha\beta}$.

4. Es ist die Deformation in der Umgebung einer linearen Stufenversetzung im isotropen Medium zu bestimmen.

Lösung: Die z-Achse habe die Richtung der Versetzungslinie. Dann sind die Komponenten des Burgers-Vektor $b_x = b$, $b_y = b_z = 0$. Aus Symmetriegründen ist der Deformationsvektor unabhängig von der z-Koordinate und liegt in der xy-Ebene. In den folgenden Rechnungen sind alle Vektoren und Vektoroperatoren zweidimensional in der xy-Ebene. Wir suchen eine Lösung der Gleichung

$$\Delta \boldsymbol{u} + \frac{1}{1 - 2\sigma} \nabla \operatorname{div} \boldsymbol{u} = -b \boldsymbol{j}\, \delta(\boldsymbol{r})$$

(siehe Aufgabe 1). $\boldsymbol{j}$ ist der Einheitsvektor in y-Richtung, $\boldsymbol{u} = \boldsymbol{u}^{(0)} + \boldsymbol{w}$, $\boldsymbol{u}^{(0)}$ ein Vektor mit den Komponenten

$$u_x^{(0)} = \frac{b}{2\pi} \varphi, \qquad u_y^{(0)} = \frac{b}{2\pi} \ln r$$

(Imaginär- und Realteil von $(b/2\pi) \ln (x + i y)$); r und φ sind Polarkoordinaten in der xy-Ebene. Dieser Vektor genügt der Bedingung (27,1). Damit ist die Aufgabe auf die Bestimmung einer eindeutigen Funktion $\boldsymbol{w}$ zurückgeführt. Da, wie man sich leicht überzeugen kann,

$$\operatorname{div} \boldsymbol{u}^{(0)} = 0, \qquad \Delta \boldsymbol{u}^{(0)} = b \boldsymbol{j}\, \delta(\boldsymbol{r})$$

ist, erfüllt $\boldsymbol{w}$ die Gleichung

$$\Delta \boldsymbol{w} + \frac{1}{1 - 2\sigma} \nabla \operatorname{div} \boldsymbol{w} = -2 b \boldsymbol{j}\, \delta(\boldsymbol{r}).$$

---

[1]) Siehe Band VIII, „Elektrodynamik der Kontinua“, Aufgabe 5 zu § 29.

Dies ist die Gleichgewichtsbedingung beim Vorhandensein von auf der z-Achse konzentrierten Kräften mit der Volumendichte $\frac{E\,b\,\boldsymbol{j}}{2\,(1+\sigma)}\,\delta(\boldsymbol{r})$ (siehe Gleichung (1) aus Aufgabe zu §8). Benutzen wir den in derselben Aufgabe gefundenen GREENschen Tensor für ein unbegrenztes Medium, so haben wir die Bestimmung von $\boldsymbol{w}$ auf die Lösung des Integrals

$$\boldsymbol{w} = \frac{b}{8\,\pi\,(1-\sigma)^2}\int\limits_0^\infty \left[\frac{(3-4\,\sigma)\,\boldsymbol{j}}{R} + \frac{\boldsymbol{r}\,y}{R^3}\right] dz', \qquad R = \sqrt{r^2 + z'^2}$$

zurückgeführt.

Wir erhalten

$$u_x = \frac{b}{2\,\pi}\left\{\operatorname{arc\,tg}\frac{y}{x} + \frac{1}{2\,(1-\sigma)}\,\frac{x\,y}{x^2+y^2}\right\},$$

$$u_y = -\frac{b}{2\,\pi}\left\{\frac{1-2\,\sigma}{2\,(1-\sigma)}\ln\sqrt{x^2+y^2} + \frac{1}{2\,(1-\sigma)}\,\frac{x^2}{x^2+y^2}\right\}.$$

Der sich hieraus ergebende Spannungstensor hat die kartesischen Komponenten

$$\sigma_{x\,x} = -\,b\,D\,\frac{y\,(3\,x^2+y^2)}{(x^2+y^2)^2}, \qquad \sigma_{y\,y} = b\,D\,\frac{y\,(x^2-y^2)}{(x^2+y^2)^2}, \qquad \sigma_{x\,y} = b\,D\,\frac{x\,(x^2-y^2)}{(x^2+y^2)^2}$$

oder in Polarkoordinaten

$$\sigma_{r\,r} = \sigma_{\varphi\,\varphi} = -\,b\,D\,\frac{\sin\varphi}{r}, \qquad \sigma_{r\,\varphi} = b\,D\,\frac{\cos\varphi}{r}$$

mit $D = \mu/2\,\pi\,(1-\sigma)$.

5. Es sei in einem isotropen Medium eine unendlich große Zahl von parallelen linearen Stufenversetzungen vorhanden, die in der senkrecht zum BURGERS-Vektor liegenden Ebene in gleichen Abständen h voneinander verlaufen.

Man bestimme die Spannungen der Gleitung, die eine derartige „Versetzungswand" in im Vergleich zu h großen Abständen hervorruft.

Lösung: Wir wählen das Koordinatensystem so, daß die Versetzungslinien die Richtung der z-Achse haben und in der xy-Ebene liegen. Aus den Ergebnissen der vorangegangenen Aufgabe entnehmen wir, daß die von allen Versetzungen im Punkt x, y hervorgerufene Gesamtspannung durch die Summe

$$\sigma_{x\,y}(x, y) = b\,D x \sum_{n=-\infty}^{\infty} \frac{x^2-(y-n\,h)^2}{[x^2+(y-n\,h)^2]^2}$$

gegeben ist. Wir geben dieser Summe die Form

$$\sigma_{x\,y} = -\,b\,D\,\frac{\alpha}{h}\left[J(\alpha,\beta) + \alpha\,\frac{\partial J(\alpha,\beta)}{\partial\alpha}\right]$$

mit

$$J(\alpha,\beta) = \sum_{n=-\infty}^{\infty}\frac{1}{\alpha^2+(\beta-n)^2}, \qquad \alpha = \frac{x}{h}, \qquad \beta = \frac{y}{h}.$$

Mit Hilfe der POISSONschen Summenformel

$$\sum_{n=-\infty}^{\infty} f(n) = \sum_{k=-\infty}^{\infty}\int\limits_{-\infty}^{\infty} f(x)\,e^{2\pi i k x}\,dx$$

erhalten wir

$$J(\alpha, \beta) = \int\limits_{-\infty}^{\infty} \frac{d\xi}{\alpha^2 + \xi^2} + 2\, Re \sum_{k=1}^{\infty} e^{2\pi i k \beta} \int\limits_{-\infty}^{\infty} \frac{e^{2\pi i k \xi}\, d\xi}{\alpha^2 + \xi^2} = \frac{\pi}{\alpha} + \frac{2\pi}{\alpha} \sum_{k=1}^{\infty} e^{-2\pi k \alpha} \cos 2\pi k \beta .$$

Bei $\alpha = x/h \gg 1$ kann man alle Glieder der Summe über k bis auf das erste vernachlässigen, und es ergibt sich

$$\sigma_{xy} = 4\pi^2 D \frac{b\,x}{h^2} e^{-2\pi x/h} \cos\left(2\pi \frac{y}{h}\right).$$

Die Spannungen nehmen also mit zunehmendem Abstand von der Wand nach einem Exponentialgesetz ab.

§ 28. Die Wirkung eines Spannungsfeldes auf Versetzungen

Wir betrachten eine Versetzungsschleife D in einem durch äußere Belastung erzeugten elastischen Spannungsfeld $\sigma_{ik}^{(e)}$ und wollen die Kraft berechnen, die dieses Feld auf die Versetzung ausübt.

Den allgemeinen Regeln folgend hat man zu diesem Zweck die Arbeit δR zu ermitteln, die von den inneren Spannungen bei einer infinitesimalen Verschiebung der Schleife D geleistet wird. Wenn δu_{ik} die durch die Verschiebung hervorgerufene Änderung des Deformationstensors bedeutet, so gilt nach (3,1)[1])

$$\delta R = - \int \sigma_{ik}^{(e)} \delta u_{ik}\, dV .$$

Da die Verteilung der Spannungen $\sigma_{ik}^{(e)}$ als unabhängig von der Lage der Versetzung vorausgesetzt wird, kann das δ-Zeichen vor das Integral gezogen werden. Berücksichtigen wir noch die Symmetrie des Tensors $\sigma_{ik}^{(e)}$ und die Gleichgewichtsbedingung $\frac{\partial \sigma_{ik}^{(e)}}{\partial x_k} = 0$, so können wir schreiben

$$\delta R = -\delta \int \sigma_{ik}^{(e)} u_{ik}\, dV = -\delta \int \sigma_{ik}^{(e)} \frac{\partial u_k}{\partial x_i} dV = -\delta \int \frac{\partial}{\partial x_i} (\sigma_{ik}^{(e)} u_k)\, dV. \quad (28,1)$$

Wir wollen die Funktion $\boldsymbol{u}$ in dem im vorangegangenen Paragraphen erklärten Sinne als eindeutige Funktion ansehen, die einen Sprung auf einer auf der Linie D basierenden Oberfläche S_D erleidet. Dann können wir das Volumenintegral in (28,1) in ein Integral über eine geschlossene Oberfläche, bestehend aus zwei Schnittflächen durch S_D, die durch eine unendlich dünne, die Linie D umschließende Röhre miteinander verbunden sind, umformen. An beiden Grenzflächen sind die Beträge der stetigen Größe $\sigma_{ik}^{(e)}$ gleich, während sich die ent-

[1]) Zur Vermeidung von Mißverständnissen möchten wir betonen, daß man unter δu_{ik} in dieser Formel (in Übereinstimmung mit der Bedeutung dieser Größen in (3,1)) die gesamte geometrische Veränderung der Deformation bei unendlich kleinen Verschiebungen der Versetzung verstehen muß. Sie bildet sich in dem gegebenen Fall sowohl aus dem elastischen als auch dem plastischen (siehe den folgenden Paragraphen) Teil heraus.

sprechenden Beträge von $\boldsymbol{u}$ um einen vorgegebenen Wert $\boldsymbol{b}$ unterscheiden. Wir erhalten deshalb[1])

$$\delta R = - b_k \, \delta \int_{S_D} \sigma_{ik}^{(e)} \, df_i \, . \tag{28,2}$$

Es soll sich jetzt jedes Element $\delta \boldsymbol{l}$ der Versetzungslinie um den Betrag $\delta \boldsymbol{r}$ verschieben. Diese Verschiebung bewirkt eine Änderung der Größe der Fläche S_D um $d\boldsymbol{f} = [\delta \boldsymbol{r}\, \delta \boldsymbol{l}]$, d. h.

$$df_i = e_{imn} \, \delta x_m \, dl_n = e_{imn} \, \delta x_m \, \tau_n \, dl \, .$$

Die Arbeit (28,2) ergibt sich also als lineares Integral über die Versetzungsschleife

$$\delta R = - \oint_D b_k \, e_{imn} \, \sigma_{ki}^{(e)} \, \delta x_m \, \tau_n \, dl$$

mit $\boldsymbol{\tau}$ = Tangentenvektor zu D.

Der Koeffizient bei δx_m unter dem Integralzeichen ist (mit umgekehrtem Vorzeichen) die Kraft f_m, die auf die Längeneinheit der Versetzungslinie wirkt. Damit ist

$$f_i = e_{ike} \, \tau_k \, \sigma_{em}^{(e)} \, b_m \tag{28,3}$$

(M. PEACH, J. KOEHLER, 1950). Wir stellen fest, daß die Kraft $\boldsymbol{f}$ senkrecht zum Vektor $\boldsymbol{\tau}$, d. h. senkrecht zu der Versetzungslinie und dem Vektor $\sigma_{ik}^{(e)} b_k$ wirkt.

Die durch die Vektoren $\boldsymbol{\tau}$ und $\boldsymbol{b}$ in jedem Punkt der Versetzung aufgespannte Ebene bezeichnet man als Gleitebene des betreffenden Versetzungselements (die Gleitebenen aller Elemente tangieren natürlich die Gleitebene der ganzen Versetzung. Letztere stellt eine zylindrische Oberfläche mit parallel zum BURGERS-Vektor verlaufender Mantelfläche dar). Die physikalische Besonderheit der Gleitebene besteht darin, daß nur in ihr eine relativ leichte Verschiebung der Versetzung möglich ist.[2]) Im Zusammenhang damit ist es interessant, die Komponente der Kraft (28,3) auf dieser Fläche zu bestimmen. Es sei $\varkappa$ der Normalenvektor der Versetzungslinie in der Gleitebene. Dann ist die gesuchte Kraftkomponente (wir bezeichnen sie mit $f_\perp$) $f_\perp = \varkappa_i f_i = e_{ikl} \varkappa_i \tau_k \, b_m \, \sigma_{lm}^{(e)}$ oder

$$f_\perp = \nu_l \, \sigma_{lm}^{(e)} \, b_m \tag{28,4}$$

---

[1]) Das Integral über die Seitenröhre vom Radius ϱ verschwindet für $\varrho \to 0$, weil u_k langsamer als $1/\varrho$ gegen Unendlich geht. Bei der Umformung des Volumenintegrals mit Hilfe des GAUSSschen Satzes tritt auch das Integral über die den angelegten Kräften ausgesetzte Außenfläche des Körpers auf. Dieses Integral ist mit der Arbeit der Kräfte bei der Verschiebung des Körpers als Ganzes verknüpft und hat deshalb keine Beziehung zu dem betrachteten Problem.

[2]) Diese Tatsache folgt bekanntlich aus dem mikroskopischen Bild des Versetzungsdefektes. Zur Fortbewegung der in Abb. 22 dargestellten Längsversetzung in ihrer Gleitebene (der xy-Ebene) genügt eine verhältnismäßig geringfügige Verschiebung der Atome, um alle von der xy-Ebene entfernten Kristallhalbflächen zu „überflüssigen“ werden zu lassen (die aber nach wie vor parallel dazu liegen). Eine Verschiebung der Versetzung in anderen Richtungen hingegen ist nur durch Diffusionsprozesse möglich. So kann sich die Versetzung aus Abb. 22 in der xy-Ebene zum Beispiel nur durch Abdiffusion der Atome aus der „überflüssigen“ Halbebene fortbewegen. Dieser Prozeß kann nur bei entsprechend hoher Temperatur stattfinden.

mit $\boldsymbol{\nu} = [\boldsymbol{\varkappa}\,\boldsymbol{\tau}]$ als Normalenvektor der Gleitebene. Da die Vektoren $\boldsymbol{\nu}$ und $\boldsymbol{b}$ senkrecht aufeinander stehen, erkennt man, daß (wenn man zwei Koordinatenachsen in die Richtung dieser Vektoren legt) die Kraft $f_\perp$ durch nur eine Komponente von $\sigma_{lm}^{(e)}$ bestimmt ist.

Die Gesamtkraft auf die Versetzungsschleife beträgt

$$F_i = e_{ikl}\, b_m \oint_D \sigma_{lm}^{(e)}\, dx_k\,. \tag{28,5}$$

Sie ist nur im Falle eines inhomogenen Spannungsfeldes verschieden von Null (bei $\sigma_{lm}^{(e)} = \text{const}$ wird das Integral $\oint dx_k = 0$). Wenn sich das Feld im Ausdehnungsbereich der Schleife nur wenig ändert, kann man schreiben

$$F_i = e_{ikl}\, b_m \frac{\partial \sigma_{lm}^{(e)}}{\partial x_p} \oint_D x_p\, dx_k$$

(wir stellen uns die Schleife in der Nähe des Koordinatenursprungs liegend vor). Diese Kraft kann man durch das in (27,11) eingeführte Versetzungsmoment d_{kl} ausdrücken:

$$F_i = d_{kl} \frac{\partial \sigma_{kl}^{(e)}}{\partial x_i}\,. \tag{28,6}$$

Aufgaben

1. Man bestimme die Wechselwirkungskraft zwischen zwei Schraubenversetzungen im homogenen Medium.

Lösung: Die auf die Längeneinheit einer Versetzung im Spannungsfeld einer zweiten Versetzung wirkende Kraft folgt aus Formel (28,4) in Verbindung mit den Ergebnissen der Aufgabe 2 zu § 27. Sie beträgt

$$f = \frac{\mu\, b_1 b_2}{2\pi r}\,.$$

Versetzungen mit gleichem Vorzeichen stoßen sich ab ($b_1 b_2 > 0$) und Versetzungen mit entgegengesetztem Vorzeichen ziehen sich an.

2. Eine lineare Schraubenversetzung liege parallel zu einer ebenen freien Oberfläche eines isotropen Mediums. Man finde die auf die Versetzung wirkende Kraft.

Lösung: Die yz-Ebene falle mit der Oberfläche des Körpers zusammen. Die Versetzung liege parallel zur z-Achse und habe die Koordinaten $x = x_0$, $y = 0$.

Das Spannungsfeld, welches die Oberfläche des Körpers frei hält, ist gegeben durch die Summe des Feldes der Versetzung und ihres Spiegelbildes in der yz-Ebene, als ob sie sich im unbegrenzten Medium befinden würden:

$$\sigma_{xz} = \frac{\mu b}{2\pi}\left[\frac{y}{(x-x_0)^2+y^2} - \frac{y}{(x+x_0)^2+y^2}\right],$$

$$\sigma_{yz} = -\frac{\mu b}{2\pi}\left[\frac{x-x_0}{(x-x_0)^2+y^2} - \frac{x+x_0}{(x+x_0)^2+y^2}\right].$$

Dieses Feld wirkt auf die betrachtete Versetzung mit der gleichen Kraft, wie die Anziehungskraft durch ihr Spiegelbild, d. h., die Versetzung wird auf die Oberfläche des Mediums mit der Kraft

$$f = \frac{\mu b^2}{4 \pi x_0}$$

gedrückt.

3. Man bestimme die Wechselwirkungskraft zwischen zwei parallelen Stufenversetzungen mit parallelen Gleitebenen im isotropen Medium.

Lösung: Die Gleitebene liege parallel zur xz-Ebene und die Versetzungslinien parallel zur z-Achse. Wie in § 27, Aufgabe 4, nehmen wir wiederum an: $\tau_z = -1, b_x = b$. Dann hat die Kraft pro Längeneinheit der Versetzung im elastischen Spannungsfeld die Komponenten

$$f_x = b\, \sigma_{xy}\,, \qquad f_y = -b\, \sigma_{xx}\,.$$

Im vorliegenden Falle ist σ_{ik} durch die in § 27, Aufgabe 4, gefundenen Ausdrücke gegeben. Wenn eine der Versetzungen in der z-Achse liegt, so wirkt sie auf die zweite, die durch den Punkt (x, y) auf der xy-Ebene geht, mit einer Kraft, deren Komponenten in Polarkoordinaten gleich sind:

$$f_r = \frac{b_1 b_2 D}{r}\,, \qquad f_\varphi = \frac{b_1 b_2 D}{r} \sin 2\varphi\,, \qquad D = \frac{\mu}{2\pi (1-\sigma)}\,.$$

Die Projektion dieser Kraft auf die Gleitebene ist

$$f_x = b_1 b_2 D \frac{\cos\varphi \cdot \cos 2\varphi}{r}\,.$$

Sie verschwindet bei $\varphi = \pi/2$ und $\varphi = \pi/4$. Die erste der beiden Lagen entspricht einem stabilen Gleichgewicht bei $b_1 b_2 > 0$, die zweite bei $b_1 b_2 < 0$.

§ 29. Stetige Verteilung von Versetzungen

Wenn im Kristall gleichzeitig viele dichtbenachbarte [obwohl in endlicher und großer (relativ zur Gitterkonstanten) Entfernung liegende] Versetzungen vorhanden sind, so wird es zweckmäßig, diese gemittelt zu betrachten. Mit anderen Worten: Es werden ,,physikalisch unendlich kleine" Volumenelemente des Kristalles betrachtet, durch die eine genügend große Anzahl von Versetzungslinien verlaufen. Die Formulierung der Gleichung für die Grundeigenschaft der Versetzungsdeformation erreicht man durch naheliegende Verallgemeinerung der Gleichung (27,6). Wir führen einen Tensor ϱ_{ik} (*Tensor der Versetzungsdichte*) so ein, daß sein Integral über eine auf der willkürlichen geschlossenen Linie L basierende Oberfläche gleich der Summe $\boldsymbol{b}$ der BURGERS-Vektoren aller Versetzungslinien ist, die von der genannten Kurve umschlossen werden:

$$\int_{S_L} \varrho_{ik}\, df_i = b_k\,. \tag{29,1}$$

Durch die stetige Funktion ϱ_{ik} wird die Verteilung der Versetzungen im Kristall beschrieben. Dieser Tensor ersetzt jetzt den Ausdruck auf der rechten Seite von Gleichung (27,6):

$$e_{iem} \frac{\partial w_{mk}}{\partial x_e} = -\varrho_{ik}\,. \tag{29,2}$$

Aus dieser Gleichung folgt, daß der Tensor ϱ_{ik} der Bedingung

$$\frac{\partial \varrho_{ik}}{\partial x_i} = 0 \tag{29,3}$$

genügen muß (im Falle einer einzelnen Versetzung drückt diese Bedingung einfach die Konstanz des BURGERS-Vektors über die Länge der Versetzungslinie aus).

Bei dieser Betrachtungsweise wird der Distorsionstensor w_{ik} zu einer primären Größe; er beschreibt die Deformation und bestimmt nach (27,4) den Deformationstensor. Der Verschiebungsvektor $\boldsymbol{u}$ hingegen, der mit w_{ik} durch die Definition (27,2) verknüpft ist, kann hierbei überhaupt nicht eingeführt werden. (Das ersieht man schon daraus, daß bei solcher Definition die linke Seite von Gleichung (29,2) im gesamten Kristallvolumen identisch verschwinden würde.)

Bisher haben wir vorausgesetzt, daß die Versetzungen unbeweglich sind. Wir wollen jetzt klären, wie ein Gleichungssystem beschaffen sein muß, mit dessen Hilfe man im Prinzip die elastischen Deformationen und Spannungen in einem Medium beschreiben kann, wenn die Versetzungen eine vorgeschriebene Bewegung ausführen (E. KRÖNER, G. RIEDER, 1956).[1])

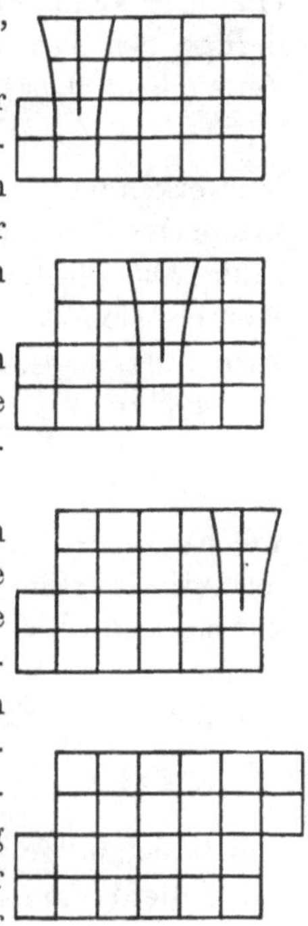

Abb. 25

Gleichung (29,2) ist unabhängig vom Bewegungszustand der Versetzungen. Der Tensor w_{ik} bleibt nach wie vor die Bestimmungsgröße für die elastischen Deformationen; sein symmetrischer Teil ist der elastische Deformationstensor, der in der üblichen Weise durch das HOOKEsche Gesetz mit dem Spannungstensor verknüpft ist.

Diese Gleichung reicht aber nun nicht mehr zur vollständigen Beschreibung des Problems aus. Durch das vollständige Gleichungssystem muß auch die Geschwindigkeit $\boldsymbol{v}$ der Verschiebung der Punkte im Medium bestimmt werden.

Dabei ist zu berücksichtigen, daß diese Bewegung neben einer Veränderung der elastischen Deformationen auch eine nicht durch Spannungen verursachte Formänderung — eine *plastische Deformation des Kristalles* — verursacht. Denn bekanntlich besteht der Mechanismus der plastischen Deformation gerade in der Bewegung von Versetzungen. (Der Zusammenhang der Bewegung von Versetzungen mit plastischen Deformationen wird in Abb. 25 deutlich illustriert: Die Bewegung der Stufenversetzung von links nach rechts führt zu einer Verschiebung eines Teils des Kristalles — des Teiles über der Gleitebene — um eine Gitterperiode; da die Gitterstruktur

[1]) Wir beschäftigen uns hier nicht mit der Bewegung von Versetzungen unter dem Einfluß äußerer Kräfte. Die Behandlung dieser Frage erfordert eine detaillierte Betrachtung des mikroskopischen Mechanismus der Bewegung von Versetzungen und ihrer Bremsung an in realen Kristallen stets vorhandenen Defekten verschiedener Art.

dabei korrigiert wird, bleibt der Kristall im spannungslosen Zustand zurück.) Im Gegensatz zur elastischen Deformation, die eindeutig durch den thermodynamischen Zustand des Körpers charakterisiert ist, ist die plastische Deformation eine Funktion des Prozesses. Bei der Betrachtung ruhender Versetzungen tritt die Frage nach der Trennung von elastischer und plastischer Deformation nicht auf: Es interessieren in diesem Falle lediglich die von der Vorgeschichte des Kristalles unabhängigen Spannungen.

Es sei $\boldsymbol{u}$ der Vektor der geometrischen Verschiebung eines etwa von seiner Lage vor dem Beginn des Deformationsprozesses aus gemessenen Punktes im Medium; seine zeitliche Ableitung ist $\dot{\boldsymbol{u}} = \boldsymbol{v}$. Bildet man mit Hilfe des Vektors $\boldsymbol{u}$ die *Gesamtdistorsion* $W_{ik} = \partial u_k/\partial x_i$, so erhalten wir seinen „plastischen Teil" $w_{ik}^{(\mathrm{pl})}$, indem wir von W_{ik} den Tensor der „elastischen Distorsion" abziehen. Letzterer ist mit dem in (29,2) figurierenden Tensor w_{ik} identisch.

Wir führen die Bezeichnung

$$-j_{ik} = \frac{\partial w_{ik}^{(\mathrm{pl})}}{\partial t} \tag{29,4}$$

ein. Der symmetrische Teil von j_{ik} bestimmt die Geschwindigkeit der Veränderung des Tensors der plastischen Deformation: Die Änderung von $u_{ik}^{(\mathrm{pl})}$ im Zeitelement δt beträgt

$$\delta u_{ik}^{(\mathrm{pl})} = -1/2\,(j_{ik} + j_{ki})\,\delta t\,. \tag{29,5}$$

Wir erkennen daraus, daß die Spur des Tensors j_{ik} gleich Null ist, wenn die plastische Deformation ohne Verletzung der *Homogenität* des Körpers vor sich geht. Die plastische Deformation führt in der Tat zu keiner Streckung oder Kompression des Körpers (die immer mit dem Auftreten innerer Spannungen verbunden sind), d. h. $u_{kk}^{(\mathrm{pl})} = 0$ und darum $j_{kk} = \partial u_{kk}^{(\mathrm{pl})}/\partial t = 0$. Durch Einsetzen von $w_{ik}^{(\mathrm{pl})} = W_{ik} - w_{ik}$ in die Definition (29,4) erhalten wir die Gleichung

$$\frac{\partial w_{ik}}{\partial t} = \frac{\partial v_k}{\partial x_i} + j_{ik}\,, \tag{29,6}$$

welche die Geschwindigkeit der Änderung von plastischer und elastischer Deformation verknüpft. Die darin enthaltenen Größen j_{ik} sind durch Bedingungsgleichungen fixiert, die die gleichzeitige Erfüllung von (29,6) und (29,2) gewährleisten. Diese Bedingungsgleichungen erhält man durch zeitliche Differentiation von (29,2) und Einsetzen in (29,6). Sie lauten

$$\frac{\partial \varrho_{ik}}{\partial t} + e_{ilm}\frac{\partial j_{mk}}{\partial x_l} = 0\,. \tag{29,7}$$

Das vollständige Gleichungssystem ist durch die Gleichungen (29,2) und (29,6) sowie die dynamischen Gleichungen

$$\varrho\,\dot{v}_i = \frac{\partial \sigma_{ik}}{\partial x_k} \tag{29,8}$$

gegeben. Es ist $\sigma_{ik} = \lambda_{iklm}\,u_{lm} = \lambda_{iklm}\,w_{lm}$. Die in den Gleichungen auftretenden Tensoren ϱ_{ik} und j_{ik} sind vorgegebene Funktionen der die Geschwindigkeit der Versetzungen charakterisierenden Koordinaten (und der Zeit). Diese Funktionen müssen den Bedingungen für die gleichzeitige Erfüllung der Gleichungen

(29,2) untereinander sowie der durch (29,3) und (29,7) gegebenen Gleichungen (29,6) genügen.

Die Bedingung (29,7) kann man als differentielle Schreibweise des „Gesetzes der Erhaltung des BURGERS-Vektors" im Körper betrachten. Integrieren wir beide Seiten der Gleichung (29,7) über eine auf der geschlossenen Linie L basierende Fläche und führen den durch (29,1) gegebenen gesamten BURGERSschen Vektor b_k der von der Linie L umschlossenen Versetzungen ein, so erhalten wir nach Anwendung des STOKESschen Satzes

$$\frac{db_k}{dt} = -\oint j_{ik}\, dx_i\,. \tag{29,9}$$

Das Integral auf der rechten Seite dieser Gleichung bestimmt den pro Zeiteinheit durch die Linie L „hindurchfließenden Betrag" des BURGERS-Vektors, d. h. den von den die Linie L durchschneidenden Versetzungen abgeführten Betrag dieses Vektors. Es liegt deshalb nahe, die Größe j_{ik} als Tensor der „Versetzungsstromdichte" zu bezeichnen.

Für eine einzelne Versetzungsschleife gilt, wie man sich leicht klarmachen kann,

$$j_{ik} = e_{ilm}\, \varrho_{lk}\, v_m = e_{ilm}\, \tau_l\, v_m\, b_k\, \delta(\xi) \tag{29,10}$$

(ϱ_{lk} aus (27,6) und $\boldsymbol{v}$ = Geschwindigkeit der Versetzungslinie im gegebenen Punkt). Der Vektor des Stromes durch das Element $d\boldsymbol{l}$ der Linie $L(j_{ik}\, dl_i)$ ist proportional $d\boldsymbol{l}[\boldsymbol{\tau}\, \boldsymbol{v}] = \boldsymbol{v}[d\boldsymbol{l}\, \boldsymbol{\tau}]$, d. h., er ist proportional der Projektion von $\boldsymbol{v}$ auf die zu $d\boldsymbol{l}$ und $\boldsymbol{\tau}$ senkrechte Richtung. Diese Tatsache ist aus geometrischen Überlegungen offensichtlich, denn nur diese Geschwindigkeitskomponente bewirkt, daß die Versetzung das Element $d\boldsymbol{l}$ schneidet.

Wir weisen darauf hin, daß die Spur des Tensors (29,10) proportional der Projektion der Geschwindigkeit der Versetzung auf die Normalenrichtung der Gleitebene ist. An früherer Stelle hatten wir festgestellt, daß die Abwesenheit unelastischer Veränderungen der Dichte im Körper durch die Bedingung $j_{ii} = 0$ gesichert ist. Diese Bedingung bedeutet im Falle einer einzelnen Versetzung, daß die Bewegung in der Gleitebene vonstatten geht, entsprechend unserer Anmerkung über die physikalische Natur der Bewegung einer Versetzung im Kristall (siehe Fußnote [2]) auf S. 146).

Wir wollen abschließend den Fall betrachten, daß Versetzungsschleifen derart im Kristall verteilt sind, daß ihr gesamter BURGERS-Vektor (den wir mit $\boldsymbol{B}$ bezeichnen wollen) verschwindet.[1]) Diese Bedingung bedeutet, daß bei der Integration über einen beliebigen Querschnitt des Körpers

$$\int \varrho_{ik}\, df_i = 0 \tag{29,11}$$

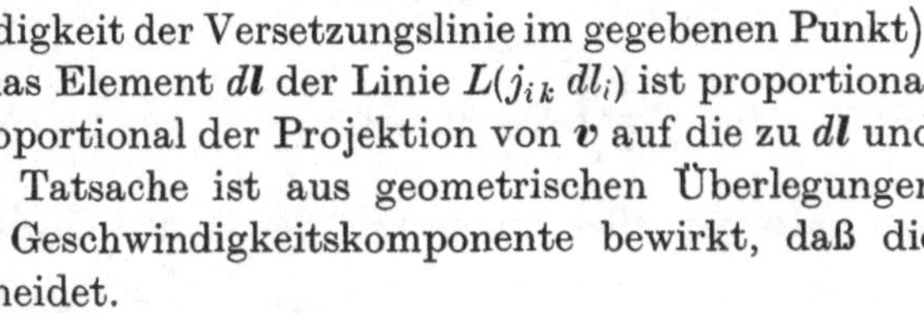

Abb. 26

[1]) Die Anwesenheit einer Versetzung ist, wie in Abb. 26 schematisch dargestellt, mit einer gewissen Verbiegung des Kristalles verknüpft. Die Bedingung $\boldsymbol{B} = 0$ bedeutet, daß keine makroskopische Verbiegung des Gesamtkristalles vorhanden ist.

gilt. Die Versetzungsdichte ist dann durch

$$\varrho_{ik} = e_{ilm} \frac{\partial P_{mk}}{\partial x_l} \tag{29,12}$$

gegeben (F. KROUPA, 1962). In diesem Falle wird (29,11) zu einem Integral über eine außerhalb des Körpers verlaufende Linie und verschwindet. Wir stellen ferner fest, daß der Ausdruck (29,12) automatisch der Bedingung (29,3) genügt.

Es ist leicht einzusehen, daß der solcherart definierte Tensor P_{ik} die Dichte des Versetzungsmomentes im deformierten Kristall darstellt (die man naheliegenderweise als „Versetzungspolarisation“ bezeichnet). Das gesamte Versetzungsmoment ist per definitionem gleich

$$D_{ik} = \sum S_i b_k = \frac{1}{2} e_{ilm} \sum b_k \oint_D l\, dx_m = \int e_{ilm} x_l \varrho_{mk}\, dV ,$$

worin sich die Summierung über alle Versetzungslinien und die Integration über das gesamte Kristallvolumen erstreckt. Setzen wir in diese Beziehung (29,12) ein, so erhalten wir

$$D_{ik} = \frac{1}{2} \int e_{ilm} e_{mpq} x_l \frac{\partial P_{qk}}{\partial p} dV = \frac{1}{2} \int x_m \left(\frac{\partial P_{mk}}{\partial x_i} - \frac{\partial P_{ik}}{\partial x_m} \right) dV$$

und nach partieller Integration der beiden Glieder

$$D_{ik} = \int P_{ik}\, dV . \tag{29,13}$$

Die Versetzungsstromdichte, ausgedrückt durch den Tensor P_{ik}, ist gegeben durch

$$j_{ik} = -\frac{\partial P_{ik}}{\partial t} . \tag{29,14}$$

Davon überzeugt man sich leicht, indem man z. B. das Integral $\int j_{ik}\, dV$ über einen beliebigen Teil des Körpervolumens entsprechend (29,10) als Summe über alle im Volumen eingeschlossenen Versetzungsschleifen berechnet. Der Ausdruck (29,14) genügt zusammen mit (29,12) automatisch der Bedingung (29,7). Durch Vergleich von (29,14) mit (29,4) erhalten wir $\delta w_{ik}^{(\mathrm{pl})} = \delta P_{ik}$. Wenn man vereinbart, daß keine plastischen Deformationen im Zustand $P_{ik} = 0$ vorhanden sein sollen, so folgt $w_{ik}^{(\mathrm{pl})} = P_{ik}$.[1]) Dann gilt

$$w_{ik} = W_{ik} - w_{ik}^{(\mathrm{pl})} = \frac{\partial u_k}{\partial x_i} - P_{ik} , \tag{29,15}$$

[1]) Es wird angenommen, daß im Verlauf des Deformationsprozesses *immer* $\boldsymbol{B} = 0$ ist. Wir unterstreichen dies, weil zwischen den Tensoren P_{ik} und $w_{ik}^{(\mathrm{pl})}$ ein prinzipieller Unterschied besteht: Während P_{ik} eine Funktion des Zustandes ist, trifft dies für den Tensor $w_{ik}^{(\mathrm{pl})}$ nicht zu. Letzterer hängt vielmehr von dem Prozeß ab, durch den der Körper in den gegebenen Zustand gebracht wurde.

worin u_k wieder der Vektor der gesamten geometrischen Verschiebung gegenüber der Lage im undeformierten Zustand ist. Die Gleichung (29,6) ist dann identisch erfüllt, und die dynamische Gleichung (29,8) nimmt die Form

$$\varrho\, \ddot{u}_i - \lambda_{iklm} \frac{\partial^2 u_m}{\partial x_k\, \partial x_l} = - \lambda_{iklm} \frac{\partial P_{lm}}{\partial x_k} \tag{29,16}$$

an. Damit haben wir die Ermittlung der durch sich bewegende Versetzungen mit $\boldsymbol{B} = 0$ hervorgerufenen elastischen Deformation auf die Lösung einer Aufgabe der gewöhnlichen Elastizitätstheorie mit Volumenkräften, die im Kristall mit der Dichte $-\lambda_{iklm} \frac{\partial P_{lm}}{\partial x_k}$ verteilt sind, zurückgeführt.

§ 30. Verteilung von miteinander wechselwirkenden Versetzungen

Wir betrachten die Gesamtheit einer großen Anzahl identischer linearer Versetzungen die parallel zueinander in einer Gleitebene liegen und leiten die Bedingungen für ihre Gleichgewichtsverteilung ab. Das Koordinatensystem wählen wir so, daß die z-Achse die Richtung der Versetzungslinien hat und die Gleitebene in die xz-Ebene fällt.

Wenn wir annehmen, daß die Burgers-Vektoren der Versetzungen in x-Richtung zeigen, so ist die in der Gleitebene auf die Längeneinheit einer Versetzung wirkende Kraft gleich $\boldsymbol{b}\, \sigma_{xy}$, wenn σ_{xy} die Spannung am Ort der Versetzung ist.

Die von einer linearen Versetzung erzeugte (auf eine andere Versetzung wirkende) Spannung nimmt umgekehrt proportional mit dem Abstand ab. Die von einer im Punkt x' liegenden Versetzung erzeugte Spannung im Punkt x ist also von der Form $b\, D/(x - x')$, worin D eine Konstante von der Größenordnung der Elastizitätsmoduln des Kristalles ist. Man kann zeigen, daß $D > 0$ ist, d. h., zwei identische Versetzungen in einer Gleitebene stoßen einander ab.[1])

Wir bezeichnen mit ϱ_x die lineare Versetzungsdichte im Abschnitt (a_1, a_2) der x-Achse; $\varrho_x\, dx$ ist die Summe der Burgers-Vektoren, die durch die Punkte des Intervalls dx hindurchgehen. Dann stellt sich die von allen Versetzungen im Punkt x der x-Achse erzeugte Spannung in Form des Integrals

$$\sigma_{xy}(x) = - D \int\limits_{a_1}^{a_2} \frac{\varrho(\xi)\, d\xi}{\xi - x} \tag{30,1}$$

dar. Für Punkte innerhalb des Abschnittes (a_1, a_2) ist dieses Integral im Sinne eines Hauptwertes zu verstehen, damit die physikalisch sinnlose Wirkung einer Versetzung auf sich selbst ausgeschlossen wird.

Wenn im Kristall außerdem ein ebenes (in der xy-Ebene liegendes) von äußeren Belastungen herrührendes Spannungsfeld $\sigma_{xy}^{(b)}(x, y)$ vorhanden ist, so unter-

[1]) Für ein isotropes Medium wurde dies in § 28, Aufgabe 3, gezeigt.

liegt die Versetzung der Kraft $\boldsymbol{b}\,(\sigma_{xy} + p(x))$, wenn wir die Abkürzung $p(x) = \sigma_{xy}^{(b)}(x, y)$ einführen. Die Gleichgewichtsbedingung fordert das Verschwinden dieser Kraft: $\sigma_{xy} + p = 0$, d. h.

$$\fint_{a_1}^{a_2} \frac{\varrho(\xi)\, d\xi}{\xi - x} = \frac{p(x)}{D} \equiv \omega(x)\,, \tag{30,2}$$

worin der Hauptwert wie üblich durch das durchgestrichene Integralzeichen gekennzeichnet ist. Dies ist die Integralgleichung für die Gleichgewichtsverteilung $\varrho(x)$. Sie ist vom Typ der singulären Integralgleichung mit CAUCHYschem Kern.

Die Lösung dieser Gleichung führt zu einer Aufgabe der Funktionentheorie, die in folgender Weise formuliert ist.[1])

Wir bezeichnen mit $\Omega(z)$ eine Funktion, die in der komplexen z-Ebene (mit einem Schnitt längs des Abschnittes (a_1, a_2)) als Integral

$$\Omega(z) = \int_{a_1}^{a_2} \frac{\varrho(\zeta)\, d\zeta}{\zeta - z} \tag{30,3}$$

erklärt ist. Mit $\Omega^+(x)$ und $\Omega^-(x)$ bezeichnen wir die Grenzwerte von $\Omega(z)$ am oberen und unteren Rand des Schnittes. Diese Grenzwerte sind gleich dem Integral (30,3) über dem Abschnitt (a_1, a_2) mit Umlauf um den Punkt $x = z$ auf der Unter- bzw. Oberseite auf einem unendlich kleinen Halbkreis, d. h.

$$\Omega^{\pm}(x) = \fint_{a_1}^{a_2} \frac{\varrho(\zeta)\, d\zeta}{\zeta - x} \pm i\,\pi\,\varrho(x)\,. \tag{30,4}$$

Wenn $\varrho(\zeta)$ der Gleichung (30,2) genügt, so ist der Hauptwert des Integrals gleich $\omega(x)$. Es wird also

$$\Omega^+(x) + \Omega^-(x) = 2\,\omega(x)\,, \tag{30,5}$$

$$\Omega^+(x) - \Omega^-(x) = 2\,\pi\, i\,\varrho(x)\,. \tag{30,6}$$

Die Lösung von Gleichung (30,2) besteht somit im Auffinden von analytischen Funktionen $\Omega(z)$ mit der Eigenschaft (30,5) und darauffolgender Bestimmung von $\varrho(x)$ aus Gleichung (30,6). Aus physikalischen Überlegungen folgt die Bedingung $\Omega(\infty) = 0$, da in großer Entfernung vom Versetzungssystem $(x \to \pm\infty)$ die Spannungen σ_{xy} verschwinden müssen (nach der Definition (30,3) ist außerhalb des Abschnittes $\sigma_{xy}(x) = -D\Omega(x)$).

Wir untersuchen zunächst den Fall, wo keine äußeren Spannungen vorhanden sind $(p(x) = 0)$ und die Versetzungen durch Hindernisse irgendwelcher Art (Gitterdefekte) an den Enden des Abschnittes (a_1, a_2) festgehalten werden. Für $\omega(x) = 0$ folgt aus (30,5) $\Omega^+(x) = -\Omega^-(x)$, d. h., die Funktion $\Omega(z)$ muß beim

[1]) Wir folgen hier einer von N. I. MUSCHELISCHWILI ausgearbeiteten Methode.

Umlauf um die Punkte a_1 und a_2 ihr Vorzeichen ändern. Diese Forderung erfüllen beliebige Funktionen der Form

$$\Omega(z) = \frac{P(z)}{\sqrt{(a_2 - z)(z - a_1)}}, \tag{30,7}$$

worin $P(z)$ ein Polynom bedeutet. Die Bedingung $\Omega(\infty) = 0$ fordert (bis auf einen konstanten Koeffizienten) $P(z) = 1$. Dann gilt

$$\Omega(z) = \frac{1}{\sqrt{(a_2 - z)(z - a_1)}}. \tag{30,8}$$

Die gleiche Form muß nach (30,6) auch die gesuchte Funktion $\varrho(x)$ besitzen. Den Koeffizienten bestimmen wir aus der Bedingungsgleichung

$$\int_{a_1}^{a_2} \varrho(\zeta)\, d\zeta = B \tag{30,9}$$

(B ist die Summe der BURGERS-Vektoren aller Versetzungen) und erhalten schließlich

$$\varrho(x) = \frac{B}{\pi \sqrt{(a_2 - x)(x - a_1)}}. \tag{30,10}$$

Man erkennt daraus, daß sich die Versetzungen in der Nähe der Hindernisse (der Enden des Abschnittes) konzentrieren, und daß die Versetzungsdichte in diesen Gebieten umgekehrt proportional den Abständen zwischen den Hindernissen ist. Nach dem gleichen Gesetz wachsen die Spannungen außerhalb des Abschnittes bei Annäherung an a_1 oder a_2. So gilt bei $x > a_2$

$$\sigma_{xy} \cong \frac{B\, D}{\sqrt{(x - a_2)(a_2 - a_1)}}.$$

Mit anderen Worten, die Konzentration der Versetzungen an einem Ende des Abschnittes führt zur gleichen Konzentration der Spannungen am anderen Ende.

Es soll jetzt unter sonst gleichen Bedingungen (Hindernisse an den Enden des Abschnittes) noch ein äußeres Spannungsfeld $p(x)$ vorhanden sein. Wir führen eine Funktion $\Omega_0(z)$ vom Typ (30,7) ein und formen Gleichung (30,5) um (indem wir durch $\Omega_0^+ = -\Omega_0^-$ dividieren) in

$$\frac{\Omega^+(x)}{\Omega_0^+(x)} - \frac{\Omega^-(x)}{\Omega_0^-(x)} = \frac{2\,\omega(x)}{\Omega_0^+(x)}.$$

Aus dem Vergleich dieser Beziehung mit (30,6) folgt

$$\frac{\Omega(z)}{\Omega_0(z)} = \frac{1}{i\pi} \int_{a_1}^{a_2} \frac{\omega(\zeta)}{\Omega_0^+(\zeta)} \frac{d\zeta}{\zeta - z} + i\pi\, P(z) \tag{30,11}$$

mit $P(z)$ = beliebiges Polynom. Eine der Bedingung $\Omega(\infty) = 0$ genügende Lösung dieser Gleichung erhalten wir, wenn wir für $\Omega_0(z)$ die Funktion (30,8) wählen und $P(z) = C$ (C = Konstante) setzen. Die gesuchte Funktion $\varrho(x)$ erhält man dann nach Gleichung (30,6):

$$\varrho(x) = -\frac{1}{\pi^2\sqrt{(a_2 - x)(x - a_1)}} \int_{a_1}^{a_2} \omega(\zeta)\sqrt{(a_2 - \zeta)(\zeta - a_1)}\frac{d\zeta}{\zeta - x} + \frac{C}{\sqrt{(a_2 - x)(x - a_1)}}. \tag{30,12}$$

Die Konstante C ist aus der Bedingungsgleichung (30,9) zu bestimmen. Wir sehen, daß $\varrho(x)$ bei $x \to a_2$ nach dem Gesetz $(a_2 - x)^{-1/2}$ anwächst und daß auf der anderen Seite des Hindernisses eine gleichgroße Spannungskonzentration auftritt.

Ist nur an einem Ende des Abschnittes (z. B. in a_2) ein Hindernis vorhanden, so tritt als zusätzliche Forderung auf, daß die Spannungen bei allen $x < a_2$ einschließlich dem Punkt $x = a_1$ endlich bleiben müssen. Die Lage des Punktes a_1 liegt dabei von vornherein nicht fest; sie muß bei der Lösung der Aufgabe bestimmt werden. Für die Funktion $\Omega(z)$ bedeutet das, daß $\Omega(a_1)$ endlich bleiben muß. Eine solche Funktion (die gleichzeitig auch der Forderung $\Omega(\infty) = 0$ genügt) erhalten wir aus der Formel (30,11), wenn wir $\Omega_0(z)$ in der Form

$$\Omega_0(z) = \sqrt{\frac{z - a_1}{a_2 - z}}$$

wählen, die auch zum Typ (30,9) gehört, und in (30,11) $P(z) = 0$ setzen. Wir erhalten dann

$$\varrho(x) = -\frac{1}{\pi^2}\sqrt{\frac{x - a_1}{a_2 - x}} \int_{a_1}^{a_2} \sqrt{\frac{a_2 - \zeta}{\zeta - a_1}}\,\frac{\omega(\zeta)\,d\zeta}{\zeta - x}. \tag{30,13}$$

Bei $x \to a_1$ geht $\varrho(x) \to 0$ wie $\sqrt{a_1 - x}$. Nach dem gleichen Gesetz verschwindet die Gesamtspannung $\sigma_{xy}(x) + p(x)$ auf der anderen Seite des Punktes a_1.

Abschließend nehmen wir an, daß an beiden Enden des Abschnittes keine Hindernisse vorhanden sind und die Versetzungen nur durch äußere Spannungen $p(x)$ festgehalten werden. Die entsprechende Funktion $\Omega(z)$ erhalten wir, indem wir in Gleichung (30,11)

$$\Omega_0(z) = \sqrt{(a_2 - z)(z - a_1)}\,, \qquad P(z) = 0$$

einsetzen. Aus der Bedingung $\Omega(\infty) = 0$ folgt jetzt noch eine zusätzliche Forderung: Wenn wir in (30,11) den Grenzübergang $z \to \infty$ ausführen, sehen wir, daß gelten muß

$$\int_{a_1}^{a_2} \frac{\omega(\zeta)\,d\zeta}{\sqrt{(a_2 - \zeta)(\zeta - a_1)}} = 0\,. \tag{30,14}$$

Die gesuchte Funktion $\varrho(x)$ ist gegeben durch den Ausdruck

$$\varrho(x) = -\frac{1}{\pi^2}\sqrt{(a_2 - x)(x - a_1)} \int\limits_{a_1}^{a_2} \frac{\omega(\zeta)}{\sqrt{(a_2 - \zeta)(\zeta - a_1)}} \frac{d\zeta}{\zeta - x}, \qquad (30,15)$$

wobei die Koordinaten a_1, a_2 der Enden des Abschnittes durch die Bedingungsgleichungen (30,9) und (30,14) festgelegt sind.

Aufgabe

Man finde die Verteilung von Versetzungen im homogenen Spannungsfeld ($p(x) = p_0$) auf einem Abschnitt mit Hindernissen an einem Ende und an beiden Enden.

Lösung: Im Falle eines Hindernisses an einem Ende (a_2) liefert die Berechnung des Integrals (30,13)

$$\varrho(x) = \frac{p_0}{\pi D}\sqrt{\frac{x - a_1}{a_2 - x}}.$$

Aus der Bedingung (30,9) folgt für die Länge des Abschnittes, auf dem die Versetzungen liegen,

$$a_2 - a_1 = 2\,B\,D/p_0\,.$$

Auf der anderen Seite des Hindernisses treten die Spannungen

$$\sigma_{xy} = p_0\sqrt{\frac{a_2 - a_1}{x - a_2}}$$

auf.

Im Falle eines von zwei Hindernissen begrenzten Abschnittes (der Länge $2\,L$) wählen wir den Ursprung in seiner Mitte und erhalten aus (30,12)

$$\varrho(x) = \frac{1}{\pi\sqrt{l^2 - x^2}}\left(\frac{p_0}{D}\,x + B\right).$$

§ 31. Gleichgewicht einer Spalte im elastischen Medium

Die Frage nach dem Gleichgewicht einer Spalte im elastischen Medium unterscheidet sich wesentlich von anderen Aufgaben der Elastizitätstheorie. Im Bilde dieser Theorie stellt eine Spalte einen Hohlraum im elastischen Medium dar, der nur bei Anwesenheit innerer Spannungen im Kristall vorhanden ist und „zusammenklappt" sobald die Belastung nicht mehr vorhanden ist. Form und Abmessungen der Spalte werden wesentlich durch die vorhandenen Spannungen bestimmt. Die mathematische Besonderheit dieser Aufgabe besteht darin, daß die Randbedingungen auf einer Oberfläche vorgegeben sind, die vorher nicht bekannt ist, sondern erst durch die Lösung der Aufgabe bestimmt werden soll.[1])

[1]) Die im folgenden dargelegte quantitative Theorie der Spalten wurde von G. J. Barenblatt (1959) entwickelt.

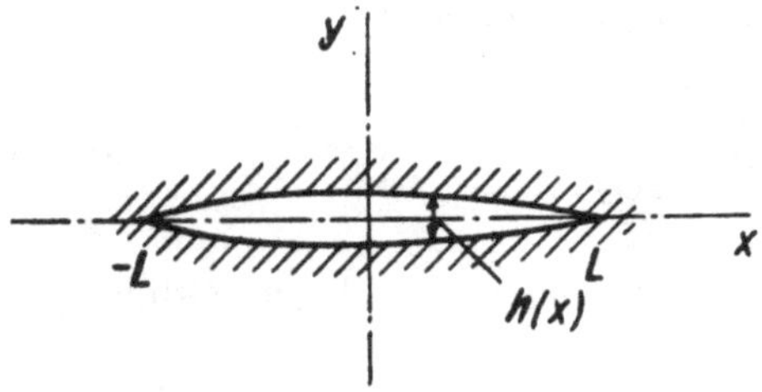

Abb. 27

Wir betrachten eine Spalte im isotropen Medium, das in einer Richtung (der z-Richtung) unendlich ausgedehnt und homogen sein soll und sich im Spannungsfeld $\sigma_{ik}^{(l)}(x, y)$ befindet, d. h., wir haben es mit einer ebenen Aufgabe der Elastizitätstheorie zu tun. Wir nehmen an, daß die Spannungen symmetrisch zum Mittelpunkt der Spalte sind. Dann ist das Querschnittsprofil ebenfalls symmetrisch (Abb. 27). Die Länge der Spalte bezeichnen wir mit $2\,L$ und ihre variable Breite mit $h(x)$; wegen der Symmetrie der Spalte ist $h(-x) = h(x)$.

Wir wollen die Spalte als dünn ansehen: $h \ll L$. Dann kann man die Randbedingungen auf seiner Oberfläche auf den entsprechenden Abschnitt der x-Achse beziehen. Mit anderen Worten: Wir betrachten die Spalte als Sprunglinie (in der xy-Ebene), auf der die normale Komponente u_y des Verschiebungsvektors einen Sprung $u_y = \pm\, h/2$ erleidet.

Anstelle von $h(x)$ führen wir eine andere unbekannte Funktion $\varrho(x)$ ein, die wir wie folgt definieren:

$$h(x) = \int_x^L \varrho(x)\,dx\,; \qquad \varrho(-x) = -\,\varrho(x)\,. \tag{31,1}$$

Es erweist sich als sinnvoll, die Funktion $\varrho(x)$ in rein formaler Weise als Dichte (in Richtung der z-Achse) linearer, stetig auf der x-Achse liegender Versetzungen zu deuten, deren Burgers-Vektoren parallel zur y-Achse verlaufen.[1]) In § 27 wurde gezeigt, daß man eine Versetzungslinie als Rand einer Sprungfläche ansehen kann, auf der der Verschiebungsvektor $\boldsymbol{u}$ den Sprung $\boldsymbol{b}$ erleidet. In der Betrachtungsweise von (31,1) hat man den Sprung h der Normalen des Verschiebungsvektors im Punkt x als Summe der Burgers-Vektoren aller Versetzungen, die auf der rechten Seite dieses Punktes verlaufen, aufzufassen (die Gleichung $\varrho(-x) = -\,\varrho(x)$ hingegen bringt zum Ausdruck, daß die Versetzungen links- und rechtsseitig des Punktes $x = 0$ entgegengesetzte Vorzeichen besitzen).

Eine solche Deutung ermöglicht, daß man sofort einen Ausdruck für die Normalkomponenten σ_{yy} der Spannungen in bezug auf die x-Achse angeben kann. Sie setzen sich zusammen aus den durch äußere Belastung hervorgerufenen Spannungen $\sigma_{yy}^{(e)}(x, 0)$ (wir wollen sie der Kürze wegen mit $p(x)$ bezeichnen) und den Spannungen $\sigma_{yy}^{(\mathrm{sp})}$, die eine Folge der durch die Spalte hervorgerufenen Deformation sind. Deuten wir diese Deformation als Wirkung von im Abschnitt $(-L, L)$ verteilten Versetzungen, so können wir schreiben (entsprechend (30,1)):

$$\sigma_{yy}^{(\mathrm{sp})} = -\,D \int_{-L}^{L} \frac{\varrho(\zeta)\,d\zeta}{\zeta - x}\,. \tag{31,2}$$

[1]) Aus eben diesem Grunde behandeln wir die Theorie der Spalten in diesem Kapitel, obwohl es sich hierbei um eine von Versetzungen völlig verschiedene physikalische Erscheinung handelt.

(Für Punkte auf dem Abschnitt $(-L, L)$ ist das Integral im Sinne eines Hauptwertes zu verstehen.) Für ein isotropes Medium gilt

$$D = \frac{\mu}{2\pi(1-\sigma)} = \frac{E}{4\pi(1-\sigma^2)} \tag{31,3}$$

(siehe Aufgabe 3 zu § 28). Die von den Versetzungen hervorgerufenen Spannungen σ_{xy} verschwinden im isotropen Medium auf der x-Achse.

Die Randbedingung auf einer freien Oberfläche, bezogen auf den entsprechenden Abschnitt der x-Achse (wie oben erklärt wurde), fordert das Verschwinden der Normalkomponente $\sigma_{yy} = \sigma_{yy}^{(sp)} + p(x)$ auf der Spaltgrenze. Diese Bedingung muß im Hinblick auf folgenden Sachverhalt noch präzisiert werden.

Wir machen die (durch das Ergebnis bestätigte) Annahme, daß die beiden Ufer der Spalte an den Enden der Spalte fließend ineinander übergehen, so daß sich die Grenzflächen in der Nähe der Enden sehr nahe kommen. Unter diesen Bedingungen müssen wir die molekularen Anziehungskräfte zwischen den Oberflächen, deren Wirkung sich bekanntlich auf Abstände r_0 erstreckt, die groß gegenüber den interatomaren Abständen sind, berücksichtigen. Diese Kräfte werden eine wesentliche Rolle in der Nähe der Enden spielen, wo $h \gtrsim r_0$ ist (die Länge des Bereiches bezeichnen wir mit d; eine Abschätzung ihrer Größe folgt an späterer Stelle). Es sei G die auf die Flächeneinheit der Spalte bezogene molekulare Bindungskraft. Sie ist eine Funktion des Abstandes h zwischen den Grenzflächen[1]). Unter Berücksichtigung dieser Kräfte lautet die Randbedingung

$$\sigma_{yy}^{(sp)} + p(x) - G = 0\,. \tag{31,4}$$

Es liegt nun die Annahme nahe, daß die Form der Spalte im Bereich ihrer Enden nur durch den Charakter der Bindungskräfte und nicht durch die angelegten äußeren Kräfte bestimmt wird. Dann nimmt bei der Bestimmung der Form der Spalte als Funktion der äußeren Kraft $p(x)$ die Größe G den Charakter einer von $p(x)$ unabhängigen Funktion $G(x)$ (in dem Abschnitt der Länge d, wo nur sie eine wesentliche Rolle spielt) an.

Setzen wir in (31,4) $\sigma_{yy}^{(sp)}$ aus (31,2) ein, so erhalten wir die folgende Integralgleichung für $\varrho(x)$:

$$\int_{-L}^{L} \frac{\varrho(\zeta)\, d\zeta}{\zeta - x} = \frac{1}{D} p(x) - \frac{1}{D} G(x) \equiv \omega(x)\,. \tag{31,5}$$

Da wir die Enden der Spalte als unbefestigt voraussetzen, müssen die Spannungen in diesen Gebieten endlich bleiben. Wir haben es also bei der Lösung der Integralgleichung (31,5) mit dem letzten Fall aus § 30 zu tun, für den wir als Ergebnis die Formel (30,15) erhielten. In dem von uns gewählten Koordinaten-

[1]) In der makroskopischen Theorie muß die Funktion $G(x)$ mit abnehmendem $(L - x)$ eine glatte Zunahme erfahren, bis zu einem größten Wert, den sie am Ende der Spalte erreicht.

system (mit dem Ursprung in der Mitte des Abschnittes $(-L, L)$) nimmt diese Formel die Form

$$\varrho(x) = -\frac{1}{\pi^2}\sqrt{L^2 - x^2}\int_{-L}^{L} \frac{\omega(\zeta)}{\sqrt{L^2-\zeta^2}}\frac{d\zeta}{\zeta - x} \tag{31,6}$$

an. Wir haben dabei die Bedingungsgleichung (30,14) zu berücksichtigen, die im vorliegenden Falle lautet:

$$\int_0^L \frac{p(x)\,dx}{\sqrt{L^2-x^2}} - \int_0^L \frac{G(x)\,dx}{\sqrt{L^2-x^2}} = 0 \tag{31,7}$$

(unter Berücksichtigung der Symmetrie der Aufgabe haben wir die Integrale über den Abschnitt $(-L, L)$ in Integrale mit den Grenzen 0 und L umgeformt). Da $G(x)$ nur im Bereich $L - x \sim d$ verschieden von Null ist, können wir im zweiten Integral annehmen $L^2 - x^2 \cong 2\,L\,(L - x)$ und erhalten damit anstelle von (31,7)

$$\int_0^L \frac{p(x)\,dx}{\sqrt{L^2-x^2}} = \frac{M}{\sqrt{2\,L}}. \tag{31,8}$$

M ist eine materialabhängige Konstante:

$$M = \int_0^d \frac{G(\zeta)\,d\zeta}{\sqrt{\zeta}}. \tag{31,9}$$

Sie kann durch die üblichen makroskopischen Eigenschaften des Körpers — Elastizitätsmodul E und Oberflächenspannung α — ausgedrückt werden. Dieser Zusammenhang ist, wie später gezeigt werden wird, durch die Formel

$$M = \sqrt{\frac{\pi\,\alpha\,E}{1-\sigma^2}} \tag{31,10}$$

gegeben.

Durch Gleichung (31,8) wird die Spaltlänge $2\,L$ bei vorgegebener Spannungsverteilung $p(x)$ bestimmt. Für eine Spalte, die durch in ihrer Mitte angelegte Punktkräfte f aufgespannt wird $(p(x) = f\,\delta(x))$, finden wir

$$2\,L = \frac{f^2}{M^2} = \frac{f^2\,(1-\sigma^2)}{\pi\,\alpha\,E}. \tag{31,11}$$

Es ist zu beachten, daß ein stabiles Gleichgewicht der Spalte nicht bei beliebiger Spannungsverteilung $p(x)$ möglich ist. Für isotrope aufspannende Spannungen $(p(x) = \text{const} = p_0)$ erhält man z. B. aus (31,8)

$$2\,L = \frac{4\,M^2}{\pi^2\,p_0^2} = \frac{4\,\alpha\,E}{\pi\,(1-\sigma^2)\,p_0^2}. \tag{31,12}$$

Der inverse Charakter dieser Abhängigkeit (Abnahme von L mit zunehmendem

p_0) deutet auf die Instabilität des Zustandes hin. Der durch (31,12) bestimmte Wert von L entspricht einem instabilen Gleichgewicht; er gibt die „kritische" Länge L der Spalte an; längere Spalten wachsen spontan an und kürzere „klappen zusammen" (diese Erkenntnis stammt von A. GRIFFITH, 1920).

Wir wenden uns nun der Untersuchung des Profils der Spalte zu. Im Bereich $L - x \gtrsim d$ spielt im Integral (31,6) das Gebiet $L - \zeta \sim d$ die entscheidende Rolle. Das Integral kann dabei durch seinen Grenzwert für $x \to L$ ersetzt werden, und man erhält $\varrho = \text{const}\,\sqrt{L - x}$.[1]) Daraus folgt

$$h(x) = \text{const}\,(L - x)^{3/2}\,. \qquad (31,13)$$

Wir erkennen, daß im Bereich d der Enden beide Ufer der Spalte sich in der Tat fließend vereinigen. Die Größe des konstanten Koeffizienten in (31,13) hängt vom Charakter der molekularen Bindungskräfte ab. Sie kann nicht durch die üblichen makroskopischen Parameter ausgedrückt werden.[2])

Für die von den Enden weiter entfernten Teile des Spaltenprofils, d. h. das Gebiet $d \ll L - x \ll L$, spielt im Integral (31,6) wieder das Gebiet $L - \zeta \sim d$ die Hauptrolle, wo $\omega(\zeta) \cong -G(\zeta)/D$. Doch gilt neben $L^2 - x^2 \cong 2L(L - x)$ und $L^2 - \zeta^2 \cong 2L(L - \zeta)$ noch $\zeta - x \cong L - x$. Wir erhalten dann

$$\varrho = \frac{M}{\pi^2 D \sqrt{L - x}},$$

worin M die Konstante aus (31,9—10) ist. Daraus folgt

$$h(x) = \frac{2M}{\pi^2 D}\sqrt{L - x} \quad (d \ll L - x \ll L)\,. \qquad (31,14)$$

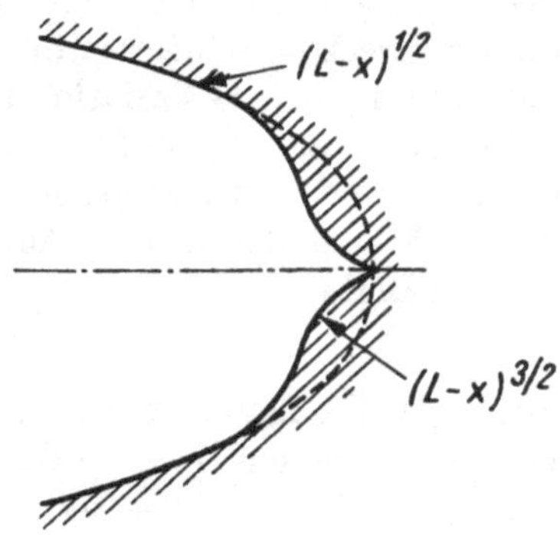

Abb. 28

Die Profilenden erweisen sich also als unabhängig von den angelegten Kräften (und damit von der Spaltlänge) im Bereich $L - x \ll L$: Bei $L - x \gg d$ ist das Profil durch den Ausdruck (31,14) gegeben, und bei $L - x \sim d$ bildet es einen unendlich spitzen Keil (31,13) (siehe Abb. 28). Im übrigen Teil der Spalte ist die Form durch die äußeren Kräfte bestimmt.

Die Spalte hat also, wenn man von Details in der Größenordnung der Reichweite der Bindungskräfte absieht, ein fließendes Profil, das in Richtung der

[1]) Beim Grenzübergang muß man zunächst das Integral in (31.6) in die Summe zweier Integrale mit den Zählern $\omega(\zeta) - \omega(L)$ und $\omega(L)$ zerlegen, das zweite dieser Integrale liefert keinen Beitrag in dem gesuchten Grenzwert.

[2]) Die Abschätzung des Koeffizienten in (31,13) führt auf den Wert const $\sim \sqrt{a/d}$, wo a die Atomabmessung ist (hier wird die Abschätzung $\alpha \sim a E$, $M \sim E\sqrt{a}$ benutzt).
Eine Abschätzung der Länge d erhält man aus der Bedingung $h(d) \sim r_0$, hieraus folgt $d \sim r_0^2/a$, d. h. $d \gg r_0$. Es ist jedoch nötig zu bemerken, daß man für diese Abschätzung noch eine gewisse Reserve braucht, weil das Auftreten der „Schnabel"-Form nicht ganz wörtlich zu nehmen ist.

Enden hin parabelförmig abgerundet ist (31,14). Die Form dieses Profils kann aus den äußeren Kräften unter Berücksichtigung der makroskopischen Parameter ermittelt werden. Die erwähnten spitzen Keile an den Enden der Spalte (bei $L - x \sim d$) sind von prinzipieller Bedeutung: Sie bewirken, daß die Spannungen an den Enden endlich bleiben.

Die von der Spalte längs der x-Achse erzeugten Spannungen sind durch die Formel (31,2) gegeben. In Abständen $d \ll x - L \ll L$ gilt[1])

$$\sigma_{yy} \cong \sigma_{yy}^{(\mathrm{sp})} \cong \frac{M}{\pi \sqrt{x - L}}. \tag{31,15}$$

Das Anwachsen der Spannungen bei Annäherung an das Spaltende setzt sich nach diesem Gesetz bis zum Punkt $x - L \sim d$ fort. Danach fällt σ_{yy} bis auf Null im Punkt $x = L$ ab.

Es ist nun noch die Formel (31,10) abzuleiten, welche den Zusammenhang der Konstanten M mit den üblichen makroskopischen Größen herstellt. Zu diesem Zweck schreiben wir die Minimumsbedingung der gesamten freien Energie auf, indem wir ihre Variation mit der Länge L gleich Null setzen.

Bei Vergrößerung der Spaltlänge um δL erhöht sich einerseits die Oberflächenenergie der freien Oberflächen der Spalte um $\delta F_{\mathrm{ob}} = 2\alpha\, \delta L$, gleichzeitig vermindert sich aber durch das „Aufspannen" des Spaltendes die elastische Energie um den Betrag

$$1/2 \int \sigma_{yy}(x)\, \eta(x)\, dx\,,$$

worin $\eta(x)$ die Differenz der Breite der verlängerten und unverlängerten Spalte bedeutet. Da das Profil des Spaltendes unabhängig von der Spaltlänge ist, gilt $\eta(x) = h\,(x - \delta L) - h(x)$. Die Spannungen σ_{yy} verschwinden bei $x < L$, und $h(x)$ verschwindet bei $x > L$. Wir erhalten deshalb

$$\delta F_{el} = -\,1/2 \int\limits_{L}^{L+\delta L} \sigma_{yy}(x)\, h\,(x - \delta L)\, dx\,.$$

Setzen wir (31,14) und (31,15) in diese Beziehung ein, so wird

$$\delta F_{el} = -\frac{M^2}{\pi^3 D} \int\limits_{L}^{L+\delta L} \sqrt{\frac{L + \delta L - x}{x - L}}\, dx = -\frac{M^2}{\pi^3 D} \int\limits_{0}^{\delta L} \frac{\sqrt{y}\, dy}{\sqrt{\delta L - y}} = -\frac{M^2}{2\pi^2 D}\delta L\,.$$

Aus der Bedingung $\delta F_{\mathrm{ob}} + \delta F_{\mathrm{el}} = 0$ erhalten wir die Beziehung $M^2 = 4\pi^2 \alpha D$, woraus die Beziehung (31,10) folgt.[2])

---

[1]) Das Integral läßt sich leicht unmittelbar berechnen, jedoch ist dies gar nicht nötig, wenn man den Zusammenhang zwischen den Funktionen $\varrho(x)$ bei $x < L$ und $\sigma_{yy}^{(\mathrm{sp})}$ bei $x > L$ berücksichtigt, der aus den in § 30 gezogenen Schlußfolgerungen folgt.

[2]) Wir weisen darauf hin, daß die dargelegte Theorie einschließlich Gleichung (30,10) streng genommen nur für ideal spröde Körper gilt, d. h. solche, die lineare Elastizität bis zur Bruchgrenze besitzen (wie Glas, erschmolzener Quarz). In Körpern mit plastischen Eigenschaften kann die Bildung einer Spalte von plastischen Deformationen an den Spaltenden begleitet sein.

KAPITEL V

WÄRMELEITUNG UND ZÄHIGKEIT FESTER KÖRPER

§ 32. Die Wärmeleitungsgleichung für feste Körper

Die *ungleichmäßige* Erwärmung eines festen Mediums führt nicht zur Konvektionserscheinung, wie das gewöhnlich bei Flüssigkeiten der Fall ist. Die Wärme wird hier nur durch Wärmeleitung übertragen. Dementsprechend werden die Wärmeleitungsprozesse in festen Körpern durch einfachere Gleichungen beschrieben als in Flüssigkeiten.

Die Wärmeleitungsgleichung für feste Körper kann unmittelbar aus dem in Form einer „Kontinuitätsgleichung" für die Wärmemenge ausgedrückten Energiesatz abgeleitet werden. Die in der Zeiteinheit von der Volumeneinheit aufgenommene Wärmemenge ist $T\frac{\partial S}{\partial t}$, wo S die Entropie der Volumeneinheit darstellt. Diese Größe muß $-\operatorname{div}\boldsymbol{q}$ gleichgesetzt werden, wo $\boldsymbol{q}$ die Wärmestromdichte ist. Sie kann praktisch stets in der Form $\boldsymbol{q} = -\varkappa \operatorname{grad} T$, d. h. zum Temperaturgradienten proportionalgeschrieben werden ($\varkappa$ ist die Wärmeleitfähigkeit). Somit haben wir

$$T\frac{\partial S}{\partial t} = \operatorname{div}(\varkappa \operatorname{grad} T)\,. \tag{32,1}$$

Nach (6,4) kann man die Entropie auf folgende Weise ausdrücken:

$$S = S_0(T) + K\alpha\, u_{ii}\,,$$

wo α der Wärmeausdehnungskoeffizient ist und S_0 die Entropie des nichtdeformierten Körpers. Wir nehmen an, daß die im Körper auftretenden Temperaturdifferenzen genügend klein sind, so daß man solche Größen wie $\varkappa$, α u. a. als konstant betrachten kann. Praktisch ist das gewöhnlich der Fall. Gleichung (32,1) nimmt dann mit dem Ausdruck für S folgende Form an:

$$T\frac{\partial S_0}{\partial t} + \alpha\, K\, T\frac{\partial u_{ii}}{\partial t} = \varkappa\, \Delta T\,.$$

Nach einem bekannten thermodynamischen Ausdruck ist $C_p - C_v = K\alpha^2 T$, woraus folgt: $\alpha\, K\, T = \frac{C_p - C_v}{\alpha}$. Die Ableitung von S_0 ist $\frac{\partial S_0}{\partial t} = \frac{\partial S_0}{\partial T}\frac{\partial T}{\partial t}$, wo $\frac{\partial S_0}{\partial T}$ bei $u_{ii} \equiv \operatorname{div}\boldsymbol{u} = 0$, d. h. bei konstantem Volumen genommen wird und daher gleich $\frac{C_v}{T}$ ist.

Im Ergebnis erhalten wir die Wärmeleitungsgleichung in der Form

$$C_v\frac{\partial T}{\partial t} + \frac{C_p - C_v}{\alpha}\frac{\partial}{\partial t}\operatorname{div}\boldsymbol{u} = \varkappa\, \Delta T\,. \tag{32,2}$$

Um ein vollständiges Gleichungssystem zu erhalten, muß zu (32,2) noch eine Gleichung, welche die Deformation des ungleichmäßig erwärmten Körpes beschreibt, hinzugefügt werden. Eine solche Gleichung ist die Gleichgewichtsbedingung (7,8)

$$2\,(1-\sigma)\,\mathrm{grad\,div}\,\boldsymbol{u} - (1-2\,\sigma)\,\mathrm{rot\,rot}\,\boldsymbol{u} = \frac{2\,\alpha\,(1+\sigma)}{3}\,\mathrm{grad}\,T\,. \quad (32{,}3)$$

Aus der Gleichung (32,3) kann die Deformation des Körpers bei beliebig vorgegebener Temperaturverteilung im Prinzip bestimmt werden. Setzt man den auf diese Weise erhaltenen Ausdruck für div $\boldsymbol{u}$ in (32,2) ein, so erhält man eine Gleichung für die Temperaturverteilung, wo als unbekannte Funktion allein $T(x, y, z, t)$ auftritt.

Als Beispiel betrachten wir die Wärmeleitung in einem unbegrenzten festen Medium mit einer Temperaturverteilung, die nur einer Bedingung genügt: Im Unendlichen strebe die Temperatur gegen einen endlichen Grenzwert T_0, und es gebe dort keine Deformationen. In einem solchen Falle führt die Gleichung (32,3) zur folgenden Abhängigkeit zwischen div $\boldsymbol{u}$ und T (vgl. Aufgabe 8, § 7):

$$\mathrm{div}\,\boldsymbol{u} = \frac{1+\sigma}{3\,(1-\sigma)}\,\alpha\,(T-T_0)\,.$$

Setzt man diesen Ausdruck in (32,2) ein, so erhält man eine Gleichung

$$\frac{(1+\sigma)\,C_p + 2\,(1-2\,\sigma)\,C_v}{3\,(1-\sigma)}\,\frac{\partial T}{\partial t} = \varkappa\,\Delta T \quad (32{,}4)$$

vom Typ der einfachen Wärmeleitungsgleichung.

Durch eine Gleichung von demselben Typ wird die Wärmeleitung in einem dünnen geraden Stab beschrieben, wenn wenigstens ein Stabende frei ist. Die Temperaturverteilung in jedem Stabquerschnitt kann als konstant betrachtet werden, so daß T nur eine Funktion der Koordinaten entlang des Stabes (und der Zeit) ist. Die Wärmeausdehnung eines solchen Stabes ändert nur seine Länge, ohne seine Geradlinigkeit zu beeinflussen und ohne daß innere Spannungen auftreten. Es ist daher klar, daß die Ableitung $\frac{\partial S}{\partial t}$ in der allgemeinen Gleichung (32,1) bei konstantem Druck genommen werden muß, und wegen $\left(\frac{\partial S}{\partial t}\right)_p = \frac{C_p}{T}$ wird die Temperaturverteilung durch die eindimensionale Wärmeleitungsgleichung

$$C_p\,\frac{\partial T}{\partial t} = \varkappa\,\frac{\partial^2 T}{\partial x^2}$$

beschrieben.

Übrigens kann die Temperaturverteilung in festen Körpern mit praktisch genügender Genauigkeit durch die einfache Wärmeleitungsgleichung beschrieben werden. Denn das zweite Glied auf der linken Seite der Gleichung (32,2) stellt eine Korrektion von der Ordnung $\frac{C_p - C_v}{C_v}$ im Vergleich zum ersten Glied dar. Nun ist aber die Differenz der Wärmekapazitäten bei festen Körpern gewöhnlich sehr klein, und wenn man sie vernachlässigt, kann man die Wärmeleitungsgleichung in festen Körpern stets in der Form

$$\frac{\partial T}{\partial t} = \chi \Delta T \tag{32,5}$$

schreiben, wo χ die Temperaturleitfähigkeit ist, definiert durch $\chi = \frac{\varkappa}{C}$, d. h. durch das Verhältnis von $\varkappa$ zu einer gewissen mittleren Wärmekapazität C pro Volumeneinheit.

§ 33. Wärmeleitung in Kristallen

Im anisotropen Körper ist die Richtung des Wärmestromes $\boldsymbol{q}$ im allgemeinen von der Richtung des Temperaturgradienten verschieden. An die Stelle der Beziehung $\boldsymbol{q} = -\varkappa \operatorname{grad} T$ zwischen $\boldsymbol{q}$ und dem Temperaturgradienten tritt daher im Kristall eine allgemeinere Beziehung

$$q_i = -\varkappa_{ik} \frac{\partial T}{\partial x_k}. \tag{33,1}$$

Der Tensor zweiten Ranges $\varkappa_{ik}$ heißt *Wärmeleitfähigkeitstensor* des Kristalls. Entsprechend dieser Beziehung hat die Wärmeleitungsgleichung (32,5) ebenfalls eine allgemeinere Form

$$C \frac{\partial T}{\partial t} = \varkappa_{ik} \frac{\partial^2 T}{\partial x_i \, \partial x_k}. \tag{33,2}$$

Es gilt ein allgemeiner Satz, wonach $\varkappa_{ik}$ ein symmetrischer Tensor ist, d. h.

$$\varkappa_{ik} = \varkappa_{ki}. \tag{33,3}$$

Diese Beziehung, die sogleich bewiesen wird, ist eine Folge des Symmetrieprinzips der kinetischen Koeffizienten.[1])

Die Geschwindigkeit des Anwachsens der Gesamtentropie des Körpers ist wegen der Irreversibilität der Wärmeleitungsprozesse gleich

$$\dot{S}_{\text{ges}} = -\int \frac{\operatorname{div} \boldsymbol{q}}{T} dV = -\int \operatorname{div} \frac{\boldsymbol{q}}{T} dV + \int \boldsymbol{q} \operatorname{grad} \frac{1}{T} dV.$$

Das erste Integral verschwindet nach einer Umformung in ein Oberflächenintegral. Wir haben somit

$$\dot{S}_{\text{ges}} = \int \boldsymbol{q} \operatorname{grad} \frac{1}{T} dV = -\int \frac{\boldsymbol{q} \operatorname{grad} T}{T^2} dV$$

oder

$$\dot{S}_{\text{ges}} = -\int \frac{1}{T^2} q_i \frac{\partial T}{\partial x_i} dV. \tag{33,4}$$

---

[1]) Siehe Band V, „Statistische Physik", § 122.

Entsprechend der allgemeinen Definition der kinetischen Koeffizienten[1]) folgt aus (33,4), daß diese Koeffizienten im gegebenen Falle durch die Koeffizienten $T^2 \varkappa_{ik}$ in den Beziehungen

$$q_i = - T^2 \varkappa_{ik} \left(\frac{1}{T^2} \frac{\partial T}{\partial x_k} \right)$$

dargestellt sind. Aus der Symmetrie der kinetischen Koeffizienten folgt unmittelbar die gesuchte Beziehung (33,3).

Die quadratische Form

$$- q_i \frac{\partial T}{\partial x_i} = \varkappa_{ik} \frac{\partial T}{\partial x_i} \frac{\partial T}{\partial x_k}$$

muß positiv definit sein, da die Ableitung der Entropie nach der Zeit (33,4) positiv sein muß. Die Bedingung dafür, daß eine quadratische Form positiv definit ist, ist die Positivität der Hauptwerte der Matrix ihrer Koeffizienten. Daher sind sämtliche Hauptwerte des Wärmeleitungstensors $\varkappa_{ik}$ stets positiv, was auch aus einfachen Überlegungen über die Richtung des Wärmestroms folgt.

Die Anzahl der verschiedenen unabhängigen Komponenten des Tensors $\varkappa_{ik}$ hängt von der Kristallsymmetrie ab. Da der Tensor $\varkappa_{ik}$ symmetrisch ist, ist diese Anzahl offensichtlich die gleiche wie beim symmetrischen Tensor zweiten Ranges α_{ik} (Wärmeausdehnungstensor; vgl. § 10).

§ 34. Die Zähigkeit fester Körper

Bei der Untersuchung der Bewegung in festen Körpern wurde bisher vorausgesetzt, daß der Deformationsprozeß reversibel ist. In Wirklichkeit ist ein Prozeß thermodynamisch nur dann reversibel, wenn er mit unendlich kleiner Geschwindigkeit verläuft, so daß sich zu jedem Zeitpunkt im Körper ein thermodynamischer Gleichgewichtszustand einstellen kann. Die reale Bewegung verläuft jedoch mit endlicher Geschwindigkeit, der Körper befindet sich nicht zu jedem Zeitpunkt im Gleichgewicht, und daher gehen in seinem Innern Prozesse vor sich, die ihn in den Gleichgewichtszustand zu bringen streben. Die Existenz solcher Prozesse führt zur Irreversibilität der Bewegung, die sich u. a. in der Dissipation der mechanischen Energie[2]) äußert, welche letzten Endes in Wärme übergeht.

Die Dissipation der Energie wird durch Prozesse von zweierlei Art bedingt: Erstens treten in Körpern wegen der Temperaturverschiedenheiten an verschiedenen Stellen irreversible Wärmeleitungsprozesse auf. Zweitens treten irreversible Prozesse auf, die mit der Endlichkeit der Geschwindigkeit der Bewegung zusammenhängen, wenn solche Bewegungen im Körperinnern stattfinden; solche Dissipationsprozesse der Energie kann man, wie bei Flüssigkeiten, Prozesse der *inneren Reihung* oder der *Zähigkeit* nennen.

---

[1]) Wir benutzen hier die Definition in der Form, wie sie in § 58 des Bandes VI, „Hydrodynamik", gegeben wurde.

[2]) Unter mechanischer Energie verstehen wir hier die Summe der kinetischen Energie der makroskopischen Bewegung im elastischen Körper und seiner potentiellen (elastischen) Energie, die durch die Deformation bedingt ist.

In den meisten Fällen ist die Geschwindigkeit der makroskopischen Bewegung so klein, daß die Dissipation der Energie unwesentlich ist. Solche „beinahe reversiblen" Prozesse können mit Hilfe einer sogenannten ***dissipativen Funktion***[1]) beschrieben werden.

Wenn nämlich die Bewegung in einem mechanischen System von einer Dissipation der Energie begleitet wird, so kann man diese Bewegung durch die gewöhnlichen Bewegungsgleichungen beschreiben, in denen man lediglich zu den äußeren Kräften, die auf das System wirken, sogenannte ***dissipative Kräfte*** oder ***Reibungskräfte***, welche linear von der Geschwindigkeit abhängen, hinzuzufügen hat. Diese Kräfte können als Ableitungen nach den Geschwindigkeiten einer in den Geschwindigkeiten quadratischen Funktion, der dissipativen Funktion Ψ, dargestellt werden. Die „Reibungskraft" f_a, die irgendeiner der verallgemeinerten Koordinaten q_n entspricht, hat dann die Form

$$f_a = -\frac{\partial \Psi}{\partial \dot{q}_a}.$$

Die dissipative Funktion Ψ ist eine positiv definite quadratische Form der Geschwindigkeiten $\dot{q}_a$. Die obige Beziehung ist der Beziehung

$$\delta\Psi = -\sum_a f_a\, \delta\dot{q}_a \tag{34,1}$$

äquivalent, wo $\delta\Psi$ die Änderung der dissipativen Funktion darstellt, welche einer unendlich kleinen Geschwindigkeitsänderung entspricht. Man kann auch zeigen, daß die mit Zwei multiplizierte dissipative Funktion $2\,\Psi$ die Verkleinerung der mechanischen Energie des Systems in der Zeiteinheit darstellt.

Die Beziehung (34,1) läßt sich leicht auf eine Bewegung mit Reibung im Kontinuum verallgemeinern. In diesem Falle wird ein Zustand des Systems durch eine unendliche Folge verallgemeinerter Koordinaten beschrieben. Diese Koordinaten sind durch den Verschiebungsvektor $\boldsymbol{u}$ gegeben, der in jedem Punkt des Körpers definiert ist. Die entsprechende Beziehung (34,1) muß in Integralform geschrieben werden:

$$\delta \int \Psi\, dV = -\int f_i\, \delta\dot{u}_i\, dV\,, \tag{34,2}$$

wo f_i die Komponente des Vektors $\boldsymbol{f}$ der dissipativen Kraft, welche auf eine Volumeneinheit des Körpers wirkt, darstellt; die dissipative Funktion für den Gesamtkörper schreiben wir in der Integralform $\int \Psi\, dV$, wo Ψ die auf eine Volumeneinheit bezogene dissipative Funktion darstellt.

Wir bestimmen jetzt die allgemeine Form der dissipativen Funktion für deformierte Körper. Die die innere Reibung beschreibende Funktion Ψ muß verschwinden, wenn im Körper keine Reibung vorhanden ist, z. B. wenn der Körper als Ganzes nur eine Translations- oder Rotationsbewegung ausführt. Mit anderen Worten, die dissipative Funktion muß bei $\dot{\boldsymbol{u}} = \text{const}$ bzw. $\dot{\boldsymbol{u}} = [\boldsymbol{\Omega}\, \boldsymbol{r}]$ verschwinden. Das bedeutet aber, daß sie nicht von der Geschwindigkeit selbst, sondern

[1]) Siehe Band V, „Statistische Physik", § 119.

von ihrem Gradienten abhängen muß, wobei sie nur solche Kombinationen der Ableitungen enthalten darf, die für $\dot{\boldsymbol{u}} = [\boldsymbol{\Omega}\, \boldsymbol{r}]$ verschwinden. Solche Kombinationen sind die Ableitungen $\dot{u}_{ik}$ des Verzerrungstensors nach der Zeit[1])

$$\frac{\partial \dot{u}_i}{\partial x_k} + \frac{\partial \dot{u}_k}{\partial x_i}.$$

Die dissipative Funktion muß daher in $\dot{u}_{ik}$ quadratisch sein. Die allgemeinste Form einer solchen Funktion ist

$$\Psi = \frac{1}{2} \eta_{iklm}\, \dot{u}_{ik}\, \dot{u}_{lm}\,. \tag{34,3}$$

Den Tensor vierten Ranges η_{iklm} kann man *Zähigkeitstensor* nennen. Er besitzt folgende offensichtliche Symmetrieeigenschaften:

$$\eta_{iklm} = \eta_{lmik} = \eta_{kilm} = \eta_{ikml}\,. \tag{34,4}$$

Der Ausdruck (34,3) hat die gleiche Form wie der Ausdruck (10,1) für die freie Energie eines Kristalls: Anstelle des Elastizitätstensors steht jetzt der Tensor η_{iklm} und anstelle u_{ik} der Tensor $\dot{u}_{ik}$. Deshalb gelten sämtliche Ergebnisse des § 10 für den Tensor λ_{iklm} in Kristallen verschiedener Symmetrie genauso für den Tensor η_{iklm}.

Im besonderen hat der Tensor η_{iklm} im isotropen Körper nur zwei unabhängige Komponenten, und Ψ kann in der gleichen Form geschrieben werden wie der Ausdruck (4,3) für die elastische Energie eines isotropen Körpers:

$$\Psi = \eta \left(\dot{u}_{ik} - \frac{1}{3}\, \delta_{ik}\, \dot{u}_{ll} \right)^2 + \frac{\zeta}{2}\, \dot{u}_{ll}^2\,, \tag{34,5}$$

wo η und ζ Zähigkeitskoeffizienten sind. Da Ψ eine positiv definite Funktion ist, müssen η und ζ positiv sein.

Die Beziehung (34,2) ist genau analog der Beziehung für die freie elastische Energie

$$\delta \int F\, dV = - \int F_i\, \delta u_i\, dV\,,$$

wo $F_i = \frac{\partial \sigma_{ik}}{\partial x_k}$ die auf eine Volumeneinheit des Körpers wirkende Kraft ist. Man kann daher die „dissipative Kraft“ f_i durch $\dot{u}_{ik}$ genauso ausdrücken wie F_i durch u_{ik}. Es ist

$$f_i = \frac{\partial \sigma'_{ik}}{\partial x_k}\,, \tag{34,6}$$

wo der „dissipative“ Spannungstensor σ'_{ik} durch

$$\sigma'_{ik} = \frac{\partial \Psi}{\partial \dot{u}_{ik}} = \eta_{iklm}\, \dot{u}_{lm} \tag{34,7}$$

[1]) Vgl. mit den vollkommen analogen Überlegungen bei zähen Flüssigkeiten: Band VI, „Hydrodynamik“, § 15.

gegeben ist. Die Zähigkeit wird daher in den Bewegungsgleichungen einfach so berücksichtigt, daß der Spannungstensor σ_{ik} in diesen Gleichungen durch die Summe $\sigma_{ik} + \sigma'_{ik}$ ersetzt wird.

Im isotropen Körper ist

$$\sigma'_{ik} = 2\eta\left(\dot{u}_{ik} - \frac{1}{3}\,\delta_{ik}\,\dot{u}_{ll}\right) + \zeta\,\dot{u}_{ll}\,\delta_{ik}\,. \tag{34,8}$$

Dieser Ausdruck stimmt natürlich formal mit dem Ausdruck für den Spannungstensor in zähen Flüssigkeiten überein.

§ 35. Schallabsorption in festen Körpern

Die Schallabsorption in festen Körpern kann auf die gleiche Weise berechnet werden wie der Absorptionskoeffizient in Flüssigkeiten.[1]) Hier sollen die entsprechenden Rechnungen für einen isotropen Körper durchgeführt werden. Der Anteil der Dissipation der Energie ($\dot{E}_{\text{mech}}$), der durch die Wärmeleitung bedingt ist, kann durch das Integral

$$-\frac{\varkappa}{T}\int (\operatorname{grad} T)^2\,dV$$

ausgedrückt werden. Wegen der Zähigkeit wird aber in der Volumeneinheit des Körpers die Energie $2\,\Psi$ pro Zeiteinheit dissipiert, so daß der Gesamtanteil von $\dot{E}_{\text{mech}}$, der durch die Zähigkeit bedingt ist, durch das Integral $-2\int \Psi\,dV$ ausgedrückt wird. Mit Hilfe von (34,5) erhält man den Ausdruck

$$\dot{E}_{\text{mech}} = -\frac{\varkappa}{T}\int (\operatorname{grad} T)^2\,dV - 2\,\eta\int\left(\dot{u}_{ik} - \frac{1}{3}\,\delta_{ik}\,\dot{u}_{ll}\right)^2 dV - \zeta\int \dot{u}_{ll}^2\,dV\,. \tag{35,1}$$

Bei der Berechnung des Temperaturgradienten berücksichtigen wir die Tatsache, daß die Schallschwingungen in erster Näherung adiabatisch verlaufen. Mit Hilfe des Ausdrucks (6,4) für die Entropie schreiben wir die adiabatische Bedingung in der Form

$$S_0(T) + K\,\alpha\,u_{ii} = S_0(T_0)\,,$$

wo T_0 die Temperatur im undeformierten Zustand ist. Entwickelt man die Differenz $S_0(T) - S_0(T_0)$ nach Potenzen von $(T - T_0)$, so erhält man, bis auf Glieder höherer Ordnung

$$S_0(T) - S_0(T_0) = (T - T_0)\,\frac{\partial S_0}{\partial T_0} = \frac{C_v}{T_0}(T - T_0)$$

(die Ableitung der Entropie wird bei $u_{ii} = 0$, d. h. bei konstantem Volumen, genommen). Wir haben somit

$$T - T_0 = -\frac{T\,\alpha\,K}{C_v}\,u_{ii}\,.$$

[1]) Siehe Band VI, „Hydrodynamik", § 77.

Mit Hilfe der Beziehungen

$$K \equiv K_{is} = \frac{C_v}{C_p} K_{\text{ad}} \qquad \text{und} \qquad \frac{K_{\text{ad}}}{\varrho} = c_l^2 - \frac{4}{3} c_t^2$$

erhält dieser Ausdruck die Form

$$T - T_0 = - \frac{T \alpha \varrho \left(c_l^2 - \frac{4}{3} c_t^2\right)}{C_p} u_{ii} \,. \tag{35,2}$$

Wir betrachten zunächst die Absorption transversaler elastischer Wellen. Die Wärmeleitung kann überhaupt nicht zur Absorption solcher Wellen führen (in betrachteter Näherung). Denn in der transversalen Welle ist $u_{ii} = 0$, und daher ist die Temperatur in ihr nach (35,2) konstant. Die Ausbreitungsrichtung der Welle falle mit der Richtung der x-Achse zusammen, es ist dann $u_x = 0$, $u_y = u_{0y} \cos(k x - \omega t)$, $u_z = u_{0z} \cos(k x - \omega t)$, und von den Komponenten des Verzerrungstensors sind nur

$$u_{xy} = - \frac{u_{0y} k}{2} \sin(k x - \omega t) \,, \qquad u_{xz} = - \frac{u_{0z} k}{2} \sin(k x - \omega t)$$

von Null verschieden. Wir beziehen die Dissipation der Energie auf die Volumeneinheit des Körpers; für den (zeitlichen) Mittelwert dieser Größe erhalten wir aus (35,1)

$$\overline{\dot{E}}_{\text{mech}} = - \frac{\eta \omega^4}{2 c_t^2} (u_{0y}^2 + u_{0z}^2) \,,$$

wo $k = \omega / c_t$ eingesetzt wurde. Die gesamte mittlere Energie der Welle ist jedoch der doppelten mittleren kinetischen Energie gleich, d. h., es ist $\overline{E} = \varrho \int \overline{\dot{u}^2}\, dV$; bezieht man diese Größe ebenfalls auf die Volumeneinheit, so erhält man

$$\overline{E} = \frac{\varrho \omega^2}{2} (u_{0y}^2 + u_{0z}^2) \,.$$

Der Schallabsorptionskoeffizient ist definiert als das Verhältnis von mittlerer Energiedissipation zum doppelten Energiestrom in der Welle; er charakterisiert die Änderung der Amplitude mit dem Abstand, die wie $e^{-\gamma x}$ abnimmt. Wir erhalten somit für den Absorptionskoeffizienten transversaler Wellen den folgenden Ausdruck:

$$\gamma_t = \frac{\left|\overline{\dot{E}}_{\text{mech}}\right|}{2 c_t \overline{E}} = \frac{\eta \omega^2}{2 \varrho c_t^3} \,. \tag{35,3}$$

In der longitudinalen Schallwelle ist $u_x = u_0 \cos(k x - \omega t)$, $u_y = u_z = 0$. Eine analoge Rechnung führt mit Hilfe von (35,1) und (35,2) auf

$$\gamma_l = \frac{\omega^2}{2 \varrho c_l^3} \left[\left(\frac{4}{3} \eta + \zeta\right) + \frac{\varkappa T \alpha^2 \varrho^2 c_l^2}{C_p^2} \left(1 - \frac{4}{3} \frac{c_t^2}{c_l^2}\right)^2\right] . \tag{35,4}$$

Strenggenommen beziehen sich diese Ausdrücke nur auf vollständig isotrope amorphe Körper. Der Größenordnung nach jedoch charakterisieren sie die Schallabsorption auch in anisotropen Monokristallen.

Die Schallabsorption in Polykristallen weist einige Besonderheiten auf. Wenn die Wellenlänge λ des Schalls im Vergleich zu den Dimensionen a der einzelnen Kristallite klein ist, geht die Schallabsorption in den einzelnen Kristalliten so vor sich wie im großen Kristall, und der Absorptionskoeffizient ist zu ω^2 proportional.

Wenn dagegen $\lambda \gg a$ ist, ändert sich der Charakter der Absorption. Man kann annehmen, daß in einer solchen Welle jeder Kristallit einem homogen verteilten Druck ausgesetzt ist. Die dabei auftretende Deformation ist jedoch wegen der Anisotropie der Kristallite und der Randbedingungen an ihren Berührungsflächen inhomogen. Sie wird in Abständen der Kristallitdimensionen wesentlich verschieden sein (von eigener Größenordnung) und nicht, wie im homogenen Körper, in Abständen der Wellenlänge. Für die Schallabsorption sind die Änderungsgeschwindigkeiten der Deformation $\dot{u}_{ik}$ und die auftretenden Temperaturgradienten wesentlich. Die ersteren werden nach wie vor von gewöhnlicher Größenordnung sein. Die Temperaturgradienten dagegen sind innerhalb eines jeden Kristalliten anormal groß. Die durch Wärmeleitung bedingte Schallabsorption wird daher im Vergleich zu der durch die Zähigkeit bedingten groß sein, und es genügt, die erstere zu berechnen.

Wir betrachten zwei Grenzfälle. Die Zeit, in welcher sich die Temperatur in Abständen von der Größenordnung a durch Wärmeleitung ausgleicht, ist von der Größenordnung a^2/χ (Relaxationszeit für Wärmeleitung). Wir nehmen zunächst $\omega \ll \chi/a^2$ an. Das bedeutet, daß die Relaxationszeit im Vergleich zur Schwingungsperiode der Welle klein ist, so daß sich das Wärmegleichgewicht in jedem Kristalliten in hohem Maße einstellen kann; wir haben es hier mit beinahe isothermen Schwingungen zu tun.

Es seien T' die im Kristalliten auftretenden Temperaturdifferenzen und T'_0 die Temperaturdifferenzen, die beim adiabatischen Prozeß auftreten würden. Der Wärmeverbrauch durch Wärmeleitung (bezogen auf die Volumeneinheit) ist

$$-\operatorname{div} \boldsymbol{q} = \varkappa \Delta T' \sim \frac{\varkappa T'}{a^2}.$$

Die bei der Deformation ausgeschiedene Wärmemenge ist dagegen von der Größenordnung $\dot{T}'_0 C \sim \omega T'_0 C$ (C ist dabei die Wärmekapazität). Vergleicht man diese beiden Ausdrücke, so erhält man

$$T' \sim T'_0 \frac{\omega a^3}{\chi}.$$

Die Temperaturänderung in Abständen von der Größenordnung des Kristalliten ist $\sim T'$, und der Temperaturgradient ist daher $\sim T'/a$. Schließlich erhalten wir T'_0 aus (35,2), wo $u_{ii} \sim k u \sim \omega u/c$ (u ist die Amplidtue des Verschiebungsvektors) gesetzt werden muß:

$$T'_0 \sim \frac{T \alpha \varrho c \omega}{C} u \tag{35,5}$$

(da wir nur die Größenordnungen abschätzen, unterscheiden wir nicht die verschiedenen Schallgeschwindigkeiten c). Mit Hilfe dieser Ergebnisse berechnen wir die Energiedissipation in der Volumeneinheit

$$\bar{\dot{E}}_{\text{mech}} \sim \frac{\varkappa}{T} (\text{grad } T)^2 \sim \frac{\varkappa}{T} \left(\frac{T'}{a}\right)^2,$$

und wenn wir diese durch den Energiestrom $c\,\bar{E} \sim c\,\varrho\,\omega^2\,u^2$ dividieren, erhalten wir die gesuchte Abklingkonstante

$$\gamma \sim \frac{T\,\alpha^2\,\varrho\,c\,a^2}{\chi\,C}\,\omega^2 \qquad \text{für} \qquad \omega \ll \frac{\eta}{a^2} \tag{35,6}$$

(C. Zener, 1938). Vergleicht man jetzt diesen Ausdruck mit dem gewöhnlichen Ausdruck (35,3) und (35,4), so kann man schlußfolgern, daß im gegebenen Falle die Schallabsorption im polykristalliten Körper so vor sich geht, als ob der Körper eine Zähigkeit

$$\eta \sim \frac{T\,\alpha^2\,\varrho^2\,c^4\,a^2}{\chi\,C}$$

besäße, die wesentlich größer ist als die wirkliche Zähigkeit der im Körper enthaltenen Kristallite.

Der andere Grenzfall ist $\omega \gg \chi/a^2$, d. h., die Relaxationszeit ist im Vergleich zur Schwingungsperiode in der Welle groß, und die bei der Deformation auftretenden Temperaturdifferenzen können sich während jeder Schwingungsperiode kaum merklich ausgleichen. Es wäre jedoch falsch anzunehmen, daß die die Schallabsorption bestimmenden Temperaturgradienten von der Größenordnung T_0'/a sind. Denn dann wäre nur die Wärmeleitung im Inneren eines jeden Kristalls berücksichtigt. Die Hauptrolle spielt jedoch in diesem Falle der Wärmeaustausch zwischen benachbarten Kristalliten (M. A. Issakowitsch, 1948). Wenn die einzelnen Kristallite voneinander wärmeisoliert wären, so würden an ihren Berührungsflächen die gleichen Temperaturdifferenzen $\sim T_0'$ auftreten wie in ihrem Innern. Die Randbedingungen fordern jedoch einen stetigen Temperaturübergang an den Berührungsflächen der Kristallite. Im Ergebnis entstehen „Temperaturwellen", die sich vom Rand aus in das Innere des Kristallites „ausbreiten" und in Abständen

$$\delta \sim \sqrt{\frac{\chi}{\omega}}$$

abklingen.[1]) Im betrachteten Falle ist $\delta \ll a$, d. h., der Haupttemperaturgradient ist von der Größenordnung T_0'/δ und tritt in Abständen auf, die im Vergleich zu

---

[1]) Wenn ein wärmeleitendes Medium durch die Ebene $x = 0$ begrenzt ist, deren Temperatur sich periodisch gemäß $T' = T_0'\,e^{-i\omega t}$ ändert, dann wird die Temperaturverteilung im Medium durch die „Temperaturwelle"

$$T' = T_0'\,e^{-i\omega t}\,e^{-(1+i)\,x\sqrt{\omega/2\chi}}$$

beschrieben (siehe Band VI, „Hydrodynamik", § 52).

den Kristallitdimensionen klein sind. Der entsprechende Volumenteil des Kristallites ist $\sim a^2 \delta$; bezieht man ihn auf das Gesamtvolumen $\sim a^3$, so erhält man die Energiedissipation

$$\bar{\dot{E}}_{\text{mech}} \sim \frac{\varkappa}{T}\left(\frac{T_0'}{\delta}\right)^2 \frac{a^2 \delta}{a^3} \sim \frac{\varkappa T_0'^2}{T a \delta}.$$

Setzt man für T_0' den Ausdruck (35,5) ein und dividiert durch $c \bar{E} \sim c \varrho \omega^2 u^2$, so ergibt sich der gesuchte Absorptionskoeffizient

$$\gamma \sim \frac{T \alpha^2 \varrho c}{a C} \sqrt{\chi \omega} \qquad \text{für} \qquad \omega \gg \frac{\chi}{a^2}. \tag{35,7}$$

Er ist der Wurzel aus der Frequenz proportional.[1])

Somit ändert sich der Schallabsorptionskoeffizient in Polykristallen im Bereich der kleinsten Frequenzen ($\omega \ll \chi/a^2$) wie ω^2; dann folgt ein Gebiet (für $\chi/a^2 \ll \omega \ll c/a$), wo der Absorptionskoeffizient zu $\sqrt{\omega}$ proportional ist, und für $\omega \gg c/a$ ändert er sich wieder wie ω^2.

Analoge Überlegungen gelten auch bei der Dämpfung transversaler Wellen in dünnen Stäben und Platten (C. Zener, 1938). Wenn h die Stab- bzw. Plattenstärke ist, so ist bei $\lambda \gg h$ der Temperaturgradient in der Querrichtung wesentlich, und die Dämpfung ist hauptsächlich durch die Wärmeleitung bedingt (vgl. Aufgaben dieses Paragraphen). Wenn dabei die Ungleichung $\omega \ll \chi/h^2$ erfüllt ist, können die Schwingungen als isotherm aufgefaßt werden; bei der Bestimmung, z. B. der Eigenfrequenzen des Stabes bzw. der Platte müssen daher in diesem Falle die isothermen Elastizitätsmoduln benutzt werden.

Aufgaben

1. Man bestimme die Abklingkonstante der longitudinalen Eigenschwingungen im Stab.

Lösung: Die zeitliche Abklingkonstante der Schwingungen ist durch

$$\beta = \frac{|\bar{\dot{E}}_{\text{mech}}|}{2 E}$$

definiert; die Amplitude der Schwingungen nimmt ab wie $e^{-\beta t}$.

In der Longitudinalwelle tritt in jedem kleinen Stabbereich eine einfache Dehnung bzw. Kompression auf; die Komponenten des Verzerrungstensors sind

$$u_{zz} = \frac{\partial u_z}{\partial z}, \qquad u_{xx} = u_{yy} = -\sigma_{\text{ad}} \frac{\partial u_z}{\partial z}.$$

Für u_z schreiben wir $u_z = u_0 \cos k z \cos \omega t$ mit

$$k = \frac{\omega}{\sqrt{E_{\text{ad}}/\varrho}}.$$

---

[1]) Eine ebensolche Frequenzabhängigkeit besitzt die Absorption des Schalls, der sich in einer Flüssigkeit oder in einem Gas in der Nähe einer starren Trennwand ausbreitet (z. B. in einem Rohr); siehe Band. VI, „Hydrodynamik", § 77.

Rechnungen analog denen im Text führen auf folgenden Ausdruck für die Abklingkonstante:

$$\beta = \frac{\omega^2}{2\varrho}\left\{\frac{\eta}{3}\frac{3c_l^2 - 4c_t^2}{(c_l^2 - c_t^2)c_t^2} + \frac{\zeta c_t^2}{(c_l^2 - c_t^2)(3c_l^2 - 4c_t^2)} + \frac{\varkappa T \varrho^2 \alpha^2}{9 C_p^2}\right\}.$$

Anstelle von E_{ad}, σ_{ad} werden hier die Geschwindigkeiten c_l, c_t nach (22,4) eingeführt.

2. Das gleiche wie in 1 für Longitudinalschwingungen einer Platte.

Lösung: Für Longitudinalwellen (Ausbreitungsrichtung x) haben wir folgende von Null verschiedene Komponenten des Verzerrungstensors:

$$u_{xx} = \frac{\partial u_x}{\partial x}, \qquad u_{zz} = -\frac{\sigma_{\text{ad}}}{1 - \sigma_{\text{ad}}}\frac{\partial u_x}{\partial x}$$

(vgl. (13,1)). Die Ausbreitungsgeschwindigkeit dieser Welle ist

$$\sqrt{\frac{E_{\text{ad}}}{\varrho(1 - \sigma_{\text{ad}}^2)}}.$$

Die Rechnung führt auf

$$\beta = \frac{\omega^2}{2\varrho}\left\{\frac{\eta}{3}\frac{3c_l^4 + 4c_t^4 - 6c_l^2 c_t^2}{c_t^2 c_l^2 (c_l^2 - c_t^2)} + \frac{\zeta c_t^2}{c_l^2(c_l^2 - c_t^2)} + \frac{\varkappa T \alpha^2 \varrho^2 (1 + \sigma_{\text{ad}})^2}{9 C_p^2}\right\}.$$

Wenn die Schwingungsrichtung zur Wellenrichtung orthogonal ist, haben wir $u_{ll} = 0$, und die Dämpfung ist nur durch die Zähigkeit η bedingt. Die Abklingkonstante ist in solchen Fällen stets

$$\beta = \frac{\eta\,\omega^2}{2\varrho c_t^2}.$$

Dazu zählt auch die Dämpfung von Torsionsschwingungen in Stäben.

3. Man bestimme die Abklingkonstante der transversalen Eigenschwingungen im Stab (deren Frequenzen der Bedingung $\omega \gg \chi/h^2$ genügen möge, h ist die Stabstärke).

Lösung: Wesentlich ist die Dämpfung durch Wärmeleitung. Nach § 17 ist in jedem Volumenelement des Stabes

$$u_{zz} = \frac{x}{R}, \qquad u_{xx} = u_{yy} = -\sigma_{\text{ad}}\frac{x}{R}$$

(Biegung in der xz-Ebene); für $\omega \gg \chi/h^2$ sind die Schwingungen adiabatisch. Bei schwacher Biegung ist der Krümmungsradius $R = 1/X''$, so daß

$$u_{ii} = (1 - 2\sigma_{\text{ad}})\,x\,X''$$

(Strich bedeutet Differentiation nach z). Die stärkste Temperaturveränderung tritt in der Querrichtung im Stab auf; es ist daher $(\operatorname{grad} T)^2 \approx \left(\frac{\partial T}{\partial x}\right)^2$. Mit Hilfe von (35,1) und (35,2) erhalten wir für die mittlere Energiedissipation im gesamten Stab den Ausdruck

$$-\frac{\varkappa T \alpha^2 E_{\text{ad}}^2 S}{9 C_p^2}\int \overline{X''^2}\,dz$$

(S ist die Querschnittsfläche des Stabes). Die mittlere Gesamtenergie erhält man als doppelte potentielle Energie

$$E_{\text{ad}} I_y \int \overline{X''^2}\,dz.$$

Im Ergebnis ist die Abklingkonstante

$$\beta = \frac{\varkappa T \alpha^2 S E_{\text{ad}}}{18 I_y C_p^2}.$$

4. Das gleiche wie in 3 für Transversalschwingungen einer Platte.

Lösung: Nach (11,4) gilt in jedem Volumenelement der Platte

$$u_{ii} = -\frac{1 - 2\,\sigma_{\mathrm{ad}}}{1 - \sigma_{\mathrm{ad}}}\, z\, \frac{\partial^2 \zeta}{\partial x^2}$$

(Biegung in der xz-Ebene). Die Energiedissipation erhält man nach (35,1) und (35,2) und die vollständige mittlere Energie, indem man den Ausdruck (11,6) verdoppelt. Die Abklingkonstante ist

$$\beta = \frac{2\,\varkappa\, T\, \alpha^2 E_{\mathrm{ad}}}{3\, C_p^2\, h^2}\, \frac{1 + \sigma_{\mathrm{ad}}}{1 - \sigma_{\mathrm{ad}}} = \frac{2\,\varkappa\, T\, \alpha^2 \varrho}{3\, C_p^2\, h^2}\, \frac{(3\, c_l^2 - 4\, c_t^2)\, c_t^2}{(c_l^2 - c_t^2)\, c_l^2}\,.$$

5. Man bestimme die Änderung der Eigenfrequenzen transversaler Schwingungen im Stab, welche mit dem nichtadiabatischen Verlauf dieser Schwingungen zusammenhängt. Der Stab habe die Form einer langen Platte der Stärke h. Die Staboberfläche sei wärmesoliert.

Lösung: Es sei $T_{\mathrm{ad}}(x, t)$ die Temperaturverteilung im Stab bei adiabatischen Schwingungen, und $T(x, t)$ sei die wirkliche Temperaturverteilung (x ist die Koordinate senkrecht zur Stabachse, die Temperaturänderung in der yz-Ebene wird als unwesentlich vernachlässigt). Da bei $T = T_{\mathrm{ad}}$ zwischen den einzelnen Stabbereichen kein Wärmeaustausch stattfindet, muß die Wärmeleitungsgleichung folgende Form besitzen:

$$\frac{\partial}{\partial t}(T - T_{\mathrm{ad}}) = \chi\, \frac{\partial^2 T}{\partial x^2}\,.$$

Bei periodischen Schwingungen mit der Frequenz ω sind die Abweichungen der Temperatur $\tau_{\mathrm{ad}} = T_{\mathrm{ad}} - T_0$, $\tau = T - T_0$ vom Gleichgewichtswert T_0 zu $e^{-i\omega t}$ proportional, und wir haben

$$\tau'' + \frac{i\,\omega}{\chi}\tau = \frac{i\,\omega}{\chi}\tau_{\mathrm{ad}}$$

(Strich bedeutet Differentiation nach x). Da τ_{ad} nach (35,2) zu u_{ll} proportional ist und die Komponenten u_{ik} zu x proportional sind (vgl. § 17), ist $\tau_{\mathrm{ad}} = A\, x$, wo A eine Konstante ist, die nicht berechnet zu werden braucht, da sie im Ergebnis nicht auftritt. Die Lösung der Gleichung

$$\tau'' + \frac{i\,\omega\,\tau}{\chi} = \frac{i\,\omega}{\chi} A\, x$$

mit der Randbedingung $\tau' = 0$ für $x = \pm\frac{h}{2}$ (die Staboberfläche ist wärmeisoliert) ist

$$\tau = A\left(x - \frac{\sin k\, x}{k \cos k\, \frac{h}{2}}\right), \qquad k = (1 + i)\sqrt{\frac{\omega}{2\,\chi}}\,.$$

Das Drehmoment der inneren Spannungen im gebogenen Stab M_y (Biegung in der xz-Ebene) setzt sich aus einem isothermen Teil $M_{y\,\mathrm{is}}$ (Drehmoment bei isothermer Biegung) und einem Teil, der durch die ungleichmäßige Erwärmung des Stabes bedingt ist, zusammen. Wenn $M_{y\,\mathrm{ad}}$ das Drehmoment bei adiabatischer Biegung ist, dann verkleinert sich der zusätzliche Anteil des Drehmoments bei nicht genau adiabatischem Prozeß im Vergleich zu $M_{y\,\mathrm{ad}} - M_{y\,\mathrm{is}}$ im Verhältnis

$$1 + f(\omega) = \frac{\int\limits_{-h/2}^{h/2} z\,\tau\, dz}{\int\limits_{-h/2}^{h/2} z\,\tau_{\mathrm{ad}}\, dz}\,.$$

Wenn man bei beliebiger Frequenz ω den YOUNGschen Modul E_ω als Proportionalitätsfaktor zwischen M_y und I_y/R (vgl. (17,8)) definiert und $E_{\text{ad}} - E = \frac{E^2 T \alpha^2}{9 C_p}$ (vgl. (6,8)) berücksichtigt (E ist der isotherme YOUNGsche Modul), kann man schreiben

$$E_\omega = E + [1 + f(\omega)]\, E^2 \frac{T \alpha^2}{9 C_p}\,.$$

Die Rechnung liefert für $f(\omega)$ den Ausdruck

$$f(\omega) = \frac{24}{h^3 k^3}\left(\frac{k h}{2} - \operatorname{tg}\frac{k h}{2}\right).$$

Für $\omega \to \infty$ wird $f = 1$, so daß $E_\infty = E_{\text{ad}}$ gilt, und für $\omega \to 0$ haben wir $f = 0$, $E_0 = E$.

Die Eigenfrequenzen sind der Wurzel aus dem YOUNGschen Modul proportional (vgl. Aufgaben 4—6, § 25). Es gilt daher

$$\omega = \omega_0 \left[1 + f(\omega_0)\, \frac{E\, T\, \alpha^2}{18\, C_p}\right],$$

wo ω_0 die Eigenfrequenzen vollständig adiabatischer Schwingungen sind. Dieses ω ist komplex. Trennt man Real- und Imaginärteil ($\omega = \omega' + i\,\beta$), so erhält man für die Eigenfrequenz den endgültigen Ausdruck

$$\omega' = \omega_0 \left[1 - \frac{E\, T\, \alpha^2}{3 C_p} \frac{1}{\xi^3} \frac{\operatorname{sh}\xi - \sin\xi}{\operatorname{ch}\xi + \cos\xi}\right]$$

und für die Abklingkonstante

$$\beta = \frac{2\, E\, T\, \alpha^2\, \chi}{3\, C_p\, h^2}\left[1 - \frac{1}{\xi} \frac{\operatorname{sh}\xi + \sin\xi}{\operatorname{ch}\xi + \cos\xi}\right]$$

mit $\xi = h \sqrt{\frac{\omega_0}{2\chi}}$.

Bei großen ξ strebt ω gegen ω_0, wie es auch sein muß, und die Abklingkonstante geht gegen β,

$$\beta = \frac{2\, E\, T\, \alpha^2\, \chi}{3\, C_p\, h^2},$$

in Übereinstimmung mit dem Ergebnis der Aufgabe 3.

Kleine ξ dagegen entsprechen beinahe isothermen Bedingungen; in diesem Falle ist

$$\omega \cong \omega_0 \left(1 - \frac{E\, T\, \alpha^2}{18\, C_p}\right) \approx \omega_0 \sqrt{\frac{E}{E_{\text{ad}}}},$$

und für die Abklingkonstante haben wir

$$\beta = \frac{E\, T^2\, \alpha^2\, h^2}{180\, C_p\, \chi}\, \omega_0^2\,.$$

§ 36. Sehr zähe Flüssigkeiten

Die NAVIER-STOKESschen Gleichungen sind solange auf typische Flüssigkeiten anwendbar, wie die Bewegungsperioden im Vergleich zu den molekularen Zeiten groß sind. Das gilt jedoch nicht für sehr zähe Flüssigkeiten. Auf solche Flüssigkeiten sind die hydrodynamischen Gleichungen bereits bei wesentlich größeren Bewegungsperioden nicht mehr anwendbar. Es gibt zähe Flüssigkeiten, die sich in genügend kleinen Zeitabschnitten (welche aber im Vergleich zu den molekularen Zeiten groß sind) wie feste Körper verhalten (z. B. Glyzerin, Harz). Die amorphen Körper (z. B. Glas) können als Grenzfall solcher Flüssigkeiten mit sehr großer Zähigkeit betrachtet werden.

Die Eigenschaften solcher Flüssigkeiten können mit Hilfe der folgenden (von MAXWELL vorgeschlagenen Methode) beschrieben werden: Innerhalb kleiner Zeitabschnitte werden sie elastisch deformiert. Nach der Deformation bleiben in ihnen Scherungsspannungen, die jedoch zeitlich abklingen, so daß nach genügend langer Zeit praktisch keine inneren Spannungen in der Flüssigkeit vorhanden sind. Es sei τ die Größenordnung der Abklingzeit der Spannungen (τ wird manchmal MAXWELL*sche Relaxationszeit* genannt). Man setze die Flüssigkeit bestimmter äußerer Kräfte aus, die sich periodisch mit der Frequenz ω ändern. Wenn die Periode $1/\omega$ im Vergleich zur Relaxationszeit τ groß ist, d. h. wenn $\omega\tau \ll 1$ ist, verhält sich die Flüssigkeit wie eine normale zähe Flüssigkeit. Bei genügend großen ω dagegen ($\omega\tau \gg 1$) verhält sich die Flüssigkeit wie ein amorpher Körper.

Entsprechend diesen „Zwischeneigenschaften" der betrachteten Flüssigkeiten kann man letztere gleichzeitig durch einen Zähigkeitskoeffizienten η und durch einen „Scherungsmodul" μ charakterisieren.

Man kann leicht die Größenordnung der Größen η, μ und τ in Zusammenhang bringen. Bei Einwirkung periodischer Kräfte mit genügend kleiner Frequenz, wenn sich die Zähigkeit normal verhält, hat der Spannungstensor die gewöhnliche Form

$$\sigma_{ik} = 2\eta\,\dot{u}_{ik} = -\,2\,i\,\eta\,\omega\,u_{ik}$$

für zähe Spannungen in Flüssigkeiten.

Im entgegengesetzten Grenzfall großer Frequenzen verhält sich die Flüssigkeit wie ein fester Körper, und die inneren Spannungen müssen im Rahmen der Elastizitätstheorie ausgedrückt werden, d. h., es ist $\sigma_{ik} = 2\,\mu\,u_{ik}$ (es handelt sich stets um „reine Scherungen", so daß $u_{ii} = 0$, $\sigma_{ii} = 0$). Bei Frequenzen $\omega \sim 1/\tau$ müssen die beiden Spannungen in der Größenordnung übereinstimmen. Wir haben somit $\frac{\eta u}{\lambda\tau} \sim \frac{\mu u}{\lambda}$, und hieraus folgt

$$\eta \sim \tau\mu\,. \qquad (36,1)$$

Das ist aber die gesuchte Beziehung.

Schließlich leiten wir die Bewegungsgleichung ab, die qualitativ das Verhalten solcher Flüssigkeiten beschreibt. Wir gehen dabei von der einfachsten Voraussetzung über das Abklinggesetz für die inneren Spannungen aus (nach Beendigung der Bewegung); wir nehmen nämlich an, daß die inneren Spannungen einfach exponentiell abklingen. Dem entspricht die Gleichung

$$\frac{d\sigma_{ik}}{dt} = -\,\frac{1}{\tau}\,\sigma_{ik}\,.$$

Andererseits hatten wir in festen Körpern $\sigma_{ik} = 2\,\mu\,u_{ik}$ und daher

$$\frac{d\sigma_{ik}}{dt} = 2\,\mu\,\frac{du_{ik}}{dt}\,.$$

Man kann sich leicht davon überzeugen, daß die Gleichung

$$\frac{d\sigma_{ik}}{dt} + \frac{1}{\tau}\sigma_{ik} = 2\,\mu\,\frac{du_{ik}}{dt} \tag{36,2}$$

in beiden Grenzfällen langsamer und schneller Bewegungen zu richtigen Ergebnissen führt. Sie kann daher als Interpolationsgleichung für solche mittleren Fälle dienen.

So haben wir z. B. nach (36,2) bei periodischer Bewegung, wenn u_{ik} und σ_{ik} über $e^{-i\omega t}$ von der Zeit abhängen,

$$-\,i\,\omega\,\sigma_{ik} + \frac{1}{\tau}\sigma_{ik} = -\,2\,i\,\omega\,\mu\,u_{ik}\,,$$

und hieraus folgt

$$\sigma_{ik} = \frac{2\,\mu}{1 + \dfrac{i}{\omega\,\tau}}\,u_{ik}\,. \tag{36,3}$$

Für $\omega\,\tau \gg 1$ wird (36,3) zum gewöhnlichen Ausdruck $\sigma_{ik} = 2\,\mu\,u_{ik}$ für feste Körper, und für $\omega\,\tau \ll 1$ erhalten wir den gewöhnlichen Ausdruck

$$\sigma_{ik} = -\,2\,i\,\mu\,\tau\,\omega\,u_{ik} = 2\,\mu\,\tau\,\dot{u}_{ik}$$

für Flüssigkeiten mit der Zähigkeit $\mu\,\tau$.

EINIGE BEZEICHNUNGEN

Materialdichte ϱ

Verschiebungsvektor $\boldsymbol{u}$

Verzerrungstensor $u_{ik} = 1/2\left(\frac{\partial u_i}{\partial x_k} + \frac{\partial u_k}{\partial x_i}\right)$

Spannungstensor σ_{ik}

Kompressionsmodul K

Elastizitätsmodul E

Torsionsmodul μ

POISSONsche Zahl σ

Longitudinale und transversale Schallgeschwindigkeit c_t und c_l (ausgedrückt durch K, μ oder E, σ auf S. 112)

Die Größen K, μ oder E, σ sind miteinander durch die Formeln

$$E = \frac{9K\mu}{3K + \mu}, \qquad \sigma = \frac{3K - 2\mu}{2(3K + \mu)},$$

$$K = \frac{E}{3(1 - 2\sigma)} \quad \text{und} \quad \mu = \frac{E}{2(1 + \sigma)}$$

verknüpft.

SACHVERZEICHNIS

Absorptionskoeffizient 170
adiabatische Deformation 111
– POISSONsche Zahl 19
adiabatischer Elastizitätsmodul 19
anharmonische Schwingungen 131
Ausbreitungsgeschwindigkeit der Oberflächenwellen 124

beinahe reversibler Prozeß 167
Berührung 34
– zweier kugelförmiger Festkörper 38
Biegemoment 83
Biegewellen in Platten 126
– in Stäben 126
Biegewiderstände des Stabes 98
Biegung von Stäben 80
–, Energie der reinen 62
Biegungsgröße 99
Biegungswellen in dünnen Stäben 127
BURGERS-Vektor 137

Deformation, adiabatische 111
– des starren Körpers 1
– dünner Stäbe 73
–, ebene 22
–, elastische 10
–, homogene 15
–, longitudinale 56
–, starke 84
deformierter Kristall, freie Energie eines 40
Dehnungsenergie 62
– der Schale 68
Dilatationen, homogene 12
Dissipation der Energie 166
dissipative Funktion 167
– Kräfte 167
Distorsionstensor 138
Drehschwingungen 128
dünne Platten 48
– Stäbe 70

ebene Deformation 22
effektives Trägheitsmoment des Stabquerschnitts 99

einfache Streckung 15
einseitige Kompression 17
– –, Koeffizient der 17
elastische Deformation 10
– Energie eines schwach gebogenen Stabes 88
– Instabilität 106
– Linie 83, 85
– Schwingungen 111
elastisches Medium 29
Elastizitätskoeffizient 15
Elastizitätsmodul 15
–, adiabatischer 19
–, Tensor der 40
Energie der reinen Biegung 62
–, freie 83

Fläche, neutrale 48, 80, 82
Flüssigkeiten, sehr zähe 176
freie Energie 83
– – der stark gebogenen Platte 63
– – eines deformierten Kristalls 40
– Schwingungen in der Platte 126
Frequenz der Oberflächenwellen 123
Funktion, dissipative 167

gebogener Stab 80
Gesamtdistorsion 150
Gesetz der Erhaltung des BURGERSschen Vektors 151
–, HOOKEsches 14
Gleichgewichtsbedingungen eines beliebig gebogenen Stabes 90
Gleitebene 151
Gruppengeschwindigkeit 119

Hauptbiegungsebene 84
Hauptträgheitsmoment 84
homogene Deformation 15
– Dilatationen 12
HOOKEsches Gesetz 14
hydrostatische Kompression 7

innere Reibung 166
— Spannungen 4
Instabilität, elastische 106
isotrope Körper 20

Kern der Versetzung 142
Koeffizient der einseitigen Kompression 17
Körper, isotrope 20
Kompressibilität 14
Kompression, einseitige 17
—, hydrostatische 12
Kompressionsmodul 12
Kontinuitätsgleichung für die Wärmemenge 163
Kräfte, dissipative 167
Kristall, plastische Deformation des 149
—, thermische Ausdehnung der 46
Krümmungsvektor 85
kugelförmige Festkörper, Berührung zweier 38

LAMÉ-Koeffizient 12
lineare Versetzung 153
Linie, elastische 83, 85
longitudinale Deformation 56
— Schallgeschwindigkeit 112
Longitudinalschwingungen in Stäben 125
Longitudinalwelle 112
— in dünnen Platten 125

MAXWELLsche Relaxationszeit 177
Medium, elastisches 29
Membrane 65
monochromatische elastische Welle im Kristall 118

neutrale Fläche 48, 80, 82

Oberflächenwellen 120

plastische Deformation des Kristalles 149
Platte, freie Schwingungen in der 126
Platten, dünne 48
—, stark gebogene 62
POISSONsche Zahl 15
— —, adiabatische 19
Prozeß, beinahe reversibler 167

Querkontraktionskoeffizient 15

Reaktionskräfte 53
Reibung, innere 166
Reibungskräfte 167
reine Scherung 12, 75
Relaxationszeit, MAXWELLsche 177
Restdeformation 10

Saiten 101
Schale, Dehnungsenergie der 68
Schalen 66
Schallabsorption in festen Körpern 169
Schallabsorptionskoeffizient in Polykristallen 173
Schallgeschwindigkeit, longitudinale 112
—, transversale 112
Scherung, reine 12, 75
Scherungsmodul 12
Schraubenversetzung 137
Schubkraft 98
schwach gebogener Stab 97
— — —, elastische Energie eines 88
Schwingungen, anharmonische 131
—, elastische 111
sehr zähe Flüssigkeiten 176
Stab, gebogener 80
—, schwach gebogener 97
Stäbe, dünne 70
starke Deformation 84
stark gebogene Platten 62
— — —, freie Energie der 63
Spalte im elastischen Medium 157
Spannungen, innere 4
Spannungsfunktion 22, 58
Spannungstensor 6
Sprungfläche 139
starrer Körper, Deformation des 1
Streckung, einfache 15
Stufenversetzung 136

Temperaturleitfähigkeit 165
Tensor der Elastizitätsmoduln 40
— der Versetzungsdichte 148
thermische Ausdehnung der Kristalle 46
Torsion 73
Torsionsenergie 77
Torsionsfunktion 74
Torsionsmodul 12
Torsionsschwingungen 128
Torsionswinkel 73, 85
transversale Schallgeschwindigkeit 112
Transversalwelle 112

Verschiebungsvektor 1
Versetzung, lineare 153
Versetzung 136
– im homogenen Spannungsfeld 157
Versetzungsmoment 140
Versetzungsstromdichte 151
Verzerrungstensor 2, 82
Volumenkräfte 21

Wärmeausdehnungskoeffizient 18, 163
Wärmeleitfähigkeitstensor 165
Wärmeleitungsgleichung für feste Körper 163
Wechselwirkungskraft zwischen zwei Schraubenversetzungen 147
Welle im Kristall, monochromatische elastische 118
Wellen 111, 125
– in anisotropen Medien 118

YOUNGsche Zahl 15

Zähigkeit 166
Zahl, YOUNGsche 15
–, POISSONsche 15